职业教育院校重点专业规划教材
数控技术应用专业教学用书

机械零件的数控加工工艺

主　编　王　军
副主编　李艳华　陈志雄
参　编　詹华西　陈　帆
主　审　陈少艾

机械工业出版社

本书共分六章，内容分别为机械加工切削基础、机械加工生产过程及加工质量、机械加工工艺设计基础、机床夹具设计基础、数控车削加工工艺、数控铣削及加工中心加工工艺等。对零件加工过程中切削参数的确定、加工工艺方案和定位夹紧方案的确定、加工的质量分析等方面内容进行了较为系统的介绍，结合案例重点介绍了零件在数控车削、数控铣削和加工中心机床上加工时工艺文件的制订，并讨论了加工过程中的有关工艺和技术问题。

本书可作为高等职业教育院校数控技术应用专业、机械制造及自动化专业、模具设计与制造专业教材，也可作为相关专业人员的培训用书。

图书在版编目（CIP）数据

机械零件的数控加工工艺/王军主编．—北京：机械工业出版社，2011.12（2018.10重印）
ISBN 978-7-111-34405-6

职业教育院校重点专业规划教材．数控技术应用专业教学用书
Ⅰ.①机…　Ⅱ.①王…　Ⅲ.①机械元件－数控机床－加工　Ⅳ.①TH13 ②TG659

中国版本图书馆CIP数据核字（2011）第238996号

机械工业出版社（北京市百万庄大街22号　邮政编码100037）
策划编辑：汪光灿　责任编辑：汪光灿　王亚明
版式设计：霍永明　责任校对：陈延翔
封面设计：陈　沛　责任印制：乔　宇
北京瑞德印刷有限公司印刷（三河市胜利装订厂装订）
2018年10月第1版·第2次印刷
184mm×260mm·13.5印张·328千字
标准书号：ISBN　978-7-111-34405-6
定价：29.00元

凡购本书，如有缺页、倒页、脱页，由本社发行部调换

电话服务	网络服务
社服务中心：(010)88361066	门户网：http://www.cmpbook.com
销售一部：(010)68326294	教材网：http://www.cmpedu.com
销售二部：(010)88379649	
读者购书热线：(010)88379203	**封面无防伪标均为盗版**

前　言

随着数控技术的发展以及数控机床应用的普及，机械制造领域发生了根本性变革。但数字程序控制只是实现了加工手段的改变，机械制造工艺的基本知识和要求却应该一以贯之。在数控加工方式下，合理而先进的工艺更是发挥设备加工能力的根本保障；对零件加工工艺的学习、掌握和实际应用能力的提高，是高等职业教育目标的体现。因此，本书坚持了机械制造工艺的一贯体系，强调应用，对零件加工过程中切削参数的确定、工艺方案和定位夹紧方案的确定、加工质量分析等方面进行了较为系统的介绍，结合案例重点介绍了零件在数控车削、数控铣削和在加工中心机床上加工时工艺文件的制订，讨论了加工过程中的有关工艺和技术问题。

本书附录中列出了零件机械加工的有关行业规范、技术标准和常用技术资料，以使学生掌握工作过程的相关知识、提高学生查阅和利用技术资料解决实际问题的能力。

全书共分六章，分别为机械加工切削基础、机械加工生产过程及加工质量、机械加工工艺设计基础、机床夹具设计基础、数控车削加工工艺、数控铣削及加工中心加工工艺。

本书由武汉职业技术学院的王军担任主编，武汉船舶职业技术学院的陈少艾担任主审，武汉职业技术学院的李艳华和湖北职业技术学院的陈志雄担任副主编，武汉职业技术学院的詹华西和武汉软件工程职业学院的陈帆参加了编写。全书编写分工如下：第一章由李艳华编写，第二章由陈帆编写，第三、六章和附录由王军编写，第四章由陈志雄编写，第五章由詹华西编写。全书由王军提出编写大纲及要求并统稿，武汉职业技术学院的张绪祥副教授和湖北仙桃祥泰汽车零部件有限公司的宾光辉工程师对本书提出了许多宝贵意见。

本书在编写过程中参考了许多文献和成果，在此谨对原作者表示衷心的感谢。

由于本人水平和经验有限，书中难免存在错误及不妥之处，敬请老师和同学们批评指正。

编　者

目　录

第一章　机械加工切削基础

第一节　切削运动及切削用量

一、切削运动和工件表面

切削加工是指用金属切削刀具把工件毛坯上预留的金属材料（余量）切除，以获得图样所要求的零件的过程。在切削过程中，刀具和工件之间必然会产生相对运动，这种相对运动就称为切削运动。按在切削加工中的不同功用，切削运动分为主运动和进给运动。

1. 主运动

主运动是指切削加工过程中由机床提供的主要运动。它可使刀具和工件之间产生相对运动，从而使刀具前刀面接近工件并切除切削层，即主运动是切削过程中切下切屑所需的运动。主运动的特点是切削速度最高，消耗的机床功率最大。如图 1-1 所示，主运动的形式可以是旋转运动，如车削时工件的旋转运动、铣削时铣刀的旋转运动、磨削时砂轮的旋转运动、钻孔时钻头的旋转运动等，也可以是直线运动，如刨削时刀具的往复直线运动。

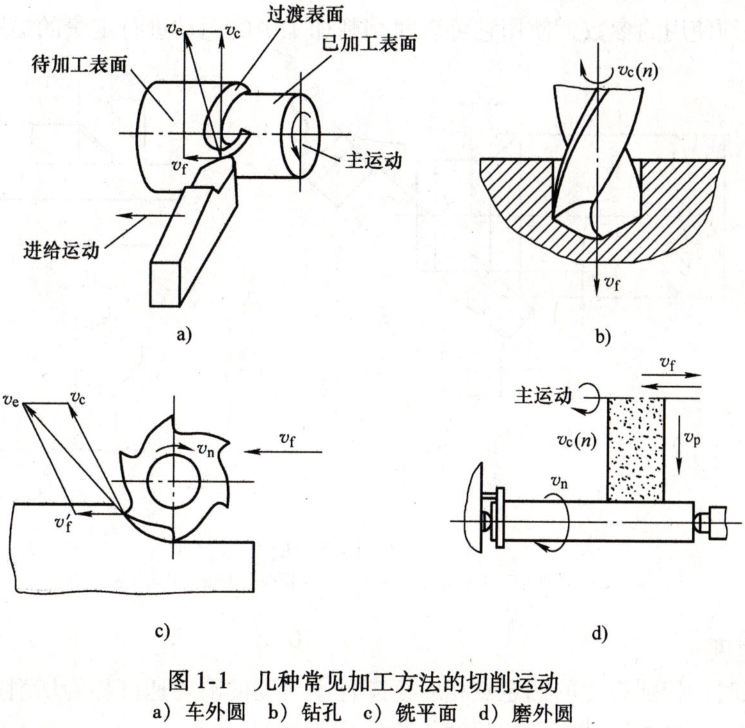

图 1-1　几种常见加工方法的切削运动

a）车外圆　b）钻孔　c）铣平面　d）磨外圆

2. 进给运动

进给运动又称走刀运动，其动力由机床提供，可使刀具与工件之间产生附加的相对运动，是切削过程中使金属层不断地投入切削，从而加工出完整表面所需的运动。进给运动的特点是消耗的功率比主运动小得多。如图 1-1 所示，进给运动的形式可以是连续的运动，如车削外圆时车刀平行于工件轴线的纵向运动、钻孔时钻头沿轴向的直线运动等；也可以是间断运动，如刨削平面时工件的横向移动；或是两者的组合，如磨削工件外圆时砂轮横向间断的直线运动、工件的旋转运动及轴向（纵向）往复直线运动。

在各类切削加工中，主运动必须且只能有一个，而进给运动可以有一个（如车削）、两个（如外圆磨削）或多个，甚至没有（如拉削）。

主运动可以由工件完成（如车削、龙门刨削等），也可以由刀具完成（如钻削、铣削等）；进给运动同样可以由工件完成（如铣削、磨削等），也可以由刀具完成（如车削、钻削等）。

3. 加工中的工件表面

切削过程中，工件上多余的材料不断地被刀具切除而转变为切屑。工件在切削过程中形成了三个不断变化着的表面，如图 1-1a 所示。

（1）已加工表面　工件上经刀具切削后产生的表面。

（2）待加工表面　工件上有待切除切削层的表面。

（3）过渡表面　工件上由切削刃形成的那部分表面。它在下一切削行程（如刨削）、刀具或工件的下一转（如单刃镗削或车削）中将被切除，或者由下一切削刃（如铣削）切除。

二、切削用量

切削用量是切削速度、进给量和背吃刀量三个参数的总称，如图 1-2 所示。这三个参数常被称为切削用量三要素。它是描述切削运动、调整机床、计算切削加工的时间定额和核算工序成本等必须使用的参数，使用它可以对切削加工中的运动进行定量的描述。

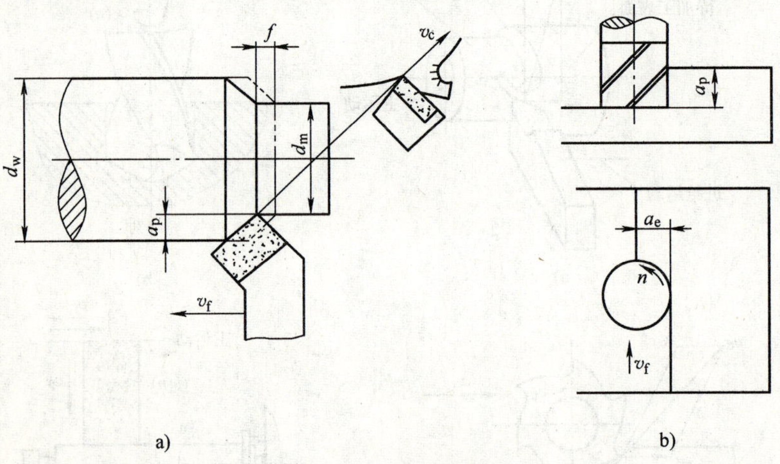

图 1-2　切削用量

a）车削加工中的切削用量　b）铣削加工中的切削用量

1. 切削速度 v_c

切削加工时，切削刃上的选定点相对于工件主运动的瞬时速度称为切削速度，即单位时间内，工件或刀具沿主运动方向的相对位移量，单位为 m/min。

大多数切削加工的主运动是回转运动（如车、钻、镗、铣、磨削加工等），其切削速度为加工表面的最大线速度，即

$$v_c = \frac{\pi d_w n}{1000} \qquad (1\text{-}1)$$

式中　d_w——切削刃上的选定点对应的工件或刀具的最大回转直径，单位为mm；

n——主轴转速，单位为r/min。

2. 进给量f

在主运动的一个循环内，刀具在进给方向上相对于工件的位移量称为进给量。进给量可用刀具或工件每转或每行程的位移量来表达和度量，如图1-2a所示，单位为mm/r（如车削、镗削等）或mm/行程（如刨削、磨削等）。

进给量f的大小反映着加工时进给速度v_f（单位为mm/min）的大小。由于数控加工中假定工件不动，刀具相对工件作进给运动，故对于车削类加工，进给速度v_f是指切削刃上的选定点相对于工件进给运动的瞬时速度，它与进给量之间的关系为

$$v_f = fn \qquad (1\text{-}2)$$

对于铰刀、铣刀等多齿刀具，常要规定出每齿进给量f_z（单位为mm/z，数值大小可从有关的切削用量表中查出，可参见附录D）。其含义为多齿刀具每转中每齿相对于工件在进给运动方向上的位移量。此时，进给速度为

$$v_f = f_z n z \qquad (1\text{-}3)$$

式中　z——多齿刀具的刀齿数。

3. 背吃刀量a_p和侧吃刀量a_e

背吃刀量a_p是指已加工表面和待加工表面之间的垂直距离，其单位为mm。外圆车削时，a_p为

$$a_p = \frac{d_w - d_m}{2}$$

式中　d_w——待加工表面直径，单位为mm；

d_m——已加工表面直径，单位为mm。

孔加工时，计算背吃刀量a_p时式（1-3）中的d_w与d_m应互换位置。

对于铣削加工，如图1-2b所示，除背吃刀量a_p以外，其切削用量还包括侧吃刀量a_e。侧吃刀量是行切时两行刀路之间的距离。a_e的值，按经验可取刀具直径的1/5～3/4，也可从相关的工艺、刀具手册中查取。

第二节　切削刀具及其选择

金属切削刀具是完成切削加工的重要工具。它直接参与切削过程，从工件上切除多余的金属层。无论在普通机床还是数控机床上，加工都必须依靠刀具才能完成。刀具变化灵活、作用显著，所以是切削加工中影响生产率、加工质量和生产成本的最活跃因素。在数控机床技术性能不断提高的背景下，刀具的性能直接决定机床性能的发挥。

一、常用刀具的类型

根据用途、加工方法、工艺特点、结构特点，常用刀具可有以下几种分类方式。

1. 按加工方法分类

（1）切刀　切刀包括车刀、刨刀、插刀、镗刀等，一般为只有一条主切削刃的单刃刀具。

（2）孔加工刀具　一种在实体材料上加工出孔或扩大原有孔孔径并提高孔质量的刀具，包括钻头、扩孔钻、铰刀、镗刀等。

（3）拉刀　在工件上拉削出各种内、外几何表面的刀具，包括圆孔拉刀、平面拉刀、单键拉刀等。拉刀加工生产率高，但刀具成本高，用于大批、大量生产。

（4）铣刀　铣刀是一种应用非常广泛的在圆柱体表面或端面具有多齿、多刃的刀具，包括圆柱形铣刀、球头立铣刀、面铣刀、立铣刀、槽铣刀、锯片铣刀等。它可以用来铣削平面、沟槽、螺旋面和成形表面等。

（5）螺纹刀具　用来加工内、外螺纹表面的刀具，包括丝锥、板牙、螺纹铣刀等。

（6）齿轮刀具　用于加工齿轮、链轮、花键等齿形的刀具，如齿轮铣刀、齿轮滚刀、插齿刀、花键滚刀等。

（7）磨具　用于表面磨削加工的刀具，包括砂轮、砂带、油石、抛光轮等。

（8）数控机床刀具　刀具根据零件加工工艺要求配置，有预调装置、快速换刀装置和尺寸补偿系统。

（9）特种加工刀具　用于特种加工的刀具和工具，如水刀、放电电极等。

2. 按切削刃数量分类

按切削刃数量，刀具可分为单刃刀具和多刃刀具。

3. 按工艺特点分类

（1）通用刀具　如车刀、刨刀、铣刀等。

（2）定尺寸刀具　如钻头、扩孔钻、铰刀、拉刀等。

（3）成形刀具　如成形车刀、花键拉刀等。

4. 按装配结构分类

按装配结构，刀具可分为整体式、装配式和复合式等。

尽管刀具的结构和形状各不相同，但其都是由工作部分和夹持部分组成的。工作部分俗称刀头，指刀具担负切削加工的部分；夹持部分俗称刀柄或刀体，作用是保证刀具有正确的安装、工作位置，并传递切削运动和动力。

二、刀具材料

切削加工时，刀具工作部分不仅要承受很大的切削力，还要承受切削时产生的高温。刀具材料的性能直接影响着生产效率、工件的加工精度、已加工表面的质量、刀具的消耗及加工的成本。

1. 刀具材料的使用性能

刀具材料是指刀具工作部分的材料。要使刀具能在恶劣的条件下工作，且不致很快地变钝或损坏、保持正常的切削能力，刀具材料应具备表1-1所示的性能要求。

表1-1　刀具材料的性能要求

性能要求	含　义
高硬度	刀具材料的硬度必须高于被加工工件材料的硬度，以使刀具在高温、高压下仍能保持锋利的几何形状。常温状态下，刀具材料的硬度应在62HRC以上
足够的强度和韧性	刀具工作部分的材料在切削时要承受很大的切削力和冲击力，因此必须要有足够的强度和韧性。一般用刀具材料的抗弯强度 σ_{bb} 表示其强度大小，用冲击韧度 a_K 表示其韧性的大小。这两个性能指标反映刀具材料抵抗脆性断裂和崩刃的能力

（续）

性能要求	含　义
高耐磨性和耐热性	刀具材料的耐磨性是指其抵抗磨损的能力。一般来说，刀具材料的硬度越高，耐磨性越好。耐热性通常用材料在高温下保持较高硬度的性能来衡量，即热硬性。耐热性越好，刀具材料在切削过程中抵抗变形和磨损的能力就越强
良好的导热性	刀具材料的导热性用热导率表示。热导率越大，导热性能越好，切削时产生的热越容易传导出去，从而可降低刀具工作部分的温度、减轻刀具的磨损、提高刀具材料耐热冲击和抗热龟裂的能力
与被加工材料的化学稳定性	防止在高温、高压作用下，工件或周围介质材料与刀具材料分子间互相吸附，产生粘结或发生化学反应
良好的工艺性	刀具材料要有较好的可加工性，包括锻压、焊接、切削加工、热处理、可刃磨性等，以方便刀具的制造
经济性	价格便宜，容易推广使用，易于获得好的效益

2. 几种常用的刀具材料

刀具材料有很多种，目前最常用的是高速工具钢和硬质合金。

（1）高速工具钢（High Speed Steel，HSS）　高速工具钢是含有W（钨）、Mo（钼）、Cr（铬）、V（钒）等合金元素的合金工具钢。其强度、韧性和工艺性均较好，有较高的耐热性，高温下切削速度比碳素工具钢高1～3倍，因此称之为高速工具钢。用其磨出的切削刃较锋利，因此又称其为锋钢。由于高速工具钢热处理后经过磨削呈白亮色，又常称之为白钢。常用的高速工具钢常温下硬度可达62～70HRC，耐热温度为540～620℃。

常用的高速工具钢分为低合金高速钢（HSS-L）、普通高速工具钢（HSS）和高性能高速工具钢（HSS-E）。常用的普通高速工具钢牌号有W6Mo5Cr4V2和W18Cr4V等。

高性能高速工具钢是指在普通高速工具钢中添加碳及矾、钴、铝等金属元素的新钢种，常用的有高碳高速工具钢（如W3Mo3Cr4V2）、高矾高速工具钢（如W4Mo3Cr4VSi）、钴高速工具钢（如W2Mo9Cr4VCo8）、铝高速工具钢（如W6Mo5Cr4V2A1）。高速工具钢只适用于制造中、低速切削的各种刀具，如钻头、铰刀、丝锥、铣刀、齿轮刀具、精加工车刀、拉刀、成形工具等。常用高速工具钢的性能和用途见表1-2。

表1-2　常用高速工具钢的性能和用途

类别		牌号	硬度(HRC)	高温(600℃时)硬度(HRC)	主要用途
低合金高速工具钢		W3Mo3Cr4V2	>63	—	用于要求不高的中心钻、丝锥、小直径麻花钻等
普通高速工具钢		W18Cr4V	62～66	48.5	用途广泛：如齿轮刀具、钻头、铰刀、铣刀、拉刀等
		W6Mo5Cr4V2	62～66	47～48	制造要求热塑性好和受较大冲击载荷的刀具
高性能高速工具钢	高碳	CW6Mo5Cr4V2	67～68	51	用于对韧性要求不高，但对耐磨性要求较高的刀具
	高钒	W6Mo5Cr4V4	63～66	51	用于形状简单但要求耐磨的刀具
	超硬	W6Mo5Cr4V2Al	68～69	55	制造复杂刀具和加工难加工材料的刀具
		W2Mo9Cr4VCo8	66～70	55	制造复杂刀具和加工难加工材料的刀具，价格很贵

此外，还有先采用高压氩气或纯氮气雾化高速工具钢液的方法得到细小的高速工具钢粉末，再经热压制成粉末冶金高速工具钢（HSS-PM）。该材料因避免了高速工具钢熔炼过程中产生的碳化物偏析，故强度、韧性有了很大提高，而且能保证各向同性，从而使得热处理的内应力和变形小，适合制造各种复杂刀具、大型刀具、高性能刀具和模具工作零件。我国生产的粉末冶金高速工具钢有 FT15（W12Cr4V5Co）和 PT1（W18Cr4V）等。

（2）硬质合金（Cemented Carbide） 硬质合金是由高硬度难熔的金属化合物（WC、TiC、TaC、NbC 等）的微米数量级粉末与金属粘结剂（Co、Mo、Ni 等）烧结而成的粉末冶金制品。其碳化物含量比高速工具钢高得多，因此，其硬度特别是热硬性、耐磨性、耐热性都高于高速工具钢，焊接性好。常温时其硬度可达 89~93HRA（74~81HRC），耐热温度为 890~1000℃。

硬质合金是高速切削时的主要刀具材料，但其较脆，抗拉强度低（仅为高速工具钢的 1/3），韧性也较低（仅为高速工具钢的十分之一至几十分之一）。国产常用普通硬质合金的牌号、性能和应用范围见表 1-3。

表 1-3 国产切削工具用硬质合金的牌号、性能和应用范围

牌号	基本成分	应用范围	合金性能		切削性能	
P01 P10 P20 P30 P40	以 TiC、WC 为基体，以 Co（Ni + Mo、Ni + Co）作粘结剂的合金/涂层合金	长切屑材料的加工，如钢、铸钢、长切屑可锻铸铁等的加工	↑耐磨性	韧性↓	↑切削速度	进给量↓
M01 M10 M20 M30 M40	以 WC 为基体，以 Co 作粘结剂，添加少量 TiC（TaC、NbC）的合金/涂层合金	通用合金，用于不锈钢、铸钢、锰钢、可锻铸铁、合金钢、合金铸铁等的加工	↑耐磨性	韧性↓	↑切削速度	进给量↓
K01 K10 K20 K30 K40	以 WC 为基体，以 Co 作粘结剂，或添加少量 TaC、NbC 的合金/涂层合金	短切屑材料的加工，如铸铁、冷硬铸铁、短切屑可锻铸铁、灰铸铁等的加工	↑耐磨性	韧性↓	↑切削速度	进给量↓
N01 N10 N20 N30	以 WC 为基体，以 Co 作粘结剂，或添加少量 TaC、NbC 或 CrC 的合金/涂层合金	有色金属、非金属材料的加工，如铝、镁、塑料、木材等的加工	↑耐磨性	韧性↓	↑切削速度	进给量↓
S01 S10 S20 S30	以 WC 为基体，以 Co 作粘结剂，或添加少量 TaC、NbC 或 TiC 的合金/涂层合金	耐热和优质合金材料的加工，如耐热钢，含镍、钴、钛的各类合金材料的加工	↑耐磨性	韧性↓	↑切削速度	进给量↓

（续）

牌号	基本成分	应用范围	合金性能		切削性能	
H01	以 WC 为基体，以 Co 作粘结剂，或添加少量 TaC、NbC 或 TiC 的合金/涂层合金	硬切削材料的加工，如淬硬钢、冷硬铸铁等材料的加工	↑耐磨性	韧性↓	↑切削速度	进给量↓
H10						
H20						
H30						

3. 其他刀具材料

（1）陶瓷（Ceramics）　常用的陶瓷是以 Al_2O_3 和 Si_3N_4 为基体成分在高温下烧结而成的。常温时陶瓷的硬度可达 89 ~ 93HRA（74 ~ 81HRC），耐热温度为 1000 ~ 1400℃。

陶瓷刀具材料的化学稳定性很好，耐磨性比硬质合金高十几倍，抗粘结能力强；最大的缺点是脆性大、强度低、导热性差。它一般用于高硬度材料（如冷硬铸铁、淬硬钢等）的精加工。

（2）涂层刀具材料　涂层刀具材料是在高速工具钢或硬质合金基体材料表面，采用化学气相沉积（CVD）或物理气相沉积（PVD）的方法，涂覆一薄层（2 ~ 12μm）高耐磨性的难熔金属化合物后得到的刀具材料。涂层刀具材料较好地解决了材料硬度、耐磨性与强度、韧性之间的矛盾。常用的涂层刀具材料有 TiC、TiN、TiAlN、Al_2O_3 等。

涂层刀具材料的镀膜可以防止切屑和刀具基体材料直接接触，可减小摩擦、降低热应力。使用涂层刀具材料的刀具，在加工过程中可采用更大的切削用量，以缩短切削时间、降低成本、减少换刀次数。使用涂层刀具材料的刀具，还可提高加工精度、减少甚至取消切削液的使用，具有较长的寿命。

（3）金刚石（Diamond）　金刚石有天然金刚石（ND）和人造金刚石（PCD、CVD）两类。除少数超精密加工和特殊用途外，工业上大都使用人造金刚石作为刀具和磨具材料。

人造金刚石是石墨在高温（1200 ~ 2500℃）、高压（5 ~ 10atm）和相应的辅助条件下转化而成的。其显微硬度可达 10000HV（相当于 300HRC）；耐热温度较低，在 700 ~ 800℃时易脱碳、失去硬度。它的耐磨性极好，与金属间的摩擦系数很小。它具有很好的导热性，刃磨后非常锋利，表面粗糙度值很小，可在纳米级尺寸范围稳定切削。

金刚石刀具主要用于加工各种非铁金属（如铝合金、铜合金、镁合金等），各种非金属材料（如石墨、橡胶、塑料、玻璃等）以及钛合金、金、银、铂、陶瓷和水泥制品等，还广泛用于磨具磨料。但金刚石刀具不宜用来切削铁质合金材料。

（4）聚晶立方氮化硼（PCBN）　它是由立方氮化硼（Cubic Boron Nitride，CBN）与结合相在高温高压下烧结而成的。其硬度仅次于人造金刚石，达到 8000 ~ 9000HV（相当于 240 ~ 270HRC）；耐热温度可达 1400℃；化学稳定性好。但其焊接性能差，抗弯强度略低于硬质合金。它一般用于高硬度、难加工材料的精加工，适合在数控机床上高速切削铁质合金。

三、刀具几何角度及其选择

1. 刀具切削部分的组成要素

刀具种类繁多、结构各异，但其切削部分的几何形状和参数具有共性。各种多齿刀具和复杂刀具都可以看成是外圆车刀的演变和组合。下面以最简单、最典型的外圆车刀为例进行分析。

普通外圆车刀的构造如图 1-3 所示。其包括夹持部分和切削部分。夹持部分是车刀在车床上装夹的部分。切削部分由三个刀面、两个切削刃、一个刀尖组成。

(1) 前刀面（A_γ） 刀具上切屑流过的表面。

(2) 主后面（A_α） 刀具上与过渡表面相对的表面。

(3) 副后面（A'_α） 刀具上与已加工表面相对的表面。

(4) 主切削刃（S） 前刀面与主后面的交线。它完成主要的金属切削工作。

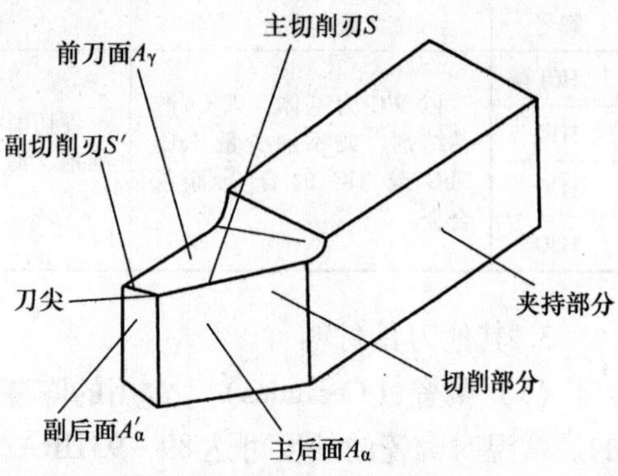

图 1-3 普通外圆车刀的构造

(5) 副切削刃（S'） 前刀面与副后面的交线。它配合主切削刃完成金属切削工作，负责最终形成工件已加工表面。

(6) 刀尖 主切削刃与副切削刃连接处的一小部分切削刃。刀尖有修圆刀尖和倒角刀尖两种。

2. 刀具角度的参考系

切削能否顺利进行，刀具的几何角度起着十分重要的作用。为在设计、制造、刃磨、测量中正确表示这些角度，须确定一参考系作为基准坐标平面。下面介绍刀具静止参考系中常用的正交平面参考系，如图 1-4 所示。

(1) 基面 过主切削刃上的一点，垂直于切削速度方向的平面，用 p_r 表示。

(2) 主切削平面 过主切削刃上的一点，与主切削刃相切并垂直于基面的平面，用 p_s 表示。

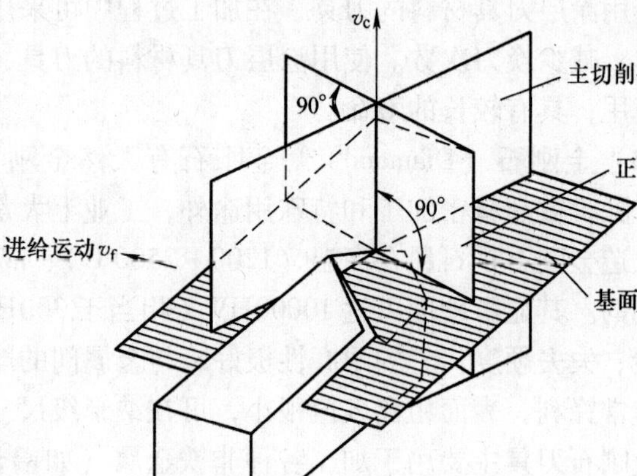

图 1-4 正交平面参考系

(3) 正交平面 通过切削刃选定点并同时垂直于基面和切削平面的平面，用 p_o 表示。

主切削平面、基面、正交平面在空间相互垂直，构成一个空间直角坐标系，是车刀几何角度的测量基准。

3. 车刀的基本角度

车刀的基本角度如图 1-5 所示。

(1) 在正交平面内测量、标注的角度

1) 前角（γ_o）：前刀面（A_γ）与基面（p_r）间的夹角。当前刀面与基面间的夹角小于 90°时，γ_o 为正值；大于 90°时，γ_o 为负值。前角对刀具的切削性能有很大的影响。

2）后角（α_o）：主后面（A_α）与切削平面（p_s）间的夹角。当主后面与切削平面间的夹角小于90°时，α_o为正值；大于90°时，α_o为负值，但后角不能为零，更不能为负值。

正交平面中测量的刀具前刀面与主后面间的夹角β称为楔角。楔角与前角、后角的关系如下。

$$\beta = 90° - (\gamma_o + \alpha_o)$$

（2）在基面内测量、标注的角度

1）主偏角（κ_r）：主切削刃在基面上的投影与进给运动方向之间的夹角。它总为正值。

2）副偏角（κ_r'）：副切削刃在基面上的投影与进给运动相反方向之间的夹角。

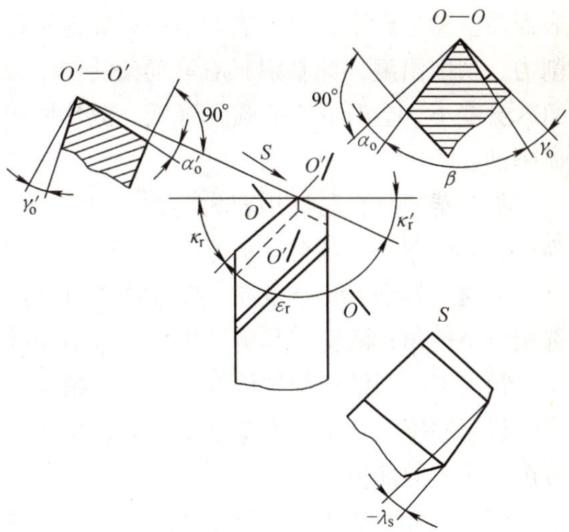

图1-5　车刀的基本角度

主切削刃和副切削刃在基面上的投影的夹角称为刀尖角ε_r，其与主偏角、副偏角间的关系如下。

$$\varepsilon_r = 180° - (\kappa_r + \kappa_r')$$

（3）在主切削平面内测量、标注的角度　主切削刃与基面（p_r）之间的夹角称为刃倾角，用λ_s表示。刃倾角也有正负之分，如图1-6所示，当刀尖处于切削刃最高点时，刃倾角为正；刀尖在最低点时，刃倾角为负；当主切削刃与基面平行时，刃倾角为0°。刃倾角为0°时，主切削刃在基面内。

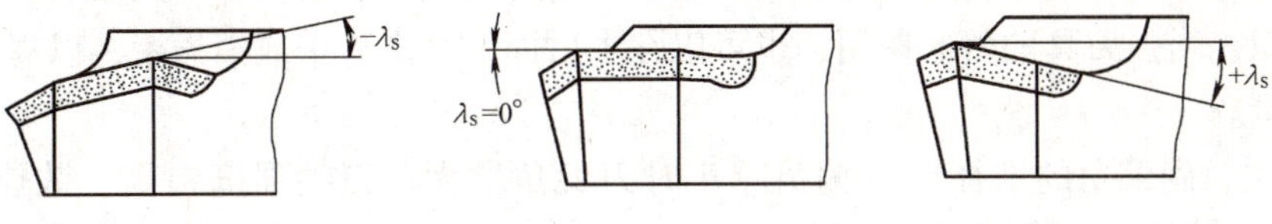

图1-6　车刀的刃倾角

（4）在副正交平面内测量、标注的角度　参照主切削刃的研究方法，在副切削刃上同样可定义一副正交平面p_o'。在副正交平面内测量、标注的角度有副后角α_o'，它是副后面与副切削平面间的夹角。当副后面与副切削平面间的夹角小于90°时，副后角为正值；大于90°时，副后角为负值。

4. 刀具的工作角度

在切削过程中，由于刀具安装位置和进给运动的影响，使得刀具的工作角度（即刀具的实际切削角度）不同于其在静止参考系中的角度。

5. 刀具几何角度的选择

刀具几何角度对切削过程中的金属变形、切削力、切削温度、工件的加工质量以及刀具的磨损都有明显影响。选择合理的刀具几何角度，就是在保证工件加工质量和刀具寿命的前提下，达到提高生产率、降低生产成本的目的。影响刀具合理几何角度选择的主要因素是工件材料、刀具材料及类型、切削用量、工艺系统刚度以及机床功率等。

（1）前角的选择 前角的大小影响着切削变形、切削力、切削温度、刀具寿命、加工表面质量和生产率，也影响着切削刃的锋利程度及强度。增大前角可减小切削变形，降低切削力、切削温度，抑制积屑瘤等现象的产生，提高已加工表面的质量。但前角过大，刀具楔角就会变小，会造成刀头强度降低、散热体积变小、切削温度升高、刀具磨损加剧、刀具寿命降低。

加工塑料材料时选用较大前角，加工脆性材料时选用较小前角。材料的强度、硬度越高，前角应越小，甚至为负值。

高速工具钢刀具强度高、韧性好，可选用较大前角；硬质合金刀具硬度高、脆性大，应选用较小前角；陶瓷刀具脆性更大，且不耐冲击，前角应更小。

粗加工、断续切削选用较小前角，精加工选用较大前角。

机床功率大、工艺系统刚度高时，可选用较小前角；机床功率小、工艺系统刚度低时，可选用较大的前角。

（2）后角的选择 后角的大小主要影响主后面与已加工表面之间的摩擦情况。增大后角，可减少刀具主后面的摩擦与磨损，同时使楔角减小，切削刃锋利。但后角太小会使切削刃强度、散热能力、刀具寿命降低。

粗加工、强力切削及承受冲击载荷时要求刀具强固，应选用较小后角；用于精加工的刀具的磨损主要发生在切削刃和主后面上，选用较大后角可以提高刀具寿命和工件表面的加工质量。

加工塑性好、韧性大的工件材料时，容易产生加工硬化，选用较大后角可减小摩擦；加工强度或硬度高的工件材料时，选用较小后角可保证刀具刃口强度。

工艺系统刚度低时，切削时容易出现振动，应选用较小后角，以增大主后面与加工表面的接触面积，增强刀具的阻尼作用；也可以在主后面上磨出刃带或消振棱，以提高工件表面的加工质量。

（3）主、副偏角的选择 主偏角减小时刀尖角增大、刀尖强度提高、散热体积增大，同时参加切削的切削刃长度增加，可减少因切入冲击造成的刀尖损坏，从而可提高刀具的寿命，还可使已加工表面的表面粗糙度值减小。但减小主偏角会使背向力增大，易造成工件或刀杆弯曲变形，从而影响加工精度。

工艺系统刚度小时，应取较大的主偏角；加工硬度很高的材料时，为减小单位切削刃上的负荷，宜取较小的主偏角。切削层面积相同时，刀具主偏角大的切屑厚度大，易断屑。

副偏角的作用是减少副切削刃与工件已加工表面间的摩擦。副偏角太大会使工件表面粗糙度值增大，太小又会使背向力增大。在不引起振动的前提下应取较小的副偏角，工艺系统刚度低时宜取较大的副偏角。

（4）刃倾角的选择 刃倾角的功用是控制切屑流出的方向，增加切削刃的锋利程度，延长切削刃参加工作的长度，保护刀尖，使切削过程平稳。

粗加工时应选负刃倾角，以提高刃口强度；有冲击载荷时，为了保证刀尖强度，应尽量取较大的负刃倾角；精加工时，为了保证加工质量宜采用正刃倾角，可使切屑流向刀杆从而避免划伤已加工表面；工艺系统刚度不足时，应取正刃倾角以减小背向力；刀具材料、工件材料硬度较高时，应取负刃倾角。

四、刀具失效及寿命

1. 刀具失效

刀具在使用过程中丧失切削能力的现象称为刀具失效。刀具失效对切削加工的质量和效率影响极大，应给予充分重视。加工过程中，刀具失效是经常发生的，主要失效形式有刀具的破损和磨损两种。

（1）刀具破损　刀具破损是由于刀具选择、使用不当及操作失误造成的，俗称打刀。一旦发生打刀，刀具就很难修复，常常造成刀具报废。刀具破损属于非正常失效，应尽量避免。刀具破损包括脆性破损和塑性破损两种形式。脆性破损是指由于切削过程中的冲击振动而造成的刀具崩刃、碎断现象，或由于刀具表面受交变力作用引起表面疲劳而造成的刀面裂纹、剥落现象；塑性破损是指由于高温切削塑性材料或超负荷切削难切削材料时，因剧烈的摩擦及高温作用使得刀具产生的固态相变和塑性变形。

（2）刀具磨损　刀具磨损属于正常失效形式，可以通过重磨修复，主要表现为前刀面磨损、后刀面磨损和边界磨损三种形式。前刀面磨损和边界磨损常见于塑性材料加工中：前刀面磨损出现常说的“月牙洼”，如图 1-7 所示；边界磨损主要出现在主切削刃靠近工件外皮处和副切削刃靠近刀尖处。主后面磨损常见于脆性材料加工中，此过程中切屑与刀具前刀面摩擦不大，主要是刀具主后面与已加工表面的摩擦。

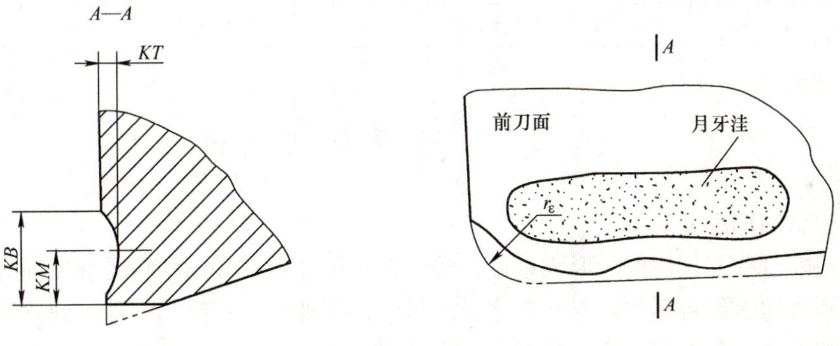

图 1-7　刀具的磨损

2. 刀具磨损过程

在一定条件下，不论何种磨损形态，磨损量都将随切削时间的增加而增加。由图 1-8 可知，刀具的磨损过程可分为如下三个阶段。

（1）初期磨损阶段（图 1-8 中的 *OA* 段）　此阶段刀具主后面磨损较快。这是因为新磨好的刀具表面存在微观粗糙度；切削刃比较锋利，刀具与工件实际接触面积较小，压应力较大，使后刀面很快出现磨损带。初期磨损量一般为 0.05～0.1mm，其大小与刀具的刃磨质量及磨损速度有关。

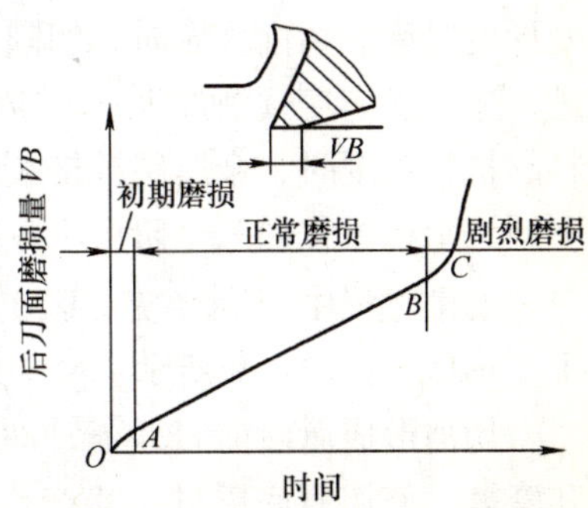

图 1-8　刀具磨损的典型曲线

（2）正常磨损阶段（图 1-8 中的 *AB* 段）　此阶段磨损速度减慢、磨损量随时间的增加均匀增加，切削稳定，是刀具的有效工作阶段。此阶段磨损曲线近乎直线，其斜率大小表示刀具的磨损速度：斜率越小，耐磨性越好。它是比较刀具切削性能的重要指标之一。

（3）剧烈磨损阶段（图1-8中的*BC*段） 刀具经过正常磨损阶段后已经变钝，如继续切削，温度将剧增，切削力将增大，刀具磨损将急剧增加。在此阶段，既不能保证加工质量，刀具材料消耗也多，甚至发生崩刃而完全丧失切削能力，故应在此阶段之前及时换刀。

实际生产中，有经验的操作人员往往凭直观感觉来判断刀具是否已经磨钝。工件已加工表面的表面粗糙度值开始增大、切屑的形状和颜色发生变化、工件表面出现挤压亮带、切削过程出现振动和刺耳的噪声等，都标志着刀具已经磨钝，需要更换或重磨刀具。

3. 刀具寿命

所谓刀具寿命，是指从刀具刃磨开始切削后，一直到磨损量超过允许的范围所经过的总切削时间，用符号 *T* 表示，单位为 min。刀具寿命只为切削时间，不包括对刀、测量、快进、回程等非切削时间。

刀具寿命对切削加工的生产率和生产成本有直接的影响，应根据加工的实际情况合理规定，不能太高或太低。常用刀具合理寿命的参考值见表1-4。

表1-4 常用刀具合理寿命参考值

常用刀具	高速工具钢车刀、镗刀	高速工具钢钻头	硬质合金焊接车刀	硬质合金可转位车刀	硬质合金面铣刀	齿轮刀具	加工淬火钢的立方氮化硼车刀
寿命 *T*/min	60~90	80~120	60	15~30	120~180	200~300	120~150

第三节 金属切削过程

一、切屑的形成及种类

金属切削过程就是切屑的形成过程，实质上是工件表层金属材料受到切削力的作用后发生变形直到剪切断裂破坏的过程。在这个过程中，切削力、切削热、加工硬化和刀具磨损等都直接对加工质量和生产率产生影响。

1. 切屑的形成过程

金属的切削过程是被切削金属层在刀具切削刃和前刀面的挤压作用下而产生剪切、滑移变形的过程。切削金属时，切削层金属受到刀具的挤压后开始产生弹性变形。随着刀具的推进，应力、应变逐渐加大：当应力达到材料的屈服强度后材料产生塑性变形；当应力达到材料的抗拉强度时，金属层被挤裂而形成切屑。实际上，由于加工材料的性能与切削条件等的不同，上述过程的三个阶段不一定会完全显示出来。

切削过程中，滑移变形区也称基本变形区或第Ⅰ变形区，如图1-9所示。

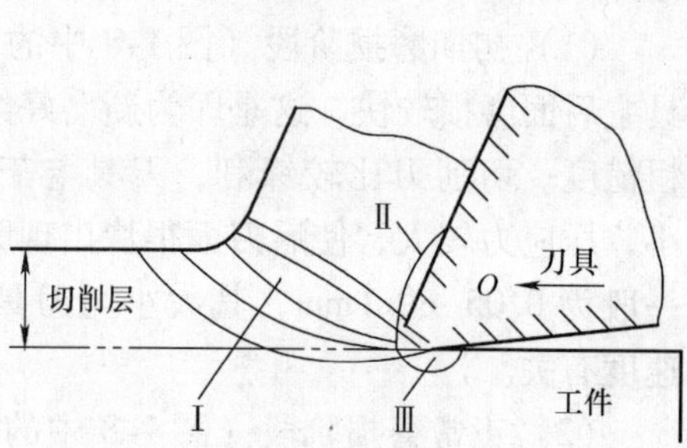

图1-9 切削过程中的三个变形区

切屑形成后沿前刀面流动时，受前刀面的推挤和摩擦，使切屑底层进一步产生塑性变形。由于底层变形大于外层，故切屑发生卷曲。在切屑底层进一步变形的同时，其流速降低。这种切屑底层流速低于上层流速的现象称为滞流现象，故底层又称为滞流层。这一变形区称为前刀面摩擦变形区或第Ⅱ变形区。

切削过程中，由于主后面与加工表面发生挤压和摩擦，使材料发生变形的区域称为第Ⅲ变形区。

切削脆性材料时，切屑的形成过程中没有滑移阶段。

2. 切屑的种类

由于工件材料不同，切削条件不同，故切削过程中切屑的变形程度也不同。根据切削过程中变形程度的不同，切屑可分为四种不同的形态，如图1-10所示。

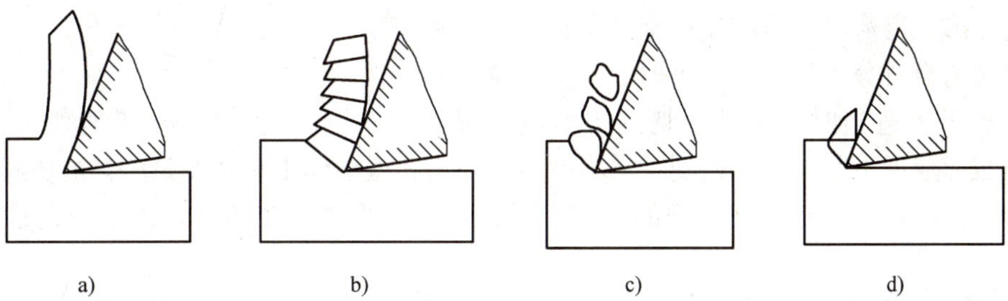

图1-10　切屑的种类
a）带状切屑　b）挤裂切屑　c）单元切屑　d）崩碎切屑

（1）带状切屑　带状切屑如图1-10a所示。带状切屑的底层（与前刀面接触的面）光滑，外层呈毛茸状，无明显裂纹。一般加工塑性金属材料（如软钢、铜、铝等）时，在切削厚度较小、切削速度较高、刀具前角较大的情况下，容易得到这种切屑。

形成带状切屑时，切削过程较平稳，切削力波动较小，加工表面质量高。但带状切屑连续不断，会缠在工件或刀具上，从而影响工件加工质量和生产安全，通常在车刀上设断屑槽来实现断屑。

（2）挤裂切屑　挤裂切屑如图1-10b所示，又称节状切屑。这种切屑的底层有时会出现裂纹，外层呈明显的锯齿状。挤裂切屑大多在加工塑性较低的金属材料（如黄铜）、切削速度较低、背吃刀量较大、刀具前角较小时产生。当工艺系统刚性不足、加工碳素钢材料时，也容易产生这种切屑。产生挤裂切屑时，切削过程不太稳定，切削力波动也较大，表面加工质量较低。

（3）单元切屑　单元切屑如图1-10c所示。采用小前角或负前角，以极低的切削速度和大的背吃刀量切削塑性金属（如伸长率较低的合金结构钢）时，会产生这种切屑。产生单元切屑时，切削过程不平稳，切削力波动较大，表面加工质量较差。

上述三种切屑，一般在切削塑性材料时形成。当工件材料一定时，可通过改变切削条件使切屑种类发生改变，以利于切削加工的进行。或者说，同一种材料的切屑，随着切削条件的变化，会由一种形态向另一种形态变化。

（4）崩碎切屑　崩碎切屑如图1-10d所示。切削脆性金属（如铸铁、青铜等）时，由于材料的塑性很小、抗拉强度很低，故切削时切削层内靠近切削刃和前刀面的局部金属未经明显的塑性变形就被挤裂，形成不规则状的碎块切屑。工件材料越硬越脆、刀具前角越小、背吃刀量越大时，越易产生崩碎切屑。产生崩碎切削时，切削力波动大，加工表面凹凸不平，切削刃容易损坏。

二、积屑瘤

在用中等或较低的切削速度切削一般钢料或其他塑性金属材料时，常在前刀面接近切削刃处粘结有一硬度很高（约为工件材料硬度的2～3.5倍）的楔形金属块。这种楔形金属块称为积屑瘤，如图1-11所示。

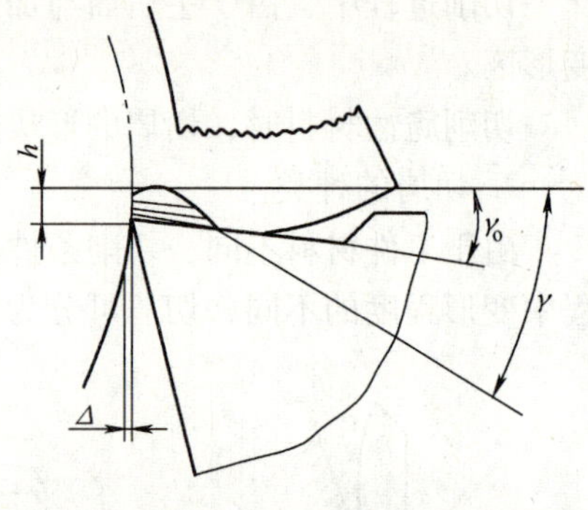

图1-11　积屑瘤

1. 积屑瘤的形成

切削过程中，切屑底面与前刀面间产生的挤压和剧烈摩擦，会使切屑底层金属的流动速度低于外层金属的流动速度，形成滞流层。当滞流层金属与前刀面间的摩擦力超过切屑自身分子间的结合力时，一部分滞流层金属在温度和压力适当时就粘结在切削刃附近形成积屑瘤。积屑瘤形成后不断增大，达到一定高度后受外力和振动作用而破裂脱落，被切屑或已加工表面带走，故极不稳定。积屑瘤的形成、增大、脱落的过程在切削过程中周期性地不断出现。

2. 积屑瘤对切削加工的影响

1）增大前角。积屑瘤粘附在前刀面上，增大了刀具的实际前角。当积屑瘤最高时，刀具将可能有30°左右的前角，因此会减小切削变形、降低切削力。

2）增大背吃刀量。积屑瘤前端伸出切削刃外，伸出量为Δ，如图1-11所示，使切削厚度增大了Δ，影响了加工的尺寸精度。

3）增大已加工表面的表面粗糙度。积屑瘤粘附在切削刃上，会使切削刃的实际运动轨迹呈一不规则的曲线，导致在已加工表面上沿着主运动方向刻划出一些深浅宽窄不同的纵向沟纹。积屑瘤的形成、增大和脱落是一个具有一定周期的动态过程（每秒钟几十至几百次），会使背吃刀量不断变化，由此可能引起振动。积屑瘤脱落后，一部分粘附于切屑底部，一部分留在已加工表面上形成鳞片状毛刺。

4）影响刀具寿命。积屑瘤包围着切削刃，覆盖着一部分前刀面，可以代替切削刃进行切削，起着保护切削刃、减少前刀面磨损的作用。但在积屑瘤不稳定的情况下使用硬质合金刀具时，积屑瘤的破裂可能会使硬质合金刀具颗粒剥落，从而加快刀具的失效。

3. 影响积屑瘤的主要因素及控制积屑瘤的措施

1）工件材料的塑性。影响积屑瘤形成的主要因素是工件材料的塑性。切削塑性大的工件材料时，很容易生成积屑瘤。因此对于塑性好的碳素钢工件，可先对其进行正火或调质处理，以提高其硬度，降低其塑性。

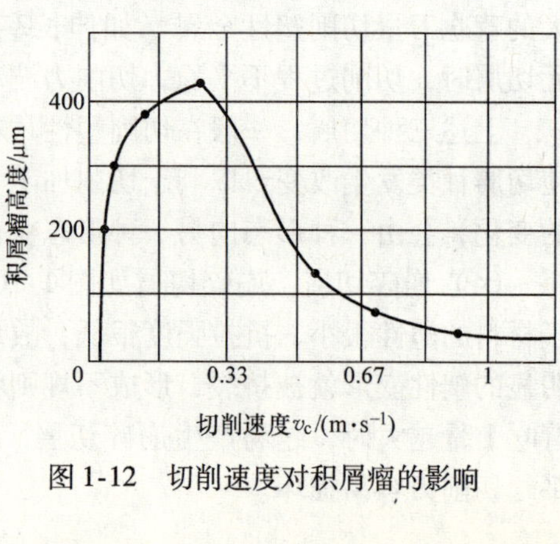

图1-12　切削速度对积屑瘤的影响

2）切削速度。切削条件中对积屑瘤影响最大的是切削速度v_c。实验表明，切削一般钢材时，v_c为5～50m/min、切削温度为300～380℃时最易形成积屑瘤，而在低速（v_c＜5m/min）和高速（v_c＞100m/min）条件下均不易形成积屑瘤，如图1-12所示。在形成积屑瘤的切削速度范围内，当切削速度较低时，积屑瘤的高度随v_c的增大而增大；速度较高时，积屑瘤的高度又随 v_c 的增大而减小。

3）进给量。进给量增大，则切削厚度增大。切削厚度越大，则刀具与切屑之间的接触长度越长，就越容易形成积屑瘤。若适当降低进给量，使切削厚度变薄，以减少切屑与前刀面的接触与摩擦，则可减少积屑瘤的形成。

4）刀具前角。增大前角可使切屑变形减小，从而不仅使前刀面与切屑间的摩擦减小，同时减少了正压力，这就削弱了积屑瘤的生成基础。实践证明，前角为35°时一般不易产生积屑瘤。

5）前刀面的表面粗糙度。前刀面粗糙，其与切屑的摩擦较大，给积屑瘤的形成创造了条件。若前刀面光滑，则积屑瘤不易形成。

6）切削液。合理使用切削液，可以减小摩擦，从而能避免或减少积屑瘤的产生。

精加工中，为降低已加工表面的表面粗糙度值，应尽量避免积屑瘤的产生。

三、切削力

在切削过程中，由刀具切削工件而产生的工件和刀具之间的相互作用力叫做切削力。

1. 切削力的产生和分解

切削力产生的直接原因是切削过程中的变形和摩擦。如图1-13所示，前刀面的弹性、塑性变形抗力 $F_{n\gamma}$ 和摩擦力 $F_{f\gamma}$ 的合力为 $F_{r\gamma}$，主后面的变形抗力 $F_{n\alpha}$ 和摩擦力 $F_{f\alpha}$ 的合力为 $F_{r\alpha}$，$F_{r\gamma}$ 和 $F_{r\alpha}$ 的总合力 F_r 即为切削力。

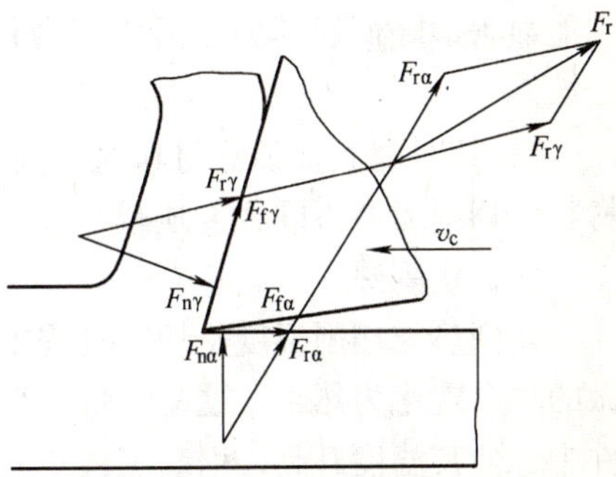

图1-13　切削力的产生

为了分析方便，可将切削力分解为：主运动方向上的切向分力或主切削力、吃刀方向上的背向力以及走刀方向上的进给力。

2. 影响切削力的主要因素

（1）工件材料的影响　工件材料的成分、组织、性能是影响切削力的主要因素。材料的硬度、强度越高，变形抗力越大，则切削力越大。在材料硬度、强度相近的情况下，材料的塑性、韧性越大，则切削力越大。切削脆性材料时，切屑呈崩碎状态，塑性变形与摩擦都很小，故其切削力一般低于塑性材料。

（2）刀具角度的影响

1）前角 γ_o 的影响。γ_o 越大，切屑变形就越小，则切削力就会越小。切削各种材料时，增大 γ_o 能减小切削力。切削塑性材料时，加大前角 γ_o，则切削力减小得更为明显。

2）主偏角 κ_r 的影响。主偏角 κ_r 对主切削力的影响不大。$\kappa_r=60°\sim75°$ 时，主切削力最小；$\kappa_r<60°$ 时，主切削力随 κ_r 的增大而减小；$\kappa_r>75°$ 时，主切削力随 κ_r 的增大而增大。不过，主切削力增大或减小的幅度均在10%以内。

主偏角 κ_r 增大时，背向力减小，进给力增大。因此，切削细长轴时应采用较大的 κ_r（90°）。

3）刃倾角 λ_s 对主切削力的影响很小，而对背向力、进给力的影响显著。λ_s 减小时，背向力增大，进给力减小。

（3）切削用量的影响

1）进给量和背吃刀量。进给量和背吃刀量增大时，切削面积增大，故切削力增大。进给量和背吃刀量对切削力的影响程度不同。背吃刀量增大时，主切削力成比例地增大；进给量增大时，主切削力的增大量却与其增大量不成比例，其影响程度比背吃刀量小。根据这一规律可知，在切削面积不变的条件下，采用较大的进给量和较小的背吃刀量，可使切削力较小。

2）切削速度 v_c。切削一般钢材时，切削速度 v_c 与主切削力的关系曲线呈波浪形，如图 1-14 所示。切削脆性金属（如铸铁、黄铜）时，由于切屑和前刀面的摩擦小，v_c 的大小对切削力没有显著的影响。

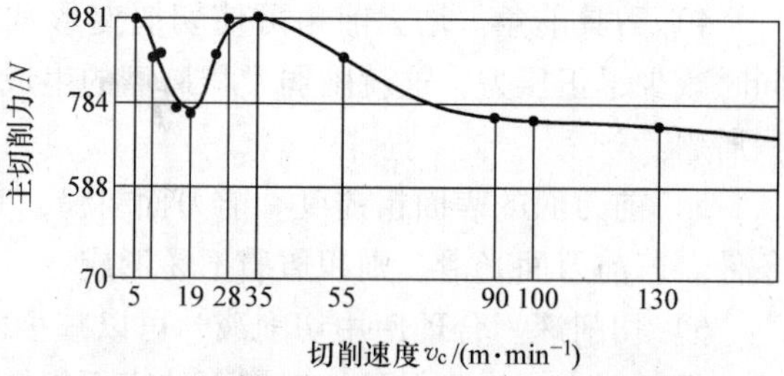

图 1-14 切削速度与主切削力的关系曲线

（4）其他因素的影响

1）刀具磨损。刀具磨损后，切削刃变钝会加剧刀面与加工表面间的挤压和摩擦，从而使切削力增大。刀具磨损达到一定程度后，切削力会急剧增加。

2）切削液。以冷却作用为主的切削液对切削力的影响很小；以润滑作用为主的切削液则能显著地降低切削力，因为润滑作用减少了刀具前刀面与切屑、后刀面与工件表面间的摩擦。

3）刀具材料。刀具材料对切削力也有一定的影响：选择与工件材料摩擦系数小的刀具材料，切削力会不同程度地减小。

四、切削热

切削热与切削温度是切削过程中产生的另一个重要的物理现象。切削过程中，切削力所做的功会转化为热量。这些热量除少量散逸到周围介质中外，其余均传散到刀具、切屑和工件中，使其温度升高，引起工件热变形，加速了刀具的磨损。

1. 切削热的形成及传散

切削热主要由切削功耗产生，而切削功耗主要由切削层金属的变形、切屑与刀具前刀面间的摩擦和工件与刀具主后面间的摩擦产生。切削功耗（包括变形功耗和摩擦功耗）占切削过程总功耗的98%～99%。因此可以近似认为，切削过程总功耗都转化为了切削热。

切削热通过切屑、刀具、工件和周围介质传散。各部分的传热比例取决于工件材料、切削速度、刀具材料及其几何形状、加工方式以及是否使用切削液等。例如，不使用切削液车削钢料外圆时，由切屑传散的切削热约占50%～80%，刀具吸收的切削热约占4%～10%，工件吸收的切削热约占9%～30%，传散到周围介质中的切削热约占1%；钻削钢料时切削热的52%传入钻头。

切削速度越高，背吃刀量越大，则由切屑带走的切削热越多。

2. 切削温度及其对切削过程的影响

通常所说的切削温度，如无特别说明，均指切削区域（即切屑、工件、刀具接触处）的平均温度。切削温度的高低取决于切削热的多少和切削热的传散情况。

切削过程中并不总是切削温度越低越好。每一种刀具材料和工件材料的组合，理论上都有一个最佳的切削温度。在这一温度范围内，工件材料的硬度和强度相对于刀具材料下降较多，从而使刀具的切削能力相对提高、磨损相对减缓。例如：

切削高强度钢时，用高速工具钢刀具，其最佳切削温度为480～650℃；用硬质合金刀具，其最佳切削温度为750～1000℃。

切削不锈钢时，用高速工具钢刀具，其最佳切削温度为280～480℃；用硬质合金刀具，其最佳切削温度小于650℃。

（1）切削温度对切削过程的不利影响

1）加剧刀具磨损，降低刀具寿命。

2）使工件、刀具变形，影响加工精度。

3）使工件表面产生残余应力或金相组织发生变化，产生退火烧伤。

（2）切削温度对切削过程的有利影响

1）使工件材料软化，变得容易切削。

2）降低刀具材料的脆性，减少刀具崩刃。

3）较高的切削温度有利于阻止积屑瘤的生成。

3. 影响切削温度的主要因素

（1）切削用量的影响

1）切削速度。切削用量中对切削温度影响最大的是切削速度 v_c。随着 v_c 的提高，切削温度显著提高。当切屑沿着前刀面流出时，切屑底层与前刀面间发生强烈摩擦，会产生大量的热量。但由于切屑带走热量的比例也随之增大，故切削温度并不随 v_c 的增大成比例地提高。

2）进给量。进给量增大时，切削温度随之升高，但其影响程度不如 v_c 大。这是因为进给量增大时，切削厚度增加，切屑的平均变形减小，加之进给量增大会使切屑与前刀面的接触区域增加，即散热面积略有增大。

3）背吃刀量。背吃刀量对切削温度的影响最小。这是因为背吃刀量增大时，切削刃工作长度成比例地增加，散热面积也成比例地增加，但切屑中部的热量传散不出去，所以切削温度略有上升。

实验证明，切削速度增加一倍，切削温度大约增加20%～33%；进给量增加一倍，切削温度大约增加10%；背吃刀量增加一倍，切削温度大约只增加3%。

因此，在切削效率不变的前提下，通过降低切削速度来降低切削温度，比减小进给量或背吃刀量更有效。

（2）刀具角度的影响　刀具基本角度中，前角与主偏角对切削温度的影响最明显。实验证明，前角从10°增加到18°，切削温度下降15%。这是因为切削层金属在基本变形区和前刀面摩擦变形区内，其变形程度随前角的增大而减小。但是前角过分增大会影响刀头的散热能力，会使切削热因散热体积减小而不能很快传散出去。例如，当前角从18°增加到25°时，切削温度大约只能降低5%。

主偏角减小会使主切削刃工作长度增加，散热条件相应改善。另外，主偏角减小会使刀头的散热体积增大，也有利于散热。因此，可采用较小的主偏角来降低切削温度。

（3）工件材料的影响　工件材料影响切削温度的因素主要有强度、硬度、塑性及导热性能。工件材料的强度与硬度越高，切削时消耗的功就越多，产生的切削热就越多，切削温度也就越高。在工件材料的强度、硬度大致相同的条件下，塑性、韧性好的金属材料的塑性变形较严重，因变形而转变成的切削热较多，因此切削温度也较高。工件材料的导热性能好，则有利于切削温度的降低。例如，不锈钢06Cr18Ni11Ti的强度、硬度虽低于45钢，但由于其导热系数仅约为45钢的1/4，故其切削温度比45钢高40%。

（4）刀具磨损的影响　刀具磨损后切削刃变钝，使刀具与工件间的挤压力和摩擦力增大，从而使功耗增加、产生的切削热增多，切削温度因而提高。

（5）切削液的影响　切削液可减小刀具与切屑、刀具与工件间的摩擦，并可带走大量的切削热，因此可有效地降低切削温度。

综上所述，为减小切削力，增大进给量f比增大背吃刀量a_p有利。但从降低切削温度的角度来考虑，增大背吃刀量a_p又比增大进给量f有利。由于进给量f的增大可使切削力和切削温度的增加都较小，却可使材料的切除率成比例地提高，因而采用大进给量切削具有较好的综合效果，特别是在粗加工、半精加工中得到广泛应用。

五、切削加工中的振动

切削加工过程中，在工件和刀具之间常会产生振动。产生振动时，正常的切削加工过程便会受到干扰和破坏，从而使零件加工表面出现振纹，降低了零件的加工精度和表面质量；强烈的振动会使切削过程无法进行，甚至会引起刀具崩刃打刀现象；振动的产生加速了刀具的磨损，还会使机床连接部分松动，影响运动副的工作性能，并导致机床丧失精度。此外，强烈的振动及伴随而来的噪声，还会污染环境，危害操作者的身心健康；对于高速回转的零件和大切削用量的加工方法，振动更是生产率提高的重要障碍。

1. 振动的类型及特征

（1）自由振动　当振动系统受到初始干扰力的激励破坏了其平衡状态后，去掉激励或约束之后所出现的振动称为自由振动。机械加工过程中的自由振动往往是由于切削力的突然变化或其他外界力的冲击等原因引起的。这种振动一般可以迅速衰减，因此对切削加工过程的影响较小。

（2）受迫振动　由外界周期性的干扰力所激发的振动称为受迫振动。受迫振动的频率与外界周期性干扰力的频率相同，或是它的整数倍。受迫振动的振幅与干扰力的振幅、振动系统的刚度及阻尼有关。在干扰力频率不变的情况下，干扰力振幅越大、工艺系统的刚度及阻尼越小，受迫振动的振幅就越大。干扰力频率与工艺系统固有频率的比值等于或接近1时，工艺系统将会产生共振，振幅将达到最大值。干扰力消除后，受迫振动会停止。

（3）自激振动（颤振）　切削加工过程中，在没有外界周期性干扰力作用下，由系统内部激发反馈产生的周期性振动称为自激振动。自激振动的频率等于或接近于系统的固有频率。自激振动能否产生及其振幅的大小，取决于每一振动周期内系统所获得的能量与系统阻尼消耗能量的对比情况。由于维特自激振动的干扰力是由切削过程激发的，故切削一旦中止，干扰力及能量补充过程立即消失。

2. 振动的防治

（1）减弱或消除受迫振动的途径

1）减小干扰力。减小干扰力可有效地减小振幅，使振动减弱或消除。对于转速在600r/min以上的回转零件，如卡盘、电动机转子、刀盘等应采取平衡措施。

2）改变振源或系统固有频率，避开共振区，使工艺系统各部件在准静态区运行。

3）增强工艺系统的刚度和阻尼。增加机床或工艺系统的刚度，从而增强工艺系统的抗振性，比如选择铣刀时，应严格控制刀具的直径长度比；增加工艺系统的阻尼，将增加系统对振动能量的消耗作用，能有效地防止和消除振动。

4）采取隔振措施。隔振措施指在振动传递的路线上设置隔振材料，使外部振源激起的振动不能传递到加工系统上，例如在机床周围开防振沟、将电动机与机床分开等。

（2）减弱或消除自激振动的途径　切削加工中的自激振动，既与切削过程有关，又与工艺系统的结构有关。所以，减弱或消除自激振动的措施是多方面的，常用的一些基本措施如下。

1）合理选择切削用量。

① 切削速度。图 1-15 所示为在一定的条件下车削时，切削速度与自激振动振幅的关系曲线。由图中可以看出，当切削速度为 20～60m/min 时易产生自激振动。所以，加工中可以选择高速或低速进行切削，以避免产生自激振动。

② 进给量。图 1-16 所示为在一定的条件下车削时，进给量与自激振动振幅的关系曲线。从图中可以看出，当进给量较小时振幅较大，随着进给量的增加振幅减小。所以，在表面粗糙度允许的情况下，应适当加大进给量以减小自激振动。

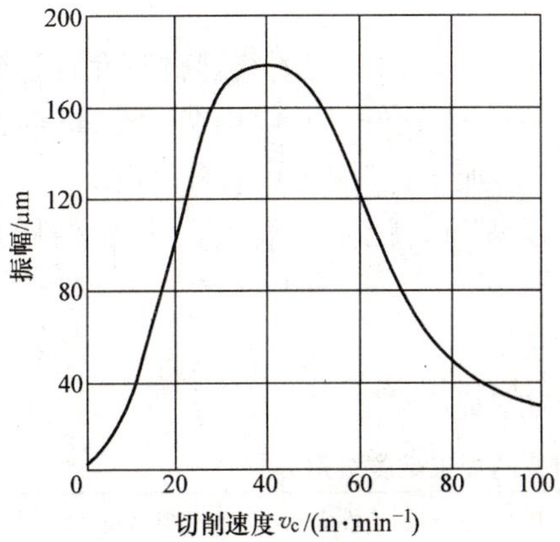

图 1-15　切削速度与自激振动振幅的关系

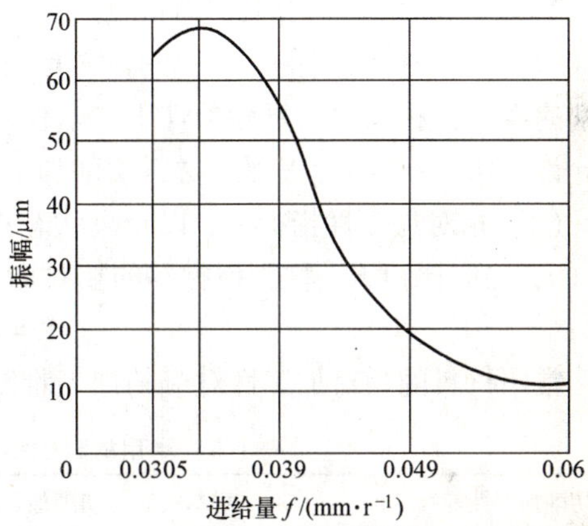

图 1-16　进给量与自激振动振幅的关系

③ 背吃刀量。图 1-17 所示为在一定的条件下车削时，背吃刀量与自激振动振幅的关系曲线。从图中可以看出，随着背吃刀量的增大，振幅也增大。因此。减小背吃刀量能减小自激振动。但由于减小背吃刀量会降低生产率，所以通常采用调整切削速度和进给量的方法来抑制切削加工过程中的自激振动。

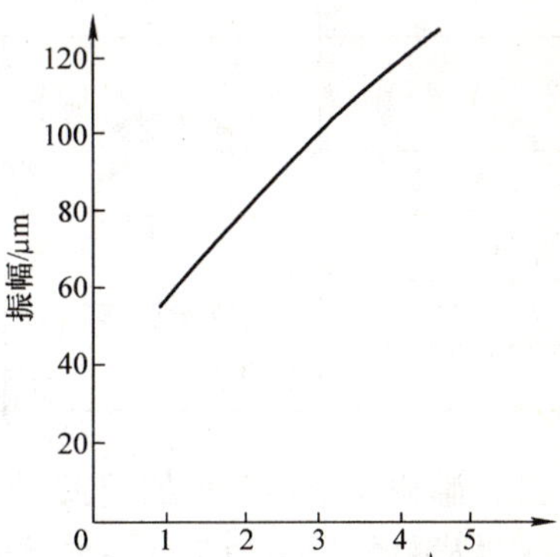

图 1-17　背吃刀量与自激振动振幅的关系

2）合理选用刀具的几何参数。实验和理论研究表明，刀具的几何参数中，对振动影响最大的是主偏角和前角。切削厚度越大，切削加工过程中越容易产生振动。主偏角越小，则切削厚度越小，因此越易产生振动；前角越大，则切削力越小，振幅也就越小。

3）提高工艺系统的抗振能力。提高工艺系统的刚度、合理调整机床部件的固有频率、增大阻尼和提高机床装配质量等方法都可以显著提高机床的抗振能力。

增大工艺系统阻尼的办法主要有选择内阻尼大的材料和增大工艺系统部件之间的摩擦阻尼。例如，铸铁的内阻尼比钢大，故机床的床身、立柱等大型支承件均用铸铁制造。

4）采取各种减振装置。减振装置有阻尼式减振器、动力式减振器、冲击式减振器等，它们采取消耗或抵消自激振动能量的方式来减弱或消除自激振动。

第四节　材料的切削加工性

一、切削加工性的概念和指标

1. 金属材料切削加工性的概念

金属材料切削加工的难易程度称为金属材料的切削加工性。

良好的切削加工性是指：刀具寿命较高或在一定的刀具寿命下，切削速度 v_c 较高、切削力较小、切削温度较低、容易获得较好的工件表面质量、切屑形状容易控制或容易断屑。

2. 衡量金属材料切削加工性的指标

（1）切削速度指标 v_{cT}　v_{cT}的含义是当刀具寿命为 T 时，用其切削某种材料允许达到的切削速度。在相同刀具寿命条件下，v_{cT}值高的材料切削加工性好。一般用 $T=60\text{min}$ 时刀具所允许的切削速度 v_{c60}来评定材料切削加工性的好坏，难加工材料则用 v_{c20}来评定。

（2）相对加工性指标 K　以正火状态 45 钢的 v_{c60}为基准，记作（v_{c60}）$_j$，其他材料的 v_{c60}与（v_{c60}）$_j$ 的比值 K，称为该材料的相对加工性。

$$K=v_{c60}/(v_{c60})_j$$

常用材料的相对加工性对应的加工难度级别见表 1-5。

表 1-5　常用材料的相对加工性对应的加工难度级别

切削加工等级	材料类别与切削加工性		相对加工性 K	典型材料举例
0~1	很容易切削的材料	一般非铁金属	>3.0	铜铅合金、铝镁合金
2	容易切削材料	容易切削的材料	2.5~3.0	退火 15Cr
3		较容易切削的材料	1.6~2.5	正火 30 钢
4	一般材料	切削加工性能一般的材料	1.0~1.6	正火 45 钢、灰铸铁
5		稍难切削的材料	0.65~1.0	T8、调质 2Cr13
6~7	难切削材料	较难切削的材料	0.5~0.65	调质 40Cr、调质 65Mn
8		难切削的材料	0.15~0.5	06Cr18Ni11Ti
9		很难切削的材料	<0.15	钛合金、高温合金

二、影响切削加工性的因素

工件材料的切削加工性主要受其力学性能的影响。

1. 工件材料的硬度

工件材料的硬度对其切削加工性的影响表现为如下几个方面。

1）工件材料的硬度越高，切屑与刀具前刀面的接触长度越狭小，切削力与切削热集中于切削刃附近，使得切削温度增高、磨损加剧。

2）工件材料的热硬性好，使得高温时刀具材料与工件材料的硬度比下降，材料加工硬化倾向大，材料的切削加工性变差。

3）工件材料中含硬质点（如 SiO_2、Al_2O_3 等）时，对刀具的擦伤较大，材料的切削加工性降低。

2. 工件材料的强度

工件材料的强度越高，切削力与切削功率越大，切削温度也增加，刀具磨损量增大，工件材料的切削加工性降低。一般说来，工件材料的硬度高时，强度也高。

3. 工件材料的塑性与韧性

工件材料的塑性越大，则切削变形越大，切削温度升高，切屑易与刀具粘结，会加剧刀具磨损，加工表面质量越差，工件材料的切削加工性降低。但工件材料的塑性过低时，刀具与切屑接触长度变小，切削力与切削热集中于刀尖附近，刀具磨损加剧，工件材料的切削加工性也差。工件材料韧性的影响与塑性相似，但其对断屑影响较大。工件材料的韧性越大，断屑越困难。

4. 工件材料的导热性

工件材料的热导率越小，切削热越不容易传散，使切削温度增高，从而使刀具磨损加剧，工件材料的切削加工性越差。

三、改善金属材料切削加工性的途径

材料的切削加工性对生产率和表面加工质量有很大影响，因此在满足零件使用要求的前提下，应尽量选用切削加工性较好的材料。

材料的切削加工性可通过一些措施予以改善。采用适当的热处理工艺，可改变材料的金相组织和物理、力学性能，从而可改善金属材料的切削加工性，是改善金属材料切削加工性的重要途径之一。例如高碳钢和工具钢经球化退火后，可降低硬度；中碳钢通过退火处理后，切削加工性最好；低碳钢经正火处理或冷拔加工，可降低塑性、提高硬度；马氏体不锈钢经调质处理，可降低塑性；铸铁件切削前退火，可降低表面层的硬度。

另外，选择合适的毛坯成形方式、合适的刀具材料，确定合理的刀具角度和切削用量，安排适当的加工工艺过程，也可改善材料的切削加工性。

第五节　切削用量及切削液的选择

一、切削用量的选择

切削用量的大小对切削力、切削功率、刀具磨损、加工质量和生产率均有显著影响。选择切削用量时，应在保证加工质量和刀具寿命的前提下，充分发挥机床的性能和刀具的切削性能，以使切削效率最高、加工成本最低。

1. 切削用量的选择原则

（1）粗加工时切削用量的选择原则　优先选取尽可能大的背吃刀量，以尽量保证较高的金属切除率；其次根据机床动力和刚性的限制条件等，选取尽可能大的进给量；最后根据刀具寿命确定最佳的切削速度。

（2）精加工时切削用量的选择原则　精加工时要保证工件的加工质量，选择切削用量时应首先根据粗加工后的余量选用较小的背吃刀量；其次根据已加工件表面粗糙度的要求，选取较小的进给量；最后在保证刀具寿命的前提下尽可能选用较高的切削速度。

2. 切削用量的选择方法

（1）背吃刀量的选择　根据加工余量确定。粗加工时，一次进给应尽可能切除全部余量。在中等功率机床上，背吃刀量可达8～10mm。半精加工时，背吃刀量宜为0.5～2mm。精加工时，背吃刀量宜为0.1～0.4mm。

工艺系统刚性不足、毛坯余量很大或不均匀时，粗加工要分几次进给，且应当尽量把第一、二次进给的背吃刀量取得大一些：一般第一次进给时背吃刀量应为总加工余量的2/3～3/4。在加工铸、锻件时，应尽量使背吃刀量大于硬皮层的厚度，以保护刀尖。

（2）进给量的选择　粗加工时，进给量的选择主要受切削力的限制。由于此时对工件表面质量没有太高的要求，在机床进给机构的强度和刚性、刀杆的强度和刚性等良好的情况下，应根据加工材料、刀杆尺寸、工件直径及已确定的背吃刀量，从相关工艺和刀具手册中查取确定进给量。

在半精加工和精加工时，则应按表面粗糙度的要求，根据工件材料、刀尖圆弧半径、切削速度，从相关工艺和刀具手册中查取确定进给量，可参见附录D的相关切削用量表。当切削速度提高、刀尖圆弧半径增大、刀具磨有修光刃时，可以选择较大的进给量以提高生产率。

图1-18所示为有刀尖圆弧半径r时，进给量f和表面残留高度h之间的关系。显然，与无刀尖圆弧的刀具相比，使用带刀尖圆弧半径的刀具对提高加工表面质量是有利的。

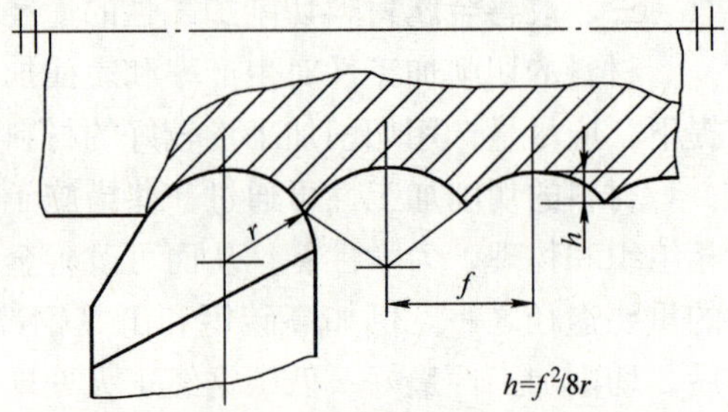

图1-18　进给量与表面残留高度的关系

（3）切削速度的选择　切削速度可以通过公式计算得出，实际生产中主要根据工件材料、刀具材料和加工状态从相关工艺和刀具手册中查取，可参见附录D，并需根据情况进行适当修正。

修正切削速度v_c时，应该考虑以下几点。

1）精加工时，应尽量避开积屑瘤产生的区域。

2）断续切削时，为减小冲击和热应力，要适当降低切削速度，可乘以系数0.75～0.85。

3）在易发生振动的情况下，切削速度应避开自激振动的临界速度。

4）加工大件、细长件和薄壁工件时，应选用较低的切削速度。

二、切削液及其选择

在金属切削过程中，合理选择切削液，可以改善工件与刀具间的摩擦状况、降低切削力和切削温度、减轻刀具磨损、减小工件的热变形，从而可以提高刀具寿命、提高加工效率和加工质量。

1. 切削液的作用

（1）冷却作用　切削液可以将切削过程中产生的热量迅速地从切削区带走，使切削温度降低。切削液的流动性越好，比热容、热导率和汽化热等参数越高，则其冷却性能越好。

（2）润滑作用　切削液能在刀具的前、后刀面与工件之间形成一层润滑薄膜，可避免刀具与工件或切屑间的直接接触，从而减轻摩擦和粘结程度，因而可以减轻刀具的磨损、提高工件表面的加工质量。其润滑性能取决于切削液的渗透能力、形成润滑膜的能力和强度。

（3）清洗作用　切削液可以冲走切削区域和机床上的细碎切屑和脱落的磨粒，从而避免切屑粘附刀具、堵塞排屑、划伤已加工表面和导轨。这一作用对于磨削、螺纹加工和深孔加工等工序尤为重要。为此，要求切削液有良好的流动性，且在使用时应有足够大的压力和流量。

（4）缓蚀作用　为了减轻和避免工件、刀具和机床受周围介质（如空气、水分等）的腐蚀，切削液应具有一定的缓蚀作用。切削液缓蚀作用的好坏，取决于切削液的性能和加入的缓蚀剂的品种和比例。

2. 切削液的种类

常用的切削液分为三大类：水溶液、乳化液和切削油。

（1）水溶液　水溶液是以水为主要成分的切削液。水的导热性能好，冷却效果好。但单纯使用水容易使金属生锈，润滑性能也差。因此，常在水溶液中加入一定量的添加剂，如缓蚀剂、表面活性物质和油性添加剂等，使其既具有良好的缓蚀性能，又具有一定的润滑性能。配制水溶液时，要特别注意水质情况：如果是硬水，必须进行软化处理。

（2）乳化液　乳化液是将乳化油（由矿物油和催渗剂配成）用80% ~95%的水稀释而成，呈乳白色或半透明状的液体。它具有良好的冷却作用，但润滑、缓蚀性能较差。常在乳化液中加入一定量的油性、极压添加剂和缓蚀剂，配制成极压乳化液或缓蚀乳化液。

（3）切削油　切削油的主要成分是矿物油（如机油、轻柴油、煤油等），少数采用动植物油或复合油。纯矿物油不能在摩擦表面形成坚固的润滑膜，润滑效果较差。实际使用中，常加入油性添加剂、极压添加剂和缓蚀剂，以提高其润滑和缓蚀作用。

切削油一般用于低速精加工，如精车丝杠、螺纹及齿轮加工等情况。

3. 切削液的选择

（1）粗加工时切削液的选用　粗加工时，加工余量大，所选切削用量大，会产生大量的切削热。采用高速工具钢刀具切削时，使用切削液的主要目的是降低切削温度、减少刀具磨损。硬质合金刀具耐热性好，一般不用切削液，必要时可采用低浓度乳化液或水溶液。但必须连续、充分地浇注，以免处于高温状态的硬质合金刀片产生巨大的内应力而出现裂纹。

（2）精加工时切削液的选用　精加工时，要求表面粗糙度值较小，一般选用润滑性能较好的切削液，如高浓度的乳化液或含极压添加剂的切削油。

（3）根据工件材料的性质选用切削液　切削塑性材料时需用切削液；切削铸铁、黄铜等脆性材料时一般不用切削液，以免崩碎切屑粘附在机床的运动部件上。

加工高强度钢、高温合金等难加工材料时，由于切削加工处于极压润滑摩擦状态，故应选用含极压添加剂的切削液。

切削非铁金属和铜、铝合金时，为了得到较高的表面质量和精度，可采用10% ~20%的乳化液、煤油或煤油与矿物油的混合物作为切削液。但不能用含硫的切削液，因硫对非铁金属有腐蚀作用。

切削镁合金时不能用水溶液，以免其发生燃烧。

思考与练习题

1. 什么是切削运动？什么是主运动和进给运动？

2. 在实心材料上钻孔时，哪个表面是待加工表面？

3. 什么是切削用量？切削用量常用哪些指标具体描述？它们与数控程序之间有怎样的关系？

4. 设使用 ϕ12mm 的硬质合金三刃立铣刀加工模具型腔，切削速度选为 120m/min，背吃刀量 $a_p = 0.2D$，每齿进给量 $f_z = 0.16$mm。试求数控编程时相应的 S、F 指令以及分层铣削时每层大致的切削深度各为多少？

5. 外圆车刀有哪几个主要角度？这些角度是如何定义的？它们的大小对切削加工有何影响？

6. 常用的刀具材料有哪些？从提高刀具的使用效果来说，对刀具材料有哪些方面的要求？

7. 什么是积屑瘤？它对切削加工有哪些影响？加工中如何避免产生积屑瘤？

8. 有一种观点认为：由于积屑瘤在刀具的前刀面形成后，代替了刀具的切削刃对工件材料进行加工，因此积屑瘤对提高刀具寿命总是有利的，对吗？试具体分析之。

9. 切削加工过程中切屑的种类有哪些？它们分别在什么样的加工条件下出现？

10. 加工中切削热从何而来，向何处传散？什么是切削温度？切削热与切削温度之间有什么关系？

11. 切削温度对切削加工一定是有害的吗？切削用量对切削温度有什么影响？

12. 加工中切削液的作用是什么？常用切削液有哪些类型，每类的主要特点是什么，各用于何种加工场合？

13. 刀具的磨钝标准是什么？与哪些因素有关？

14. 什么叫刀具寿命？它与刀具的磨钝标准有何联系？

15. 哪些因素会影响刀具寿命？如何延长刀具的使用寿命？

16. 材料的切削加工性能如何评定？如何改善材料的切削加工性能？

17. 选择切削用量的顺序是什么？为什么按这样的顺序？

18. 粗加工和精加工时选择切削用量应分别采用什么样的原则？

19. 由于金刚石具有极高的硬度，故金刚石刀具非常适合加工各种材料的工件，特别是高硬度工件。此说法对吗？为什么？

20. 硬质合金刀具和高速工具钢刀具在前角的选择上有何不同？为什么会有此不同？

第二章　机械加工生产过程及加工质量

第一节　生产过程及工艺过程

一、生产过程及工艺过程的概念

生产过程是指将原材料转变为成品的全部过程。对于机械制造行业来说，生产过程一般包括：毛坯制造、机械加工与热处理、装配、产品包装、运输等过程。

生产过程中，改变生产对象的形状、尺寸、相对位置和性质，使其成为半成品或成品的过程，称为工艺过程。工艺过程是生产过程的主要部分。除工艺过程外，生产过程中其余的劳动过程称为生产辅助过程。

二、工艺过程及其组成

机械加工工艺过程往往是比较复杂的。根据零件的结构特点、技术要求，一般均需要采用不同的加工方法及加工设备，通过一系列加工步骤，才能使毛坯变为成品零件。同一零件在不同的生产条件下，可能有不同的工艺过程。

机械加工工艺过程是由一个或若干个按顺序排列的工序组成的。工序又可分为安装、工位、工步和走刀。

1. 工序

一个或一组工人，在同一个工作地点，对一个或同时对几个工件所连续完成的那一部分工艺过程称为一道工序。划分工序的主要依据是工作地点是否变动和工作是否连续。例如图 2-1 所示的阶梯轴，当加工的零件件数较少时，其机械加工工序的组成可如表 2-1 所示；当加工的零件件数较多时，其机械加工工序的组成可如表 2-2 所示。

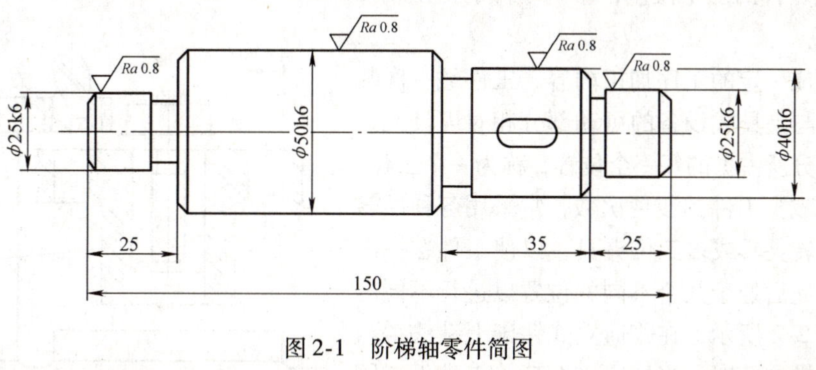

图 2-1　阶梯轴零件简图

表 2-1 所示的工序 1 中，粗车与精车连续完成，为一道工序。表 2-2 中外圆表面的粗车与精车分开，即先完成一批工件的粗车，再对这批工件进行精车。这时对于每个工件来说，加工已不连续，虽然其他条件未变，但已成为两道工序。

工序是工艺过程的基本单元，也是制订劳动定额、配备设备、安排工人、制订生产计划和进行成本核算的基本单元。

表 2-1　图 2-1 所示阶梯轴单件小批生产时的工序组成

工序号	工序内容	设备
1	车平两端面并车至总长；两端钻中心孔；车各部，除 *Ra*0.8 处留磨削余量外，其余车至尺寸	卧式车床
2	划键槽线	钳工
3	铣键槽	铣床
4	去毛刺	钳工
5	磨削 *Ra*0.8 外圆至尺寸	外圆磨床

表 2-2　图 2-1 所示阶梯轴大批量生产时的工序组成

工序号	工序内容	设备
1	铣两端面，钻两端中心孔	专用机床
2	粗车外圆	车床
3	精车外圆、槽和倒角	车床
4	铣键槽	铣床
5	去毛刺	毛刺去除机
6	磨削 *Ra*0.8 外圆至尺寸	外圆磨床
7	检验	

2. 安装

工件经一次装夹后所完成的那一部分工序称为安装。在一道工序中，工件可能被装夹一次，也可能需装夹多次。如表 2-1 所示的工序 1 要对工件进行两次装夹：先装夹工件一端，车端面、钻中心孔，称为安装 1；再调头装夹，车另一端面、钻中心孔，称为安装 2。

工件在加工中，应尽量减少装夹次数。因为多一次装夹，就会增加装夹时间，还会因装夹误差造成零件的加工误差，影响零件的加工精度。

3. 工位

为了完成一定的工序加工内容，工件经一次装夹后，工件与夹具或设备的可动部分相对刀具或设备的固定部分所占据的每一个位置，称为一个工位。生产中为了减少工件的装夹次数，常采用各种回转工作台、回转夹具或多工位夹具，以使工件在一次装夹后，可先后处于几个不同的位置以进行不同的加工。如图 2-2 所示，在普通立式钻床上钻法兰盘的四个等分轴向孔时，当钻完一孔后，工件 1 连同夹具的回转部分 2 一起转过 90°，然后钻另一孔。此钻孔工序包括一次安装，四个工位。

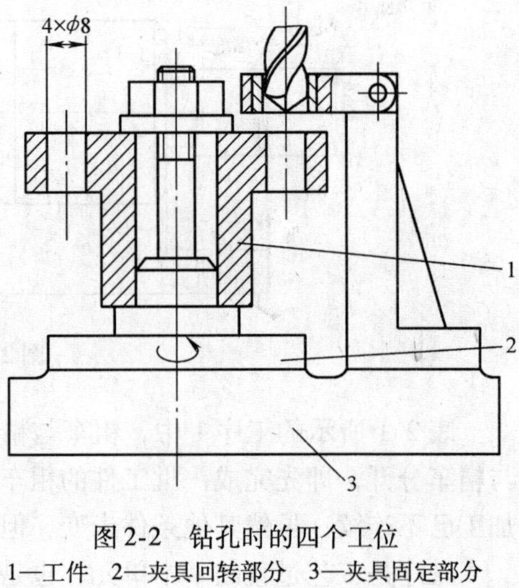

图 2-2　钻孔时的四个工位
1—工件　2—夹具回转部分　3—夹具固定部分

4. 工步

在加工表面和加工刀具都不变的情况下，连

续完成的那一部分工序内容称为一个工步。一道工序中可能有一个工步，也可能有多个工步。划分工步的依据是加工表面和加工刀具是否发生变化。如表2-1所示的工序1中，就有车左端面、钻左端中心孔、车右端面、钻右端中心孔等多个工步。

实际生产中，为了简化工艺文件，习惯上将在一次安装中连续进行的若干个相同工步写为一个工步。例如，连续钻如图2-3所示零件圆周上的六个ϕ20mm的孔时，在工艺文件中就可将其写为一个工步：钻6×ϕ20mm孔。

有时为了提高生产率，可用几把刀具或复合刀具同时加工工件的几个表面，这种情况也可看做一个工步，称为复合工步。图2-4所示就是一个复合工步。复合工步在工艺文件中写为一个工步。

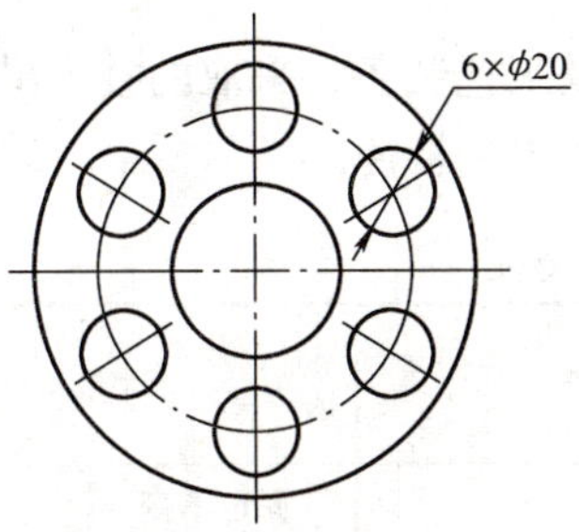

图2-3　加工六个相同表面的工步

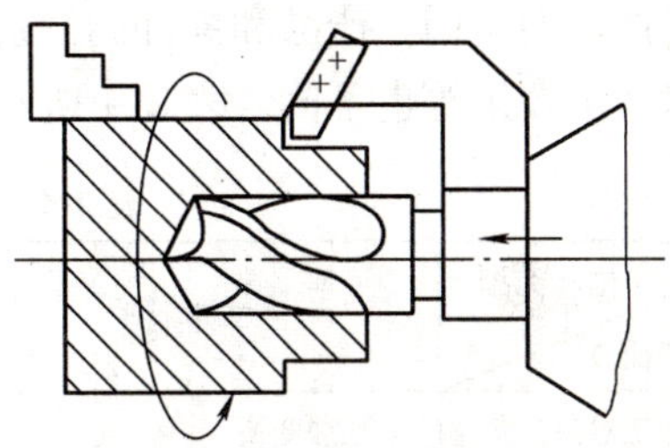

图2-4　复合工步

在仿形加工和数控加工中，使用一把刀具连续切削零件的多个表面（例如阶梯轴零件的多个外圆和台阶）的情况，也可看做一个工步。

5. 走刀

在一个工步内，若被加工表面需切去的金属层很厚，需作几次工作进给、分几次切削，则每一次工作进给所完成的工步内容称为一个工作行程，或一次走刀。

三、生产纲领及生产类型

1. 生产纲领

生产纲领是指企业在计划期内应当生产的产品产量和进度计划。计划期常定为1年，因此生产纲领常称为年产量。

确定零件的生产纲领时要考虑备品和废品的数量，可按下式计算：

$$N = Qn(1+\alpha)(1+\beta)$$

式中　N——零件的年产量，单位为件/年；

Q——产品的年产量，单位为台/年；

n——每台产品中该零件的数量，单位为件/台；

α——零件的备品率，一般可取3%～5%；

β——零件的废品率，一般可取1%～5%。

2. 生产类型

生产类型是对企业（或车间、工段、班组、工作地）生产专业化程度的分类。按照产品的数量，生产类型一般分为大量生产、成批生产、单件生产三种类型。

生产类型主要根据生产纲领确定，同时与产品的大小和结构的复杂程度有关。产品的生产类型和生产纲领的关系见表2-3。

表2-3　产品的生产类型和生产纲领的关系

生产类型		生产纲领/(台/年或件/年)		
		重型零件(30kg以上)	中型零件(4~30kg)	轻型零件(4 kg以下)
单件生产		≤5	≤10	≤100
成批生产	小批生产	>5~100	>10~150	>100~500
	中批生产	>100~300	>150~500	>500~5000
	大批生产	>300~1000	>500~5000	>5000~50000
大量生产		>1000	>5000	>50000

生产类型不同，产品和零件的制造工艺、所用设备及工艺装备、采取的技术措施、达到的技术经济效果等也不同。表2-4所示为各种生产类型的工艺特征。

表2-4　各种生产类型的工艺特征

工艺特征＼生产类型	单件生产	成批生产	大量生产
加工对象	经常变换	周期性变换	固定不变
零件装配的互换性	无互换性	普遍采用互换或选配	完全互换或分组互换
毛坯	木模手工造型或自由锻毛坯。毛坯精度低，加工余量大	金属模造型或模锻毛坯。毛坯精度中等，加工余量中等	金属模机器造型，模锻或其他高生产率毛坯制造方法。毛坯制造精度高，加工余量小
机床及其布局	普遍采用通用机床，按“机群式”布置设备	采用通用机床和少量专用机床，按工件类别分工段排列	广泛采用专用机床和自动机床，设备按流水线方式排列
工件的安装方法	划线或直接找正	广泛采用夹具，部分划线找正	夹具
获得尺寸精度的方法	试切法	调整法	调整法或自动化加工
刀具和量具	通用刀具和量具	通用和专用刀具、量具	高效专用刀具、量具
夹具	极少采用专用夹具	广泛使用专用夹具	广泛使用高效专用夹具
工艺规程	机械加工工艺过程卡	详细的工艺规程，对重要零件有详细的工序卡片	详细的工艺规程和各种工艺文件
工人技术要求	高	中	低
生产率	低	中	高
成本	高	中	低

四、数控加工工艺的基本特点

数控加工工艺过程是指利用刀具在数控机床上直接改变加工对象的形状、尺寸、表面位置等，使其成为成品和半成品的过程。需要说明的是，数控加工工艺过程往往不是从毛坯到成品的整个工艺过程，而是仅由几道数控加工工序组成。

数控加工工艺是采用数控机床加工零件时所运用的各种方法和技术手段的总称，应用于整个数控加工工艺过程。数控加工工艺是一种伴随着数控机床的产生、发展而逐步完善起来的应用技术，是人们大量数控加工实践的总结。

数控加工工艺是数控编程的前提和依据。没有符合实际的、科学合理的数控加工工艺，就不可能有真正切实可行的数控加工程序。数控编程就是将制订的数控加工工艺内容格式化、符号化、数字化，以使数控机床能够正常识别和执行的过程。

零件的数控加工工艺与普通设备加工工艺相比，具有如下一些特点。

1）工序高度集中，工序数量少，工艺路线短，工艺文件简单，生产的组织和管理比较容易。

2）使用专用夹具、专用刀具和专用量具的情况大为减少。

3）可选择配置高效刀具，以实现大切削量强力切削，以使走刀次数减少、生产率提高。

4）可使粗、精加工一次装夹完成。由于数控机床具有高精度、高刚性、高重复定位精度和高的机床精度保持性，故可将粗、精加工安排在一次装夹中完成，以减少装夹次数、提高加工精度。

第二节　机械加工精度

一、加工精度的概念

所谓加工精度，是指加工后零件几何参数（尺寸、几何公差）的实际值与理想值之间的符合程度，它们之间的偏离程度（即差异）则为加工误差。加工误差的大小反映了加工精度的高低。加工精度包括如下三个方面。

（1）尺寸精度　限制加工表面与其基准间的尺寸误差不超过一定的范围。

（2）形状精度　限制加工表面的宏观几何形状误差，如圆度、圆柱度、平面度、直线度等。

（3）位置精度　限制加工表面与其基准间的相互位置误差，如平行度、垂直度、同轴度、位置度等。

二、获得加工精度的方法

机械加工的目的是使工件获得一定的尺寸精度、几何精度及表面质量要求。零件被加工表面的几何形状和尺寸是由各种加工方法来保证的。尺寸精度和几何精度则是根据具体情况的不同，采用不同的加工方法获得的。

1. 获得尺寸精度的方法

（1）试切法　试切法是指试切→测量→调整→再试切，反复进行，直到达到要求的尺寸精度的方法。如图 2-5a 所示，通过反复试车和测量来保证长度尺寸 l。试切法的生产率低，加工精度取决于工人的技术水平，不需要复杂的装置，主要适用于单件、小批生产。

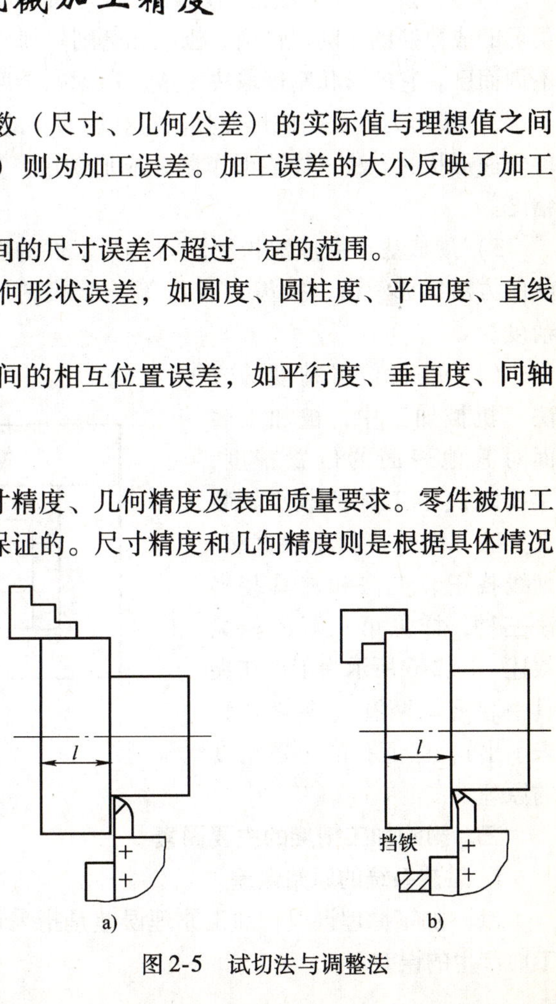

图 2-5　试切法与调整法

（2）定行程法（调整法）　定行程法

指采用行程控制装置调整控制刀具相对于工件的位置，并在一批零件的加工过程中始终保持这一位置不变，以获得规定的加工尺寸精度的方法。图 2-5b 中的挡铁即为行程控制装置。这种方法相比试切法加工精度的保持性好；具有较高的生产率；对操作工人的要求不高，但对调整工的要求较高；在使用普通机床大批量生产中广泛使用。数控机床由于采用坐标来控制刀具的位置，且可通过机床坐标系来记忆，故加工中不需要设置挡铁。

(3) 定尺寸刀具法　定尺寸刀具法指直接采用具有一定尺寸精度的刀具来保证工件的加工尺寸精度的方法，如在加工过程中采用钻头、扩孔钻、铰刀、拉刀、槽铣刀等。这种方法的生产率较高，加工精度由刀具来保证。

(4) 自动控制法　这种方法是指先将测量装置、进给装置和控制系统组成一个加工系统。加工过程中自动测量装置在线测量工件的加工尺寸，并与要求的尺寸对比后发出信号。信号通过转换、放大后控制机床或刀具作相应调整，直到达到规定的加工尺寸要求后自动停止。这种方法的生产率高、加工尺寸的稳定性好，但对自动加工系统的要求较高，适用于大批量生产。

2. 获得几何精度的方法

(1) 获得形状精度的方法

1) 轨迹法。轨迹法指利用刀尖的运动轨迹来形成被加工表面的形状的方法。普通的、仿形的或数控的车削、铣削、刨削和磨削均属于轨迹法，只是实现轨迹运动的控制方式有所不同而已。它的形状精度取决于成形运动的精度。

2) 成形刀具法。成形刀具法指利用刀具的几何形状代替机床的某些成形运动以获得工件表面形状的方法，如成形车削、成形铣削、成形磨削等。形状精度取决于切削刃的形状精度。

3) 展成法。展成法指利用刀具和工件的展成运动所形成的包络面来得到工件表面形状的方法，如滚齿、插齿、磨齿等。形状精度取决于切削刃的形状精度和展成运动的精度。

(2) 获得位置精度的方法　机械加工中，被加工表面对其他表面的位置精度，主要取决于工件的装夹。装夹方法分为直接找正装夹法、划线找正装夹法和夹具装夹法三种，详见第三章的相关叙述。图 2-6 所示为工件在夹具中装夹钻两孔（夹紧装置未示出），保证孔的位置精度的原理。

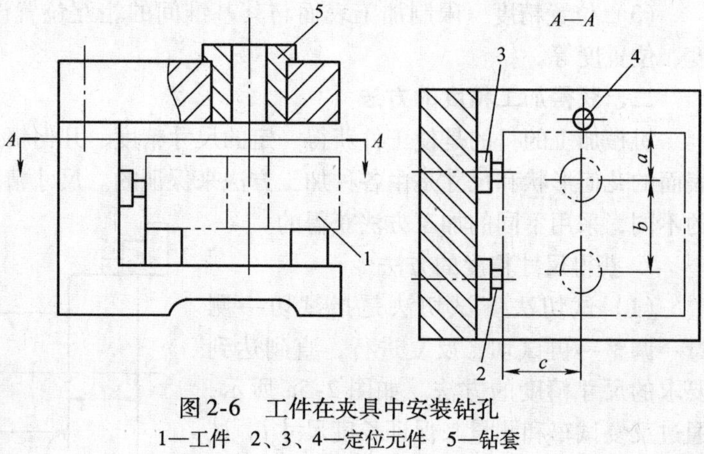

图 2-6　工件在夹具中安装钻孔

1—工件　2、3、4—定位元件　5—钻套

三、影响加工精度的主要因素

1. 工艺系统的原始误差

(1) 加工原理误差　加工原理误差是指采用近似的成形运动或近似形状的刀具进行加工而产生的误差。

如数控机床一般只具有直线和圆弧插补功能，因而即便加工一条平面曲线，也必须用许多很短的折线段或圆弧去逼近它。刀具连续地将这些小线段加工出来，也就得到了所需的曲线形状。逼近的精度可由每根线段的长度来控制。因此，在曲线或曲面的数控加工中，刀具相对于工件的成形运动是近似的。进一步地说，即便数控机床在做直线或圆弧插补时，也是利用平行于坐标轴的小直线段来逼近理想直线或圆弧的，存在加工原理误差。但由于数控机床的脉冲当量可以使这些小直线段很短，故逼近的精度很高。事实上，数控加工的确可以达到很高的加工精度。

采用近似的成形运动或近似形状的刀具，虽然会带来加工原理误差，但往往可以简化机床结构或刀具形状、减少刀具数量、提高生产效率，工件的加工精度也能得到保证。因此，这种方法在生产中得到了广泛应用。

（2）机床误差　机床误差是由机床的制造、安装误差和使用中的磨损形成的。在各类机床误差中，对工件加工精度影响较大的主要是主轴回转误差和导轨误差。

1）主轴回转误差。机床主轴是带动工件或刀具回转以产生主运动的重要零件，其回转精度是机床主要精度指标之一，主要影响零件加工表面的几何精度和表面粗糙度。主轴回转误差主要包括其径向圆跳动误差、轴向窜动和摆动误差。

造成主轴径向圆跳动误差的主要原因是轴径与轴承孔的圆度误差、轴承滚道的形状误差、轴与孔安装后不同轴以及滚动体误差等。主轴径向圆跳动误差将造成工件的形状误差。

造成主轴轴向窜动的主要原因有推力轴承端面滚道的跳动、轴承间隙等。以车床为例，主轴轴向窜动将造成车削端面与轴线的垂直度误差。

主轴前后轴颈的不同轴以及前后轴承、轴承孔的不同轴会造成主轴出现摆动现象。摆动不仅会造成工件尺寸误差，而且会造成工件的形状误差。

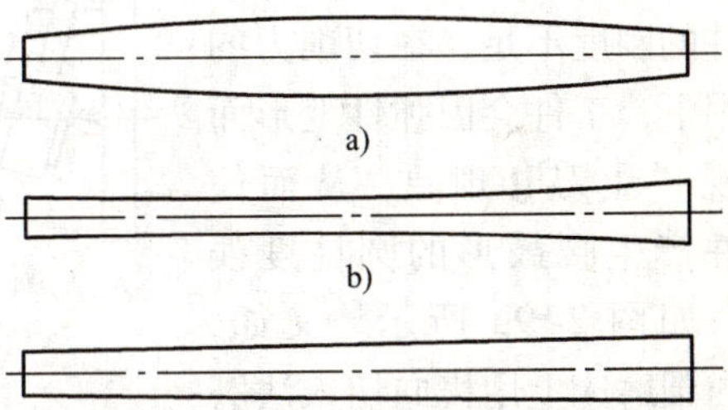

图 2-7　机床导轨误差对工件精度的影响
a）腰鼓形误差　b）鞍形误差　c）锥形误差

2）导轨误差。导轨是确定机床主要部件相对位置的基准件，也是运动的基准，其各项误差直接影响着工件的精度。以数控车床为例，当床身导轨在水平面内出现弯曲（前凸）时，工件将会产生腰鼓形误差，如图 2-7a 所示；当床身导轨与主轴轴线在垂直平面内不平行时，工件将会产生鞍形误差，如图 2-7b 所示；当床身导轨与主轴轴线在水平面内不平行时，工件将会产生锥形误差，如图 2-7c 所示。

事实上，车床导轨在水平面和垂直面内的几何误差对加工精度的影响程度是不一样的。影响较大的是导轨在水平面内的弯曲或与主轴轴线的平行度误差，而导轨在垂直面内的弯曲或与主轴轴线的平行度误差对加工精度的影响则很小，甚至可以忽略。如图 2-8 所示，当导轨在水平面和垂直面内都有一个误差 Δ 时，前者造成的半径方向的加工误差 $\Delta R=\Delta$，而后者造成的半径方向的加工误差 $\Delta R\approx\Delta^2/d$，完全可以忽略不计。因此，对于几何误差引起的刀具与工件间的相对位移，如果该误差产生在加工表面的法线方向，则对加工精度构成直接影响，即为误差敏感方向；若位移产生在加工表面的切线方向，则不会对加工精度构成直接影响，即为误差非敏感方向。减小导轨误差对加工精度的影响，可以通过提高导轨的制造、安装和调整精度来实现。

（3）夹具误差　产生夹具误差的主要原因是各夹具元件的制造、装配误差及在使用过程中夹具工作表面的磨损。夹具误差将直接影响到工件表面的位置精度及尺寸精度，其中对加工表面的位置精度影响最大。

为了减少由夹具误差造成的加工误差，必须将夹具的制造误差控制在一定的范围内，一般常取工件公差的1/3～1/5。对于夹具中容易磨损的定位元件和导向元件，除应采用耐磨性好的材料制造外，还应采用可拆卸结构，以便磨损到一定程度时能及时更换。

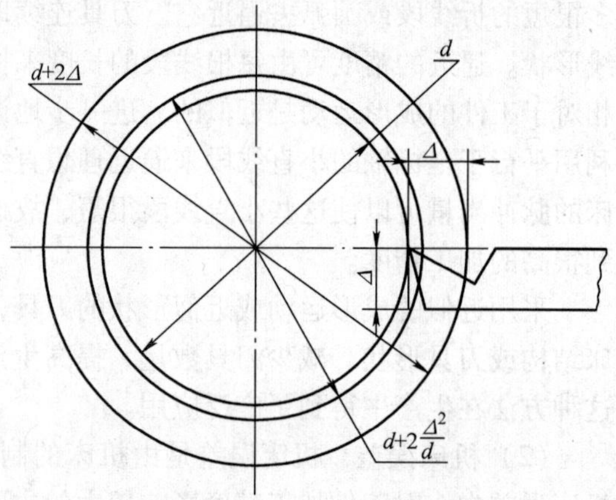

图2-8　车床导轨的几何误差对加工精度的影响

（4）刀具误差　刀具的制造误差和使用过程中的磨损是产生刀具误差的主要原因。刀具误差对加工精度的影响因刀具的种类、材料等的不同而有所不同。如定尺寸刀具（如钻头、铰刀等）的尺寸精度将直接影响工件的尺寸精度，而成形刀具（如成形车刀、成形铣刀等）的形状精度将直接影响工件的形状精度。

2. 工艺系统受力变形引起的加工误差

工艺系统在切削力、传动力、夹紧力以及重力等的作用下，会产生相应的变形，从而会破坏已调好的刀具与工件之间的正确位置，使工件产生几何误差和尺寸误差。

例如，车削细长轴时，因工件的刚度不足，在切削力的作用下，工件会因弹性变形而出现“让刀”现象，从而使工件产生腰鼓形的圆柱度误差，如图2-9a所示。又如，在内圆磨床上用横向切入法磨孔时，内圆磨头主轴的弯曲变形会使磨出的孔出现带有锥度的圆柱度误差，如图2-9b所示。

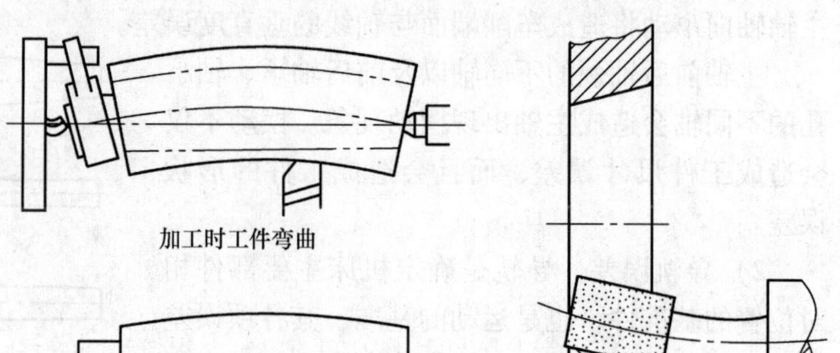

图2-9　工艺系统受力变形引起的加工误差
a）腰鼓形圆柱度误差　b）带有锥度的圆柱度误差

工艺系统受力变形通常与其刚度有关：工艺系统的刚度越好，其抵抗变形的能力就会越强，加工误差就越小。工艺系统的刚度取决于机床、刀具、夹具及工件的刚度。因此，提高工艺系统各组成部分的刚度可以提高工艺系统的整体刚度。实际生产中常采取的有效措施有：减小接触面间的表面粗糙度；增大接触面积；适当预紧；减小接触变形，提高接触刚度；合理布置肋板，提高局部刚度；增设辅助支承，提高工件刚度。如车削细长轴时利用中心架或跟刀架可提高工件刚度；合理装夹工件，可减少夹紧变形，如加工薄壁套时宜采用开口过渡环或专用卡爪夹紧，如图2-10d、e所示。

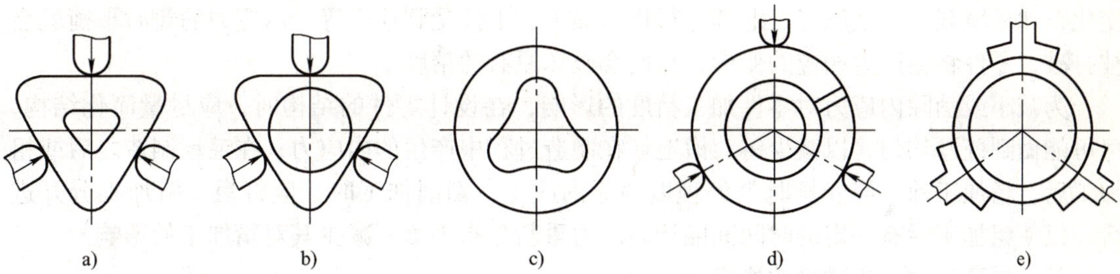

图 2-10　工件的夹紧变形误差及改善措施

3. 工艺系统热变形产生的加工误差

切削加工时，工艺系统由于受到切削热、机床传动系统的摩擦热及外界辐射热等因素的影响，常发生复杂的热变形，从而导致工件与切削刃之间已调整好的相对位置发生变化，产生加工误差。

（1）机床的热变形　引起机床热变形的因素主要有电动机、电器和机械动力源的能量损耗转化发出的热，传动部件、运动部件在运动过程中产生的摩擦热，切屑或切削液落在机床上传递的切削热，外界的辐射热等。这些热量将或多或少地使机床床身、工作台和主轴等部件发生变形，改变加工过程中刀具和工件的正确位置，形成加工误差，如图 2-11所示。

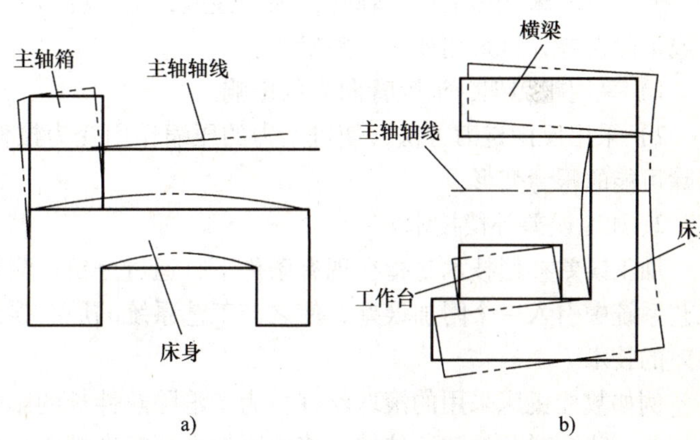

图 2-11　机床的热变形

为了减小机床热变形对加工精度的影响，通常在机床设计上从结构和润滑等方面对轴承、摩擦片及各传动副采取一定的措施，以减少其发热。凡是可以从主机上分离出去的热源，如电动机、变速箱、液压装置和油箱等均应置于床身外部，以减少其对主机的影响。在工艺措施方面，加工前应让机床空运转一段时间，使其达到或接近热平衡后再调整机床加工零件，或将精密机床安装在恒温室中使用。

（2）工件的热变形　工件产生热变形的原因主要是切削热的作用，工件因受热膨胀而影响其尺寸精度和几何精度。为了减小工件热变形对加工精度的影响，加工过程中常常加注切削液以带走大量热量；也可通过选择合适的刀具或改变切削用量来减少切削热的产生。对于大型或较长的工件，应采用弹性活顶尖装夹，以使其在夹紧状态下仍能有伸长的空间，从而可避免由于其轴向受热伸长而产生的压应力。

4. 工件内应力引起的加工误差

内应力是指去掉外界载荷后仍残留在工件内部的应力，是由于工件在加工过程中内部宏观或微观组织发生不均匀的体积形变而产生的。有内应力的零件处于一种不稳定的暂时平衡状态，其内部组织有强烈的要求恢复到稳定的没有内应力的状态的倾向。一旦外界条件产生变化，如环境温度发生改变、继续进行切削加工、工件受到撞击等，内应力的暂时平衡就会被打破，零件将会产生相应的变形，从而会破坏原有的精度。

为减小或消除内应力对零件加工精度的影响，在设计零件的结构时，应尽量简化结构，尽可能做到壁厚均匀，以减少铸、锻毛坯在制造过程中产生的内应力；在毛坯制造之后或粗加工后、精加工前，应安排时效处理以消除内应力；切削加工时，应将粗、精加工分开进行，以使粗加工后有一定的时间间隔让内应力重新分布平衡，减少其对精加工的影响。

四、提高工件加工精度的途径

实际生产中有许多减小加工误差的方法和措施。从消除或减小加工误差的技术上看，可将这些措施分成两大类。

1. 加工误差预防技术

加工误差预防技术是指采取相应措施来减小或消除误差的技术，亦即减少误差源或改变误差源与加工误差之间数量转换关系的技术。

例如在车床上加工细长轴时，因刚性差，工件容易产生弯曲变形而造成几何误差。为减小或消除误差，可采用如下一些措施。

1）采用跟刀架，消除背向力的影响。

2）采用反向走刀方法，使进给力的压缩作用变为拉伸作用；同时采用弹性活顶尖，以消除可能的压弯变形。

2. 加工误差补偿技术

加工误差补偿技术是指在现有条件下，通过分析、测量，以现有误差为依据，人为地在工艺系统中引入一个附加误差，使之与工艺系统的原有误差相抵消，以减小或消除零件加工误差的技术。

例如数控机床采用的滚珠丝杠，为了消除热伸长的影响，在精磨时有意将其螺距加工得小一些。装配时预加载荷拉伸，将螺距拉大到标准螺距，产生的拉应力用来吸收丝杠发热引起的热应力。

另外，也有采用预先测量或在线测量的方法，即先通过误差补偿控制器进行误差补偿值的计算，然后将数控机床的受力变形和热变形误差进行补偿处理，来控制数控机床的实际加工运动，以减小或消除误差源对零件加工精度的影响。

第三节 机械加工的表面质量

一、表面质量的概念

机械加工的表面质量是指零件经加工后的表面层状态，包括如下两方面的内容。

1. 表面层的几何形状偏差

（1）表面粗糙度　表面粗糙度指零件表面微观的几何形状误差。

（2）表面波纹度　表面波纹度指零件表面周期性的几何形状误差。

2. 表面层的物理、力学性能

（1）加工硬化　加工中的塑性变形引起的表面层硬度提高的现象。

（2）残余应力　残余应力指表面层因机械加工产生的强烈塑性变形和金相组织的可能变化而产生的内应力。按应力性质，残余应力可分为拉应力和压应力。

（3）表面层金相组织变化　切削加工时产生的切削热引起的表面层金相组织的变化。

二、影响表面质量的因素

1. 影响表面粗糙度的工艺因素及改善措施

零件在切削加工过程中，由于刀具几何形状和切削运动引起的残留面积、粘结在刀具刃口上的积屑瘤划出的沟纹、工件与刀具之间的振动引起的振动波纹以及刀具后刀面磨损造成的挤压与摩擦痕迹等原因，使零件表面形成了表面粗糙度。影响表面粗糙度的工艺因素主要有工件材料、切削用量、刀具几何参数及切削液等。

（1）工件材料　一般，韧性较大的塑性材料加工后表面粗糙度值较大，而韧性较小的塑性材料加工后易得到较小的表面粗糙度值。对于同种材料，其晶粒组织越大，加工后表面粗糙度值越大。因此，为了减小加工表面粗糙度值，常在切削加工前对材料进行调质或正火处理，以获得均匀细密的晶粒组织、提高材料的硬度。

（2）切削用量　加工时，进给量越大，残留面积高度越高，零件表面越粗糙。因此，减小进给量可有效地减小表面粗糙度值。

切削速度对表面粗糙度的影响也很大。中速切削塑性材料时，由于容易产生积屑瘤，且材料的塑性变形较大，故加工后零件表面粗糙度值较大。通常，低速或高速切削塑性材料，可有效地避免积屑瘤的产生，这对减小表面粗糙度值有积极作用。

（3）刀具几何参数　主偏角、副偏角以及刀尖圆弧半径对零件表面粗糙度有直接影响。在进给量一定的情况下，减小主偏角和副偏角或增大刀尖圆弧半径，可减小表面粗糙度值。另外，适当增大前角和后角，可减小切削变形和工件与前后刀面间的摩擦，从而可抑制积屑瘤的产生，继而可减小表面粗糙度值。

（4）切削液　切削液的冷却和润滑作用能减少切削过程中的界面摩擦、降低切削区温度，从而可使切削层金属表面的塑性变形程度下降，抑制积屑瘤的产生，因此可大大减小表面粗糙度值。

2. 影响加工硬化的因素

（1）刀具的几何参数　刀具的前角越大，切削层金属的塑性变形就会越小，则硬化层的深度就越小。切削刃钝圆半径越大，则已加工表面在形成过程中受挤压的程度就越大，加工硬化层的深度也就越大；随着刀具后刀面磨损量的增加，后刀面与已加工表面的摩擦随之增大，从而使加工硬化层深度增大。

（2）工件材料　工件材料的塑性越大，强化指数越大，熔点越高，则加工硬化越严重。对于碳素结构钢，含碳量越少则塑性越大，加工硬化越严重；非铁金属由于熔点较低，故加工硬化的情况比钢好得多。

（3）切削用量和切削液　加工硬化的情况先是随着切削速度的增加而减小，达到较高的切削速度后，又随着切削速度的增加而增加。增加进给量，将使切削力及塑性变形区的范围增大，加工硬化程度随之增加。背吃刀量改变时，对加工硬化层深度的影响则不显著。采用有效的切削液，也可以使加工硬化层深度减小。

3. 影响残余应力的因素

切削过程中，切削刃前方的工件材料因受到前刀面的挤压，使即将成为已加工表面层的金属沿切削方向产生压缩塑性变形。该压缩塑性变形由于受到里层未变形金属的牵制，故形成残余拉应力。另外，刀具的后刀面与已加工表面间存在很大的挤压与摩擦，这会使表层金属产生拉伸塑性变形。刀具离开后，在里层金属的作用下，表层金属产生残余压应力。

影响残余应力的因素较为复杂，凡能减小塑性变形和降低切削温度的因素都能使已加工表面的残余应力减小。

（1）刀具几何参数　当前角由正值逐渐变为负值时，表层金属的残余拉应力逐渐减小，但残余应力层的深度增大。在一定的切削用量下，采用绝对值较大的负前角，可使已加工表层产生残余压应力；刀具后刀面的磨损量增加时，已加工表面的残余拉压应力及残余应力层的深度都将随之增加。

（2）工件材料　塑性较大的材料经切削加工后，通常产生残余拉应力，而且塑性越大，残余拉应力越大。切削灰铸铁等脆性材料时，加工表面层将产生残余压应力。

（3）切削用量　已加工表面上的残余拉应力随切削速度的提高而增大，但残余应力层的深度将减小。切削速度增加时，切削温度随之增加。当切削温度超过金属的相变温度时，情况就有所不同：此时残余应力的大小及分布，取决于表层金相组织的变化。进给量增加时，工件已加工表面的残余拉应力及残余应力层的深度都将随之增加。加工退火钢时，背吃刀量对残余应力的影响不太显著；而加工淬火后回火的45钢时，随着背吃刀量的增加，表面的残余应力会略有减小。

思考与练习题

1. 什么叫生产过程和工艺过程？
2. 什么叫工序？划分工序的主要依据是什么，如何划分工序？试举例说明。
3. 什么叫生产纲领？生产单位的生产类型有哪些？了解各种生产类型的工艺特征。
4. 什么叫工位？在哪些加工情况下一次装夹会出现多个工位？
5. 什么是加工误差？它与加工精度、工序的公差有何区别和联系？
6. 加工中保证零件加工精度的工艺方法有哪些？
7. 什么是工艺系统的原始误差？它包括哪些内容？它与加工误差有何关系？
8. 什么叫加工原理误差？存在加工原理误差的加工方法是一种不太完善的加工方法，这种观点对吗？试举例说明之。
9. 什么是主轴回转误差？它主要包括哪几种基本形式？其产生原因是什么？对加工误差有何影响？
10. 何为误差敏感方向？卧式车床与平面磨床的误差敏感方向有何不同？
11. 在车床上加工一批光轴的外圆，加工后经测量发现整批工件有图2-12所示的几种几何形状误差，试分析说明产生图2-12a、b、c、d所示几何形状误差的各种因素。

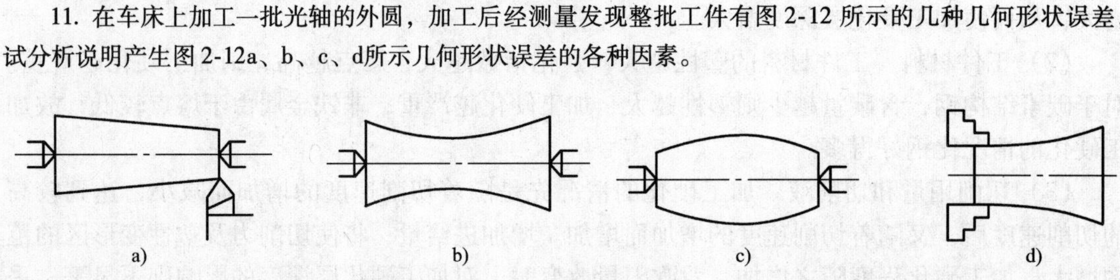

图2-12　习题11图

12. 车削加工时，工件的热变形对加工精度有何影响？如何减小热变形的影响？
13. 机械加工的表面质量包括哪些主要内容？为什么机械零件的表面质量与加工精度具有同等重要的意义？
14. 加工中影响零件表面质量的工艺因素有哪些？

第三章　机械加工工艺设计基础

第一节　机械加工工艺规程

一、工艺规程的作用

机械加工时，要将比较合理的工艺过程确定下来、写成工艺文件，并将其作为组织生产和进行技术准备的依据。这种规定产品或零部件制造工艺过程和操作方法等的工艺文件，称为工艺规程。

1. 机械加工工艺规程的作用

机械加工工艺规程是零件生产中关键性的指导文件，主要有以下几个方面的作用。

（1）机械加工工艺规程是指导生产的主要技术文件　生产工人必须严格按工艺规程进行生产，检验人员必须严格按照工艺规程进行检验。总之，一切相关生产人员必须严格执行工艺规程，不允许擅自更改。这是严肃的工艺纪律，如果不严格遵守，可能会造成废品，或者产品质量和生产效率下降，甚至会引起整个生产过程的混乱。

但是，工艺规程并不是一成不变的，应及时把广大工人和技术人员的创造发明和技术革新成果吸收到工艺规程中来，还应不断吸收国内外成熟的先进技术。

（2）机械加工工艺规程是生产组织管理和生产准备工作的依据　生产计划的制订，投入生产前原材料和毛坯的供应，工艺装备的设计、制造和采购，机床负荷的调整，作业计划的编排，劳动力的组织，工时定额及成本核算等，都是以工艺规程作为基本依据的。

（3）机械加工工艺规程是新设计和扩建工厂（车间）的技术依据　新设计和扩建工厂（车间）时，生产所需设备的种类和数量，机床的布置，车间的面积，生产工人的工种、等级和数量以及辅助部门的安排等都是以工艺规程为基础、根据生产类型来确定的。

除此之外，先进的工艺规程起着推广生产技术和交流生产经验的作用，典型的工艺规程可指导同类产品的生产和工艺规程的制订。

2. 对工艺规程的要求

工艺规程设计的原则是：在一定的生产条件下，以保证产品的质量要求为前提，尽量提高生产率、降低成本，以获得良好的经济效益和社会效益。设计工艺规程时应注意以下四个方面的问题。

（1）技术的先进性　所谓技术的先进性，是指产品高质量、生产高效益的获得不是建立在提高工人劳动强度和操作技能的基础上，而是用相应的技术措施来保证的。因此，设计工艺规程时，要了解国内外本行业工艺技术的发展，通过必要的工艺试验，尽可能采用先进的工艺手段和工艺装备。

（2）经济的合理性　在一定的生产条件下，可能会有几个均能满足产品质量要求的工艺方案。此时应通过成本核算或评比，选择经济上最合理的方案，以使产品成本最低。

（3）良好的劳动条件，避免污染环境　设计工艺规程时，要注意保证工人具有良好而安全的劳动条件，并尽可能地采用先进的技术措施，将工人从繁重的体力劳动中解放出来。同时，工艺规程要符合国家相关环境保护法律法规的有关规定，避免污染环境。

（4）格式的规范性　工艺规程应做到正确、完整、统一和清晰，所用术语、符号、计量单位、编号等都要符合相应标准。

二、工艺规程的格式

将工艺规程的内容填入一定格式的卡片中，其即成为生产准备和加工所依据的工艺文件。这些文件常包括如下几种。

1. 机械加工工艺过程卡片

这种卡片主要列出了零件加工所经过的工艺路线（包括毛坯、机械加工和热处理等），主要用来了解零件的加工流向，是制订其他工艺文件的基础，也是生产技术准备、编制作业计划和组织生产的依据。

机械加工工艺过程卡片是以工序为单位详细说明整个工艺过程的工艺文件，内容包括零件的材料、质量，毛坯的制造方法，各工序的具体内容及加工后要达到的精度和表面粗糙度等。它是一种用来指导工人生产、帮助车间管理人员和技术人员掌握零件整个加工过程的主要技术文件，广泛应用于成批生产的重要零件。

这种卡片中的各工序的说明不具体，多作为生产管理方面使用。在单件、小批生产过程中，通常不编制其他更详细的工艺文件，只用这种卡片指导生产。其格式见表3-1。

表3-1　机械加工工艺过程卡片

（工厂名）	机械加工工艺过程卡	产品型号		零（部）件图号		共　页
		产品名称		零（部）件名称		第　页

材料名称	材料牌号	毛坯种类	毛坯尺寸	每毛坯件数	每台件数	零件重量	毛重	
							净重	

工序号	工序名称	工序内容	车间	工段	设备名称及编号	工艺装备及编号			工时	
						夹具	刀具	量具	准终	单件

										编制	会签	审核	批准
标记	处记	更改文件号	签字	日期	标记	处记	更改文件号	签字	日期				

2. 机械加工工序卡片

这种卡片更详细地说明了零件的各个工序如何进行加工。在这种卡片上，要画出工序简图，说明该工序的加工表面及应达到的精度、零件的装夹方法、刀具的类型和位置、进给方向和切削用量等。一般只在大批大量生产中才会使用这种卡片。其格式见表 3-2。

表 3-2 机械加工工序卡片

<table>
<tr><td rowspan="2" colspan="2">（工厂名）</td><td rowspan="2" colspan="3">机械加工工序卡片</td><td>产品型号</td><td></td><td>零件图号</td><td></td><td>共 页</td></tr>
<tr><td>产品名称</td><td></td><td>零件名称</td><td></td><td>第 页</td></tr>
<tr><td>材料牌号</td><td></td><td>毛坯种类</td><td></td><td>毛坯外形尺寸</td><td></td><td>每毛坯件数</td><td></td><td>每台件数</td><td></td></tr>
<tr><td rowspan="6" colspan="6">（工序简图）</td><td>车间</td><td>工序号</td><td>工序名称</td><td>材质状态</td></tr>
<tr><td></td><td></td><td></td><td></td></tr>
<tr><td>同时加工件数</td><td>工人技术等级</td><td>单件时间/min</td><td>准终时间/min</td></tr>
<tr><td></td><td></td><td></td><td></td></tr>
<tr><td>设备名称</td><td>设备编号</td><td>夹具名称</td><td>夹具编号</td></tr>
<tr><td></td><td></td><td></td><td></td></tr>
</table>

<table>
<tr><td rowspan="2">工步号</td><td rowspan="2">工步内容</td><td colspan="3">切削用量</td><td colspan="2">刀具</td><td colspan="2">量具</td><td rowspan="2">自检频次</td></tr>
<tr><td>主轴转速/r·min⁻¹</td><td>进给速度/mm·min⁻¹</td><td>背吃刀量/mm</td><td>名称/规格</td><td>编号/刀号</td><td>名称/规格</td><td>编号</td></tr>
<tr><td></td><td></td><td></td><td></td><td></td><td></td><td></td><td></td><td></td><td></td></tr>
<tr><td></td><td></td><td></td><td></td><td></td><td></td><td></td><td></td><td></td><td></td></tr>
<tr><td></td><td></td><td></td><td></td><td></td><td></td><td></td><td></td><td></td><td></td></tr>
</table>

<table>
<tr><td></td><td></td><td></td><td></td><td></td><td></td><td></td><td></td><td></td><td></td><td>编制</td><td>会签</td><td>审核</td><td>批准</td></tr>
<tr><td></td><td></td><td></td><td></td><td></td><td></td><td></td><td></td><td></td><td></td><td rowspan="2"></td><td rowspan="2"></td><td rowspan="2"></td><td rowspan="2"></td></tr>
<tr><td>标记</td><td>处记</td><td>更改文件号</td><td>签字</td><td>日期</td><td>标记</td><td>处记</td><td>更改文件号</td><td>签字</td><td>日期</td></tr>
</table>

3. 数控加工工序及刀具卡片

使用数控加工方法加工批量较小的零件时，为简化工艺文件，可采用表 3-3 所示的数控加工工序及刀具卡片。

表 3-3　数控加工工序及刀具卡片

<table>
<tr><td>产品厂家</td><td>零件名称</td><td colspan="2">零（部）件图号</td><td>工序名称</td><td>工序号</td><td>存档号</td></tr>
<tr><td>777</td><td>显示盒</td><td colspan="2">ST8. 030. 089</td><td>铣显示盒内腔及侧面</td><td>2</td><td></td></tr>
<tr><td>材料名称</td><td>铸造铝合金</td><td colspan="3" rowspan="7">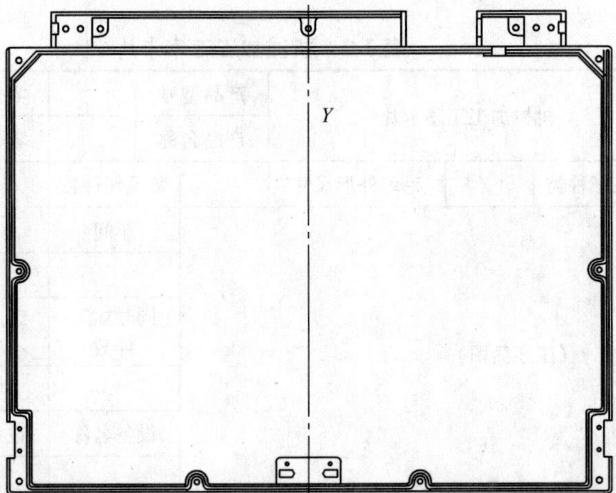
</td><td colspan="2" rowspan="7">说明：
1. G54：X 轴分中，Y 轴碰下边，Z 轴下底面对零
2. 先做中间，再做左右两侧，注意压板的装夹方式和位置</td></tr>
<tr><td>材料牌号</td><td>ZAlSi9Cu2Mg</td></tr>
<tr><td>机床名称</td><td>数控铣床</td></tr>
<tr><td>机床型号</td><td>XD40</td></tr>
<tr><td>夹具编号</td><td></td></tr>
<tr><td rowspan="2">程序号</td><td>中间：01. NC</td></tr>
<tr><td>左右两侧：02. NC</td></tr>
<tr><td>备注</td><td>1. 装夹时注意毛刺情况
2. 加工完后应去毛刺 $R<0.3$</td><td>刀具路径</td><td colspan="4">中间：T1（D16 钻）→T2（D12 钻）→T3（D8 合）→T4（D5 钻）→T5（D3 合）→T9（D10 球刀）→T10（D8 球刀）→T6（D2 合）→T7（D1 合）→T11（D1. 5 中心钻）
左右两侧：T1（D16 钻）→T2（D12 钻）→T3（D8 合）→T4（D5 钻）→T5（D3 合）→T6（D2 合）→T11（D1. 5 中心钻）</td></tr>
</table>

刀号	刀具名称	刀具规格	装刀长度/mm	工作内容	使用刀号	主轴转速 /r · min⁻¹	背吃刀量 /mm	进给速度 /mm · min⁻¹
T1	钻钢刀	*D*16	≥20	开粗	1	2300	16	800
T2	钻钢刀	*D*12	≥20	半精修	2	2500	16	600
T3	合金刀	*D*8	≥20	精修	3	3000	16	500
T4	钻钢刀	*D*5	≥20	清角，开粗	4	3500	16	400
T5	合金刀	*D*3	≥20	精修	5	3500	16	200
T6	合金刀	*D*2	≥20	清角及密封槽	6	4000	6	200
T7	合金刀	*D*1	≥20	清角	7	4000	6	150
T9	球刀	*D*10*R*5	≥20	铣圆弧曲面	9	2200	16	500
T10	球刀	*D*8*R*4	≥20	铣圆弧曲面	10	2500	16	400
T11	中心钻	*D*1. 5	≥20	钻中心孔	11	3000	16	150
编制			审核			批准		

4. 数控加工走刀路线图

在数控加工中，还可以通过走刀路线图来告诉操作者数控程序的刀具运动路线，包括编程原点、下刀点、抬刀点、刀具的走刀方向和轨迹等，以防止程序运行过程中刀具与夹具或机床发生意外碰撞。表 3-4 所示为数控加工走刀路线图的常用格式。

表 3-4　数控加工走刀路线图

数控加工走刀路线图		零件图号		工序号		工步号		程序号	
机床型号		程序号		加工内容		铣外形		第　页	共　页
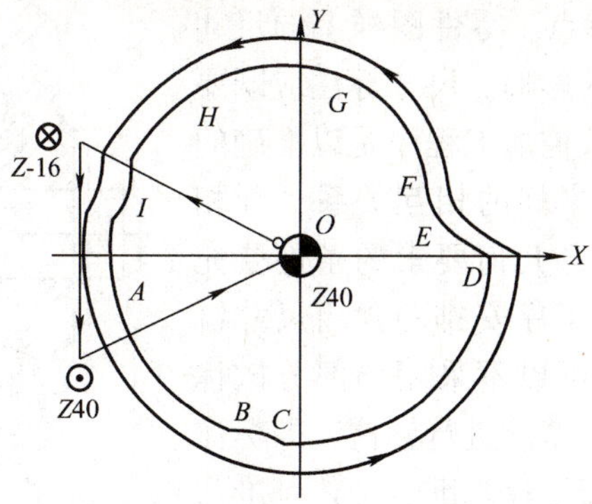								编程说明：	
								编程	
								校对	
								审批	

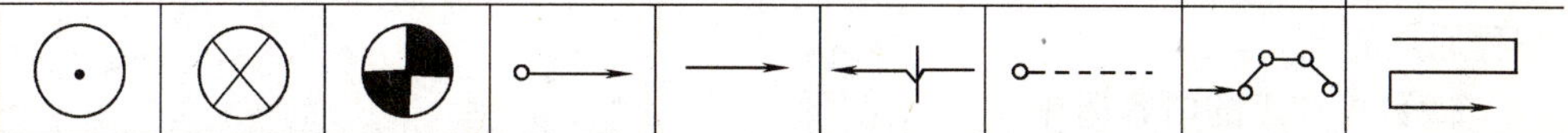

符号	（抬刀符号）	（下刀符号）	（编程原点符号）	（起刀点符号）	（走刀方向符号）	（刀路相交符号）	（爬斜坡符号）	（钻孔符号）	（行切符号）
含义	抬刀	下刀	编程原点	起刀点	走刀方向	刀路相交	爬斜坡	钻孔	行切

三、工艺规程设计的步骤

1）分析产品的装配图和零件图。

2）选择和确定毛坯。

3）拟定工艺路线。

4）详细拟订工序的具体内容。

5）进行技术经济分析，选择最佳方案。

6）确定工序尺寸。

7）填写工艺文件。

第二节　机械加工工艺规程的制订

一、零件工艺分析

零件工艺分析是指对所设计的零件在满足使用要求的前提下进行加工制造的可行性和经济性分析。它包括零件的铸造、锻造、冲压、焊接、热处理、切削加工工艺性能分析等。在制订机械加工工艺规程时，应主要进行零件切削加工工艺性能分析。

1. 读图和审图

首先要认真分析与研究产品的用途、性能和工作条件，了解零件在产品中的位置、装配关系及其作用，弄清各项技术要求对装配质量和使用性能的影响，找出主要和关键的技术要求，然后对零件图样进行分析。

1）分析零件图样是否完整、正确，视图是否正确、清楚，尺寸、公差、表面粗糙度及有关技术要求是否齐全、明确。

2）分析零件的技术要求，包括尺寸精度、几何公差、表面粗糙度及热处理是否合理。过高的技术要求会增加加工的难度、提高成本，过低的技术要求则会影响零件的工作性能，两者都是不允许的。例如图 3-1 所示的汽车板弹簧和吊耳，吊耳两内侧面与板弹簧要求不接触，因此其表面粗糙度 *Ra* 值可由原设计的 3.2um 增大至 12.5um。这样，在铣削时可增大进给量，提高生产率。

3）尺寸标注应符合数控加工的特点。零件图样上的尺寸标注对零件切削加工工艺性能有较大的影响。尺寸标注应既要满足设计要求，又要便于加工。由于数控加工程序是以准确的坐标点来编制的，因而各图形几何要素间的相互关系（如相切、相交、垂直和平行等）应明确，各几何要素的条件要充分，应无引起矛盾的多余尺寸或影响工序安排的封闭尺寸链等。数控加工的零件，图样上的尺寸可以不采用局部分散标注，而采用集中标注的方法；或以同一基准进行标注，即标注坐标尺寸。这样既便于编程，又有利于设计基准、工艺基准与编程原点的统一。

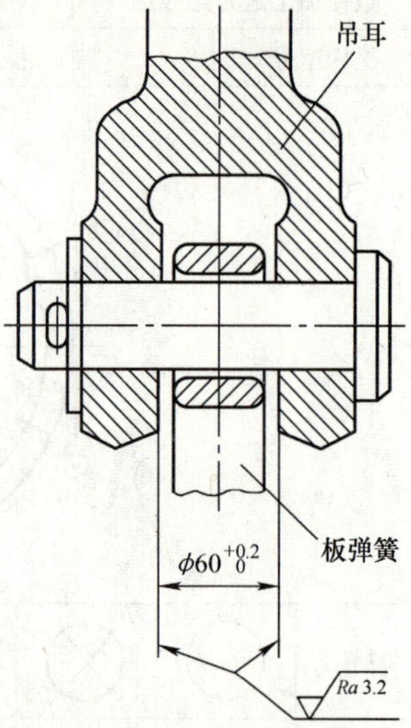

图 3-1　汽车板弹簧和吊耳

2. 数控加工的内容选择

对于某个零件而言，并非全部加工工艺过程都适合在数控机床上完成，往往只有其中的一部分才适合于数控加工。这就需要对零件图样进行仔细的工艺分析，选择那些最适合、最需要进行数控加工的内容和工序。在选择并作出决定时，应结合本企业设备的实际，立足于解决难题、攻克关键和提高生产效率，以充分发挥数控加工的优势。选择数控加工的内容时，一般可按下列顺序考虑。

1）通用机床无法加工的内容，应作为优选内容（如内腔成形面）。

2）通用机床难加工、质量也难以保证的内容应作为重点选择的内容。如车锥面、断面时，普通车床的转速恒定，会使表面粗糙度不一致。而数控车床具有恒线速度功能，可选择最佳线速度，可使加工后的表面粗糙度值小且均匀一致。

3）通用机床效率低、工人劳动强度大的内容，可在数控机床尚存有富余能力时选择采用。

一般来说，上述加工内容采用数控加工后，在产品质量、生产效率和综合效益等方面都会得到明显提高。

此外，在选择和确定数控加工内容时，也要综合考虑生产批量、生产周期、工序间的周转情况等。总之，要尽量做到合理使用数控机床，以达到多、快、好、省的目的；要防止把数控机床降格为通用机床使用。

3. 零件结构的工艺性

零件结构的工艺性是指所设计零件的结构在满足使用要求的前提下制造的可行性和经济性。它包括零件各个制造过程中的工艺性，如零件的铸造、锻造、冲压、焊接、热处理和切削加工工艺性等。好的结构工艺性会使零件加工容易、节省工时、降低消耗，差的结构工艺性会使零件加工困难（甚至无法加工）、多耗工时、增大消耗。

应该指出的是，零件结构的工艺性问题涉及面很广：某些零件用普通机床可能难以加工，即所谓结构工艺性差，但采用数控机床加工则可轻而易举地实现。因此，在评价零件的结构工艺性时，需要结合所使用的工艺方法才能进行具体评价。

图 3-2 所示的三类槽型，如以在普通车床或磨床上进行切削加工的角度进行结构工艺性

评价，则 a 型的结构工艺性最好，b 型次之，c 型最差。这是因为用于 b 型和 c 型槽加工的刀具制造困难，切削抗力比较大，刀具磨损后不易重磨。若改用数控车床加工，如图 3-3 所示，则 c 型沟槽的结构工艺性最好，b 型次之，a 型最差。这是因为 a 型槽在数控车床上加工时仍要用成形槽刀切削，不能充分利用数控加工能走刀的特点，而 b 型和 c 型槽则可用通用的外圆刀具进行加工。

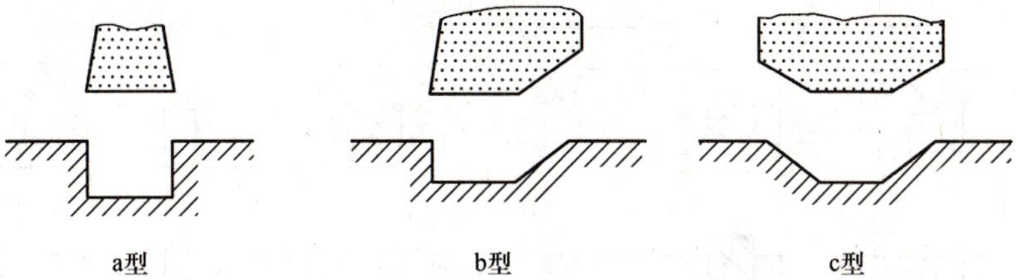

图 3-2　在普通车床上用成形车刀加工沟槽

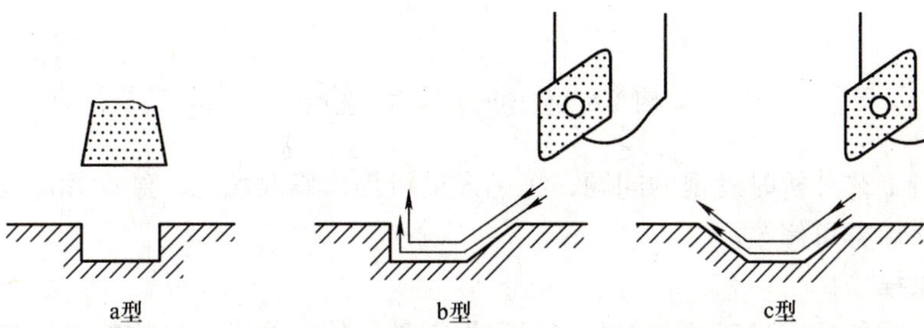

图 3-3　在数控车床上对不同槽型进行加工

图 3-4 所示为一个端面形状比较复杂的盘类零件，其轮廓剖面由多段直线、斜线和圆弧组成。虽然形状比较复杂，但用标准的 45°菱形刀片可以毫无障碍地完成整个型面的切削。这一结构形式的数控加工工艺性是良好的。

在审核工艺时，对某些细小的部位要加以注意，以避免可能给数控加工带来的问题。如图 3-5 所示的工件，在圆弧上端出口处没有安排一段 45°倒角，而是圆弧与端面直接相交，则会导致零件的数控车削工艺性极差（刀具干涉）、难以加工。一般情况下，车削内孔中的型面比车削外圆和端面上的型面更困难一些。因此，当内孔有复杂型面的设计要求时，更要注意数控车削的走刀特点，应尽量用普通刀具就能一次走刀成形的结构。

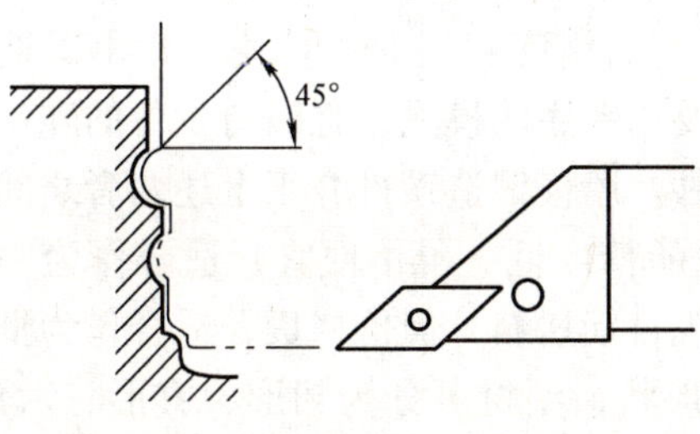

图 3-4　复杂轮廓形面的数控加工

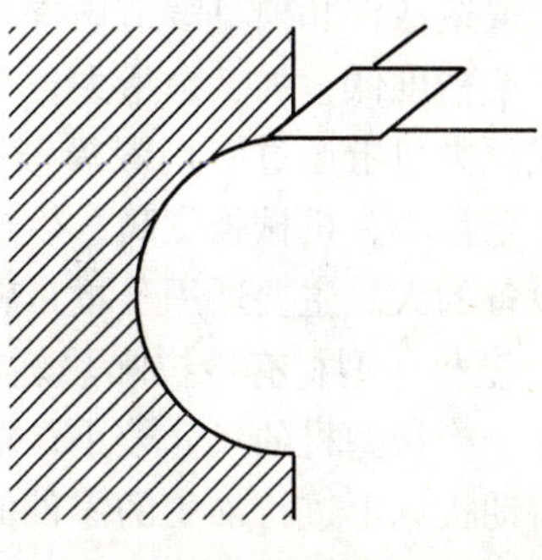

图 3-5　不利于数控车削的设计

设计零件外形、内腔时，最好采用统一的几何类型和尺寸。这样不仅可以减少换刀次数，还可采用子程序以缩短程序长度。图 3-6a 所示的零件，由于圆角的大小决定着刀具直径的大小，故内形的多个圆角应选用相同的半径，并且其半径应与刀具的结构尺寸相匹配。图 3-6b 所示的结构在设计时应尽量避免。

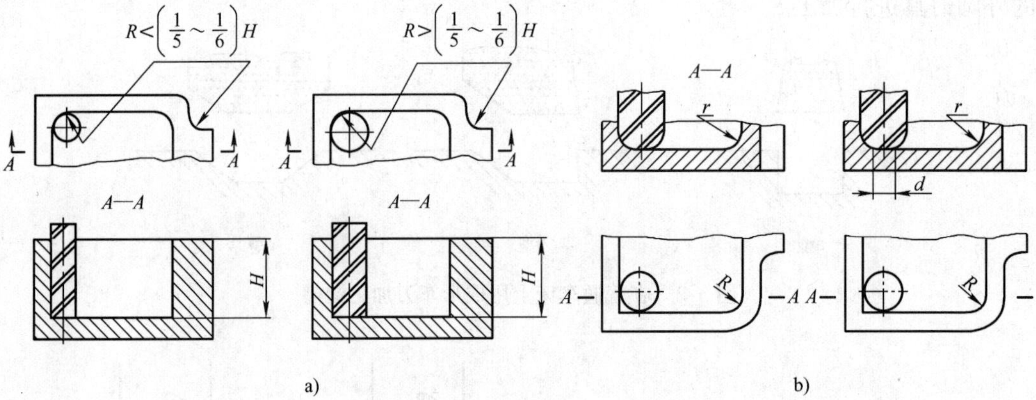

图 3-6 数控加工结构工艺性

对零件进行工艺分析时发现的问题，工艺人员可提出修改意见，经设计部门同意并通过一定的审批程序后方可修改。

二、毛坯选择

毛坯制造是零件生产过程的一部分。要根据零件的技术要求、结构特点、材料、生产纲领等方面的情况，合理地确定毛坯的种类、毛坯的制造方法、毛坯的形状和尺寸等。同时还要从工艺角度出发，对毛坯的结构、形状提出要求。

1. 毛坯的种类

毛坯的种类很多，同一种毛坯又有很多种制造方法。机械制造中常用的毛坯有以下几种。

(1) 铸件　形状复杂的毛坯，宜采用铸造方法制造。按铸造材料的不同，铸件可分为铸铁、铸钢和非铁金属铸造。

根据制造方法的不同，铸件又可分为以下几种类型：砂型铸造铸件、金属型铸造铸件、离心铸造铸件、压力铸造铸件和精密铸造铸件。

(2) 锻件　机械强度要求较高的钢制件一般要采用锻件作为毛坯。锻件有自由锻造锻件、胎模锻造锻件和模具锻造锻件几种。自由锻造锻件是在锻锤或压力机上直接锻造成形的锻件。它的精度低，加工余量大，生产率低，适用于单件小批量生产的大型零件。模锻件是在锻锤或压力机上通过专用锻模锻制而成的锻件。它的精度和表面质量均比自由锻造锻件好，加工余量小，机械强度高，生产率也高。但需要用专用的模具，且锻造设备的吨位比自由锻造设备的大。主要适用于批量较大的中小型零件。胎模锻造锻件介于上述两者之间。

(3) 型材　型材有冷拉和热轧两种。热轧型材的精度低、价格便宜，适合作为一般零件的毛坯。冷拉型材的尺寸较小，精度高，易于实现自动送料，但价格贵，适合作为批量较大、在自动机床上进行加工的零件的毛坯。按截面形状，型材可分为圆形、方形、六角形、扁形、角形、槽形及其他截面形状的型材。

（4）焊接件　焊接件是将型材或钢板焊接成所需结构后得到的毛坯，适合作为单件小批量生产中制造的大型零件的毛坯。其优点是制造简单、制造周期短、毛坯重量轻，缺点是抗振性差、焊接变形大，因此在机械加工前要对其进行时效处理。

（5）冲压件　冲压件是在压力机上用冲模将板料冲制而成的。冲压件的尺寸精度高，可以不再进行加工或只进行精加工，生产率高，适合作为批量较大且厚度较小的中小型板状结构零件的毛坯。

（6）冷挤压件　冷冲压件是在压力机上通过挤压模挤压而成的。其生产率高、毛坯精度高、表面粗糙度值小，只需进行少量的机械加工。但要求材料塑性好，应主要为非铁金属和塑性好的钢材。其适合作为大批量生产的简单小型零件的毛坯。

（7）粉末冶金件　粉末冶金件是以金属粉末为原料，在压力机上用模具压制成坯料后经高温烧结而成的。其生产率高，表面粗糙度值小，一般只需进行少量的精加工，但成本较高。粉末冶金件适合作为大批大量生产的压制的形状较简单小型零件的毛坯。

2. 毛坯种类的选择

毛坯的种类和制造方法对零件的加工质量、生产率、材料消耗及加工成本都有影响。提高毛坯精度，可减少机械加工工作量、提高材料利用率、降低机械加工成本，但毛坯制造成本会增加，两者是相互矛盾的。选择毛坯时应综合考虑以下几个方面的因素，以在成本和效率之间追求最佳效益。

（1）零件的材料及对零件力学性能的要求　如零件的材料是球墨铸铁或青铜，则只能选择铸造毛坯，不能选用锻造毛坯。若材料是钢材，当零件的力学性能要求较高时，不管零件形状简单复杂与否都应选用锻件毛坯；当零件的力学性能无过高要求时，可选用型材或铸件毛坯。

（2）零件的结构形状与外形尺寸　钢质的一般用途的阶梯轴，如台阶直径相差不大，宜用棒料；若台阶直径相差较大，则宜用锻件或铸件，以节约材料、减少机械加工切削量。大型零件的毛坯由于受到设备条件的限制，一般只能用自由锻锻件和砂型铸造铸件；中小型零件的毛坯根据需要，可选用模锻锻件和应用各种先进铸造方法铸造的铸件。

（3）生产类型　大批大量生产时，毛坯的制造应选毛坯精度和生产率都较高的先进的制造方法，以使毛坯的形状、尺寸尽量接近零件的形状、尺寸，从而节约材料、减少机械加工工作量，由此节约的费用会远远超出毛坯制造增加的费用，将会获得好的经济效益。单件小批生产时，毛坯的制造如采用先进的制造方法，则节约的材料和机械加工成本相比于毛坯制造所增加的设备和专用工艺装备费用，就显得得不偿失了，故应选毛坯精度和生产率均比较低的一般的毛坯制造方法，如自由锻和手工木模造型等方法。

（4）生产条件　选择毛坯时，应考虑现有生产条件，如现有毛坯的制造水平和设备状况、外协的可能性等。可能时，应尽可能组织外协，实现毛坯制造的社会化专业生产，以获得较好的经济效益。

（5）充分考虑利用新工艺、新技术和新材料　随着毛坯制造专业化生产的发展，目前毛坯制造方面的新工艺、新技术和新材料的应用越来越多，如精铸、精密锻造、冷轧、冷挤压、粉末冶金和工程塑料的应用日益广泛。这些方法可大大减少机械加工量、节约材料、有十分显著的经济效益，在选择毛坯时我们应予充分考虑，在可能的条件下应尽量采用。

3. 毛坯形状和尺寸的特殊处理

选择毛坯形状和尺寸的总要求是：毛坯形状要力求接近成品形状，以减少机械加工的劳动量。但也有以下四种特殊情况，需作特别考虑。

1）采用锻件、铸件毛坯时，模锻时因欠压量与允许的错模量不等，铸造时因砂型误差、收缩量及金属液体的流动性差不能充满型腔等，均会造成余量的不等。此外，锻造、铸造后，毛坯挠曲与扭曲变形量的不同也会造成加工余量的不均匀、不稳定。所以，不论是锻件、铸件还是型材，其加工表面均应有较充足的加工余量。

2）尺寸小或薄的零件，为便于装夹并减少材料浪费，可将多个工件连在一起，由一个组合毛坯制出。如图 3-7 所示的活塞环的筒状毛坯、图 3-8 所示的凿岩机棘爪毛坯都是组合毛坯。待机械加工到一定程度后，再将组合毛坯分割开来成为一个个零件。

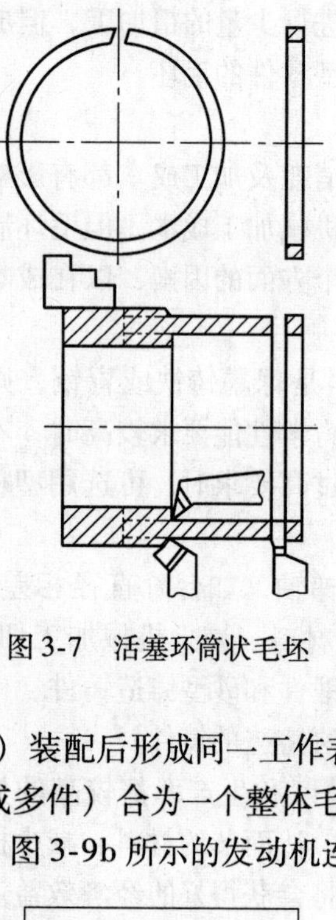

图 3-7　活塞环筒状毛坯

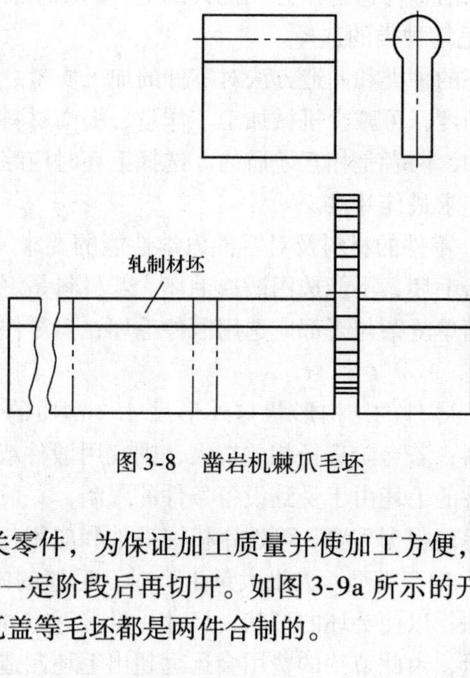

图 3-8　凿岩机棘爪毛坯

3）装配后形成同一工作表面的两个相关零件，为保证加工质量并使加工方便，常把两件（或多件）合为一个整体毛坯，待加工到一定阶段后再切开。如图 3-9a 所示的开合螺母外壳、图 3-9b 所示的发动机连杆和曲轴轴瓦盖等毛坯都是两件合制的。

图 3-9　两件合制的整体毛坯
a）开合螺母外壳　b）发动机连杆和曲轴轴瓦盖

4）对于不便装夹的毛坯，可考虑在毛坯上增加装夹余料或工艺凸台、工艺凸耳等辅助基准。如图 3-10 所示，由于该工件缺少合适的定位基准，因而在毛坯上铸出了三个工艺凸耳，在工艺凸耳上制出定位基准。加工完成后工艺凸耳一般均应切除，如确实对零件使用没有影响，也可保留在零件上。

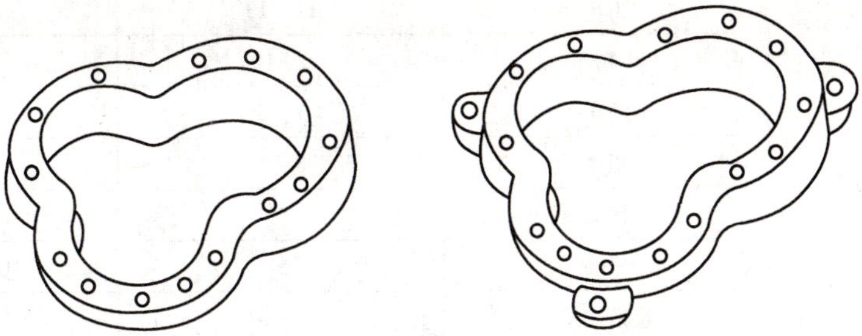

图 3-10　在毛坯上增加工艺凸耳

三、工艺路线的拟订

拟订机械加工的工艺路线是制订工艺规程的关键步骤。零件的机械加工工艺路线是指零件生产过程中，由毛坯到成品所经过的先后工序顺序。拟订工艺路线时，除首先选择定位基准外，还应当考虑各表面加工方法的选择、工序集中与分散的程度、加工阶段的划分和工序先后顺序的安排等问题。下面就上述问题阐述如下。

1. 表面加工方法的选择

(1) 表面加工方法的经济精度　各种表面加工方法（如车、铣、刨、磨、钻等）所能达到的加工精度和表面粗糙度是有一定范围的。使用任何一种加工方法，如果由技术水平高的熟练工人在精密完好的设备上仔细地慢慢地操作，则必然使加工误差减小，可以得到较高的加工精度和较小的表面粗糙度值，但会使成本增加；反之，若由技术水平较低的工人在精度较差的设备上快速操作，虽然成本会下降，但加工误差必然会较大，会使加工精度降低。

统计资料表明，使用各种加工方法加工时，加工误差和零件成本之间的关系如图 3-11 所示。图中的横坐标是加工误差 Δ，纵坐标是零件成本 S。从图中可以看出，加工精度要求越高，即允许的加工误差越小，则零件成本越高。这一关系在曲线 AB 段比较正常。但当 $\Delta<\Delta_A$ 时，两者之间的关系十分敏感，即加工误差减少一点，成本会增加很多；当 $\Delta>\Delta_B$ 时，即使加工误差增加很多，成本下降却很少。显然上述两种情况都是不经济的，也是不应当采用的加工误差范围。

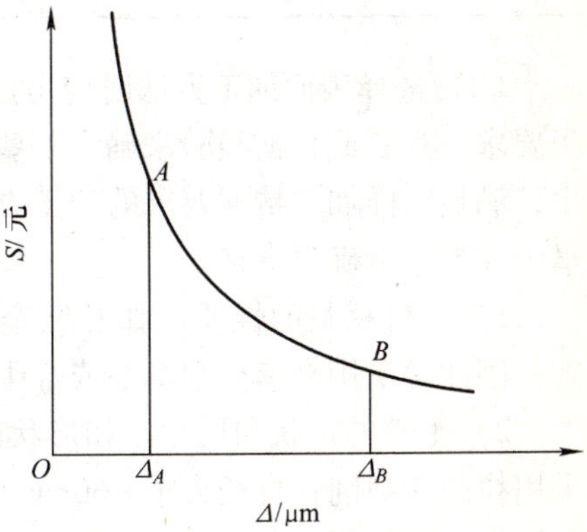

图 3-11　零件成本和加工误差的关系

曲线 AB 段所显示的加工误差范围是用某种加工方法在正常加工条件下所能保证的加工精度，称为加工的经济精度。所谓正常加工条件是指采用符合质量标准的设备、工艺装备和标准技术等级的工人，且不延长加工时间的条件。各种加工方法都有一个加工经济精度和表面粗糙度值的范围。选择表面加工方法时，应当使工件的加工要求与之相适应。表 3-5 介绍了用不同加工方法加工不同表面时的经济精度等级和表面粗糙度 Ra 值，供选择加工方法时参考。

表 3-5 用不同加工方法加工不同表面时的经济精度等级和表面粗糙度 *Ra* 值

加工表面	加工方法	经济精度等级	表面粗糙度 *Ra* 值/μm
外圆柱面和端面	粗车	11 ~ 13	12.5 ~ 50
	半精车	9 ~ 10	3.2 ~ 6.3
	精车	7 ~ 8	0.8 ~ 1.6
	粗磨	8 ~ 9	0.4 ~ 0.8
	精磨	6	0.1 ~ 0.4
	研磨	5	0.012 ~ 0.1
	超精加工	5 ~ 6	0.012 ~ 0.1
	金刚车	6	0.025 ~ 0.4
圆柱孔	钻孔	11 ~ 12	12.5 ~ 25
	粗镗（扩孔）	11 ~ 12	6.3 ~ 12.5
	半精镗（精扩）	8 ~ 9	1.6 ~ 3.2
	精镗（铰孔、拉孔）	7 ~ 8	0.8 ~ 1.6
	粗磨	7 ~ 8	0.2 ~ 0.8
	精磨	6 ~ 7	0.1 ~ 0.2
	珩磨	6 ~ 7	0.025 ~ 0.1
	研磨	5 ~ 6	0.025 ~ 0.1
平面	粗刨（粗铣）	11 ~ 13	12.5 ~ 50
	精刨（精铣）	8 ~ 10	1.6 ~ 6.3
	粗磨	8 ~ 9	1.25 ~ 5
	精磨	6 ~ 7	0.16 ~ 1.25
	刮研	6 ~ 7	0.16 ~ 1.25
	研磨	5	0.006 ~ 0.1

（2）选择表面加工方法时应考虑的因素　选择表面加工方法时，应首先根据零件的加工要求，查表或根据经验来确定哪些加工方法能达到所要求的加工精度。从表 3-4 中可以看出，满足同样加工精度要求的加工方法有若干种，所以选择加工方法时必须同时考虑下列因素，才能最后确定下来。

1）工件材料的性质。如非铁金属的精加工不宜采用磨削，因为非铁金属易使砂轮堵塞，因此常采用高速精细车削或金刚镗等切削加工方法。

2）工件的形状和尺寸。如形状比较复杂、尺寸较大的零件，加工其上的孔时一般不宜采用拉削或磨削；直径大于 ϕ60mm 的孔不宜采用钻、扩、铰等加工方法。

3）选择的加工方法要与生产类型相适应。一般说来，大批、大量生产应选用高生产率的和质量稳定的加工方法；而单件、小批生产应尽量选择通用设备，避免采用非标准的专用刀具来加工。如加工平面时一般采用铣削或刨削，但由于刨削生产率低，故除特殊场合（如加工狭长表面时）外，在成批及大量生产中已逐渐被铣削所代替，而大批大量生产时常常要考虑拉削平面的可行性。对于孔加工来说，由于镗削刀具简单，故其在单件小批生产中得到了极其广泛的应用。

4）车间的生产条件。选择加工方法时，必须考虑工厂现有的加工设备及其工艺能力、工人的技术水平，以充分利用现有设备和工艺手段。同时也要不断引进新技术，对老设备进行技术改造，挖掘企业的潜力，不断提高工艺水平。

(3）各种表面的典型加工路线　根据上述因素确定了某个表面的最终加工方法后，必须同时确定该表面的预加工方法，形成一个表面的加工路线后，才能付诸实施。下面介绍几种生产中较为成熟的表面加工路线，供选用时参考。

1）外圆表面的加工路线。图 3-12 所示为常用的外圆表面加工路线，有以下四条。

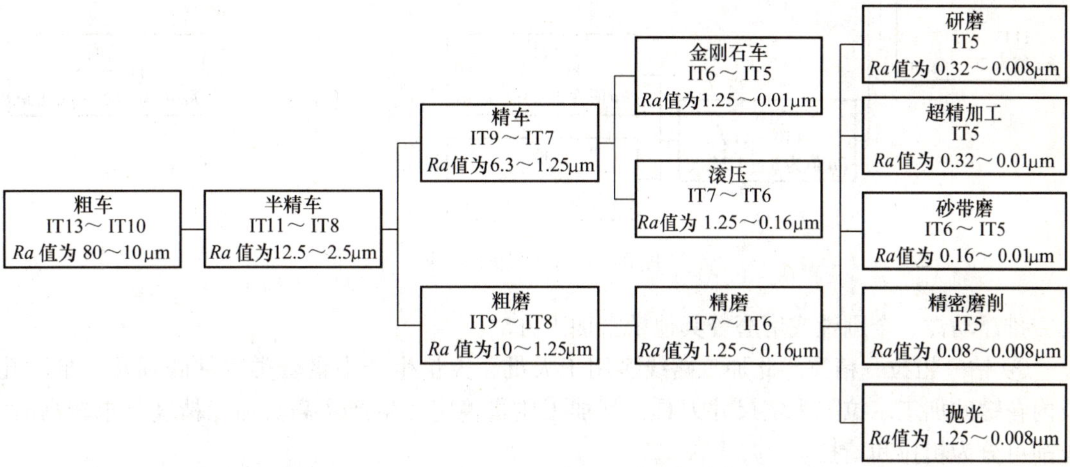

图 3-12　外圆表面的加工路线

① 粗车—半精车—精车。如果加工精度要求较低，可以只粗车或粗车—半精车。

② 粗车—半精车—粗磨—精磨。对于钢铁材料，加工精度等于或低于 IT6、表面粗糙度 *Ra* 值等于或大于 0.4μm 的外圆表面，特别是有淬火要求的外圆表面，通常采用这种加工路线，有时也可采取粗车—半精车—磨的方案。

③ 粗车—半精车—精车—金刚石车（或滚压）。这种加工路线主要适用于非铁金属材料及其他不宜采用磨削加工的外圆表面的加工。

④ 粗车—半精车—粗磨—精磨—精密加工（或光整加工）。当外圆表面的精度要求特别高或表面粗糙度值要求特别小时，在方案②的基础上，还要增加精密加工或光整加工方法。常用的外圆表面的精密加工方法有研磨、超精加工、精密磨削等，抛光、砂带磨等光整加工方法则是以减小表面粗糙度值为主要目的的。

2）孔的加工路线。图 3-13 所示为孔的加工路线框图。孔的常用加工路线有以下四条。

① 钻—扩—粗铰—精（细）铰。此方案广泛应用于加工直径小于 ϕ40mm 的中小孔。其中扩孔有纠正孔位误差的作用；而铰刀是定尺寸刀具，容易保证孔的尺寸精度。对于直径较小的孔，有时只需铰一次便能达到要求的加工精度。

② 粗镗（或钻)—半精镗—精镗。这条加工路线适用于下列情况：直径较大的孔、几何精度要求较高的孔系、单件、小批生产中的非标准中小尺寸孔或非铁金属材料的孔。

在上述情况下，如果毛坯上已有铸出或锻出的孔，则第一道工序应安排粗镗（或扩）；若毛坯上没有孔，则第一道工序应安排钻或两次钻。当孔的加工精度要求很高时，可在精镗

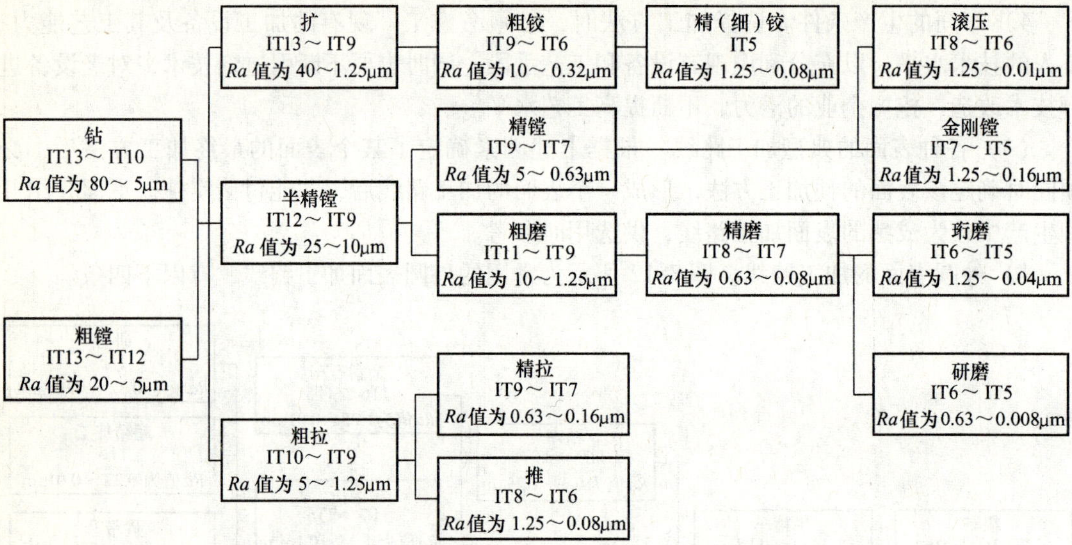

图 3-13 孔的加工路线

后安排浮动镗、金刚镗或珩磨等其他精密加工方法。

③ 钻—粗拉—精拉。此加工路线多用于大批、大量生产中盘套类零件的圆孔、单键孔及内花键的加工。拉刀为定尺寸刀具，其加工质量稳定、生产率高。加工精度要求较高时，拉削可分为粗拉和精拉。

④ 粗镗—半精镗—粗磨—精磨。该方案主要用于中小型淬硬零件的孔加工。当孔的精度要求很高时，可增加研磨或珩磨等精加工工序。

3）平面的加工路线。平面加工一般采用铣削或刨削。对于精度要求较高的平面，铣削或刨削以后还须安排磨削、刮研、高速精铣等精加工。

2. 加工阶段的划分

工件每一个表面的加工，总是按先粗后精的顺序。粗加工去掉大部分余量，要求生产率高；精加工保证工件的精度要求。对于加工精度要求较高的零件，应当将整个工艺过程划分成粗加工、半精加工、精加工和精密加工（光整加工）等几个阶段，在各个加工阶段之间安排热处理工序。划分加工阶段有如下优点。

（1）有利于保证加工质量　粗加工时，由于切去的余量较大，切削力和所需的夹紧力也较大，因而工艺系统的受力变形和热变形都比较严重。毛坯制造过程中因冷却速度不均会使工件内部产生内应力，粗加工时从表面切去一层金属，致使内应力重新分布也会引起变形。这就使得粗加工不仅不能得到较高的精度和较小的表面粗糙度值，还可能影响到其他已经精加工过的表面。粗精加工分阶段进行，就可以避免上述因素对精加工表面的影响，有利于保证加工质量。

（2）合理地使用设备　粗加工应采用功率大、刚度高、精度一般的机床，而精加工应在精度高的机床上进行。这样有利于长期保持高精度机床的精度。

（3）有利于及早发现毛坯的缺陷（如铸件的砂眼、气孔等）将粗加工安排在前，有利于及早发现毛坯缺陷，及时予以报废，以免继续加工造成工时的浪费。

综上所述，工艺过程应当尽量划分阶段进行。至于究竟应当划分为两个阶段、三个阶段还是更多的阶段，必须根据工件的加工精度要求和刚性来决定。一般说来，工件精度要求越高、刚性越差，阶段划分得应越详细。

但另一方面，粗精加工分开会使机床台数和工序数增加。当生产批量较小时，机床负荷率低、不经济。所以当工件批量小、精度要求不太高、工件刚性较好时也可以不划分或少划分加工阶段。

重型零件由于输送及装夹困难，一般一次装夹完成粗精加工。为了弥补不划分加工阶段带来的弊端，常常在粗加工工步后松开工件，然后以较小的夹紧力重新夹紧工件，再继续进行精加工工步。

3. 工序的集中与分散

（1）工序集中与分散的概念　安排零件的工艺过程时，还要解决工序的集中与分散问题。所谓工序集中，是指在一个工序中包含尽可能多的工步内容。生产批量较大时，常采用多轴、多面、多工位机床，自动换刀机床和复合刀具来实现工序集中，从而有效地提高生产率。多品种中小批量生产中，越来越多地使用加工中心机床，便是一个工序集中的典型例子。

工序分散与工序集中相反，指整个工艺过程的工序数目较多；工艺路线长；每道工序所完成的工步内容较少，最少时一个工序仅一个工步。

（2）工序集中与分散的特点

1）工序集中的优点如下。

① 减少了工件的装夹次数。当工件各加工表面几何精度要求较高时，一次装夹把各个表面加工出来，既有利于保证各表面之间的几何精度，又可以减少装卸工件的辅助时间。

② 减少了机床数量和机床占地面积，同时便于采用高生产率的机床，从而大大提高了生产率。

③ 简化了生产组织和计划调度工作。因为工序集中后工序数目少、设备数量少、操作工人少，故生产组织和计划调度工作比较容易。

但工序集中程度过高也会使机床结构过于复杂，一次投资费用过高，机床的调整和使用费时费事。

2）工序分散的特点正好相反，由于工序内容简单，故所用的机床设备和工艺装备也简单，调整方便，对操作工人的技术水平要求较低。

（3）工序集中与分散程度的确定　在制订机械加工工艺规程时，选择恰当的工序集中与分散程度是十分重要的。必须根据生产类型、工件的加工要求、设备条件等具体情况进行分析从而确定最佳方案。当前，机械加工的发展方向趋向于工序集中：在单件小批生产中，常常将同工种的加工集中到一台机床上进行，以避免机床负荷不足；在大批大量生产中，广泛采用各种高生产率设备以使工序高度集中；而数控机床尤其是加工中心机床的使用则使多品种中小批量生产几乎全部采用了工序集中的方案。

但对于某些零件，如活塞、轴承等，工序分散仍然可以体现出较大的优越性。如分散加工的各个工序可以采用效率高而结构简单的专用机床和专用夹具，投资少又易于保证加工质量，同时也方便按节拍组织流水生产，故加工这些零件时常常采用工序分散的原则制订工艺规程。

4. 工序顺序的安排

（1）安排工序顺序的原则

1）“基面先行”原则。工艺路线开始安排的加工表面，应该是后续工序选作精基准的表面。后续工序以该基准面定位，加工其他表面。如轴类零件的第一道工序一般为铣端面钻中心孔，然后以中心孔定位加工其他表面；再如加工箱体零件时常常先加工基准平面和其上的两个孔，再以一面两孔作为精基准，加工其他表面。

2）“先面后孔”原则。当零件上有较大的平面可以用来作为定位基准时，总是先加工平面，再以平面定位加工孔，以保证孔和平面之间的几何精度。这样定位比较稳定，装夹也方便。同时若在毛坯表面上钻孔，钻头容易引偏，所以从保证孔的加工精度的角度出发，也应当先加工平面再加工该平面上的孔。

当然，如果零件上并没有较大的平面，其装配基准和主要设计基准是其他表面，此时就可以运用“基面先行”原则，先加工其他表面。如变速箱拨叉零件就是先加工深孔，再加工端面和其他小平面的。

3）“先主后次”原则。零件上的加工表面一般可以分为主要表面和次要表面两大类。主要表面通常是指几何精度要求较高的基准面和工作表面；次要表面则是指那些要求相对较低，对零件整个工艺过程影响较小的辅助表面，如键槽、螺孔、紧固小孔等。次要表面与主要表面间也有一定的几何精度要求，一般是先加工主要表面，再以主要表面定位加工次要表面。对于整个工艺过程而言，次要表面的加工一般安排在主要表面最终精加工之前。

4）“先粗后精”原则。如前所述，对于精度要求较高的零件，加工应划分粗、精加工阶段。这一点对于刚性较差的零件，尤其不能忽视。

（2）热处理工序的安排　热处理工序在工艺路线中安排得是否恰当，对零件的加工质量和材料的使用性能影响很大，因此应当根据零件的材料和热处理的目的妥善安排。以下介绍几种常见热处理工序的安排方法。

1）退火与正火。退火或正火的目的是消除组织的不均匀，细化晶粒，改善金属的切削加工性能。对高碳钢零件用退火，对低碳钢零件用正火，以获得适当的硬度和较好的切削加工性，同时消除毛坯的内应力。退火与正火一般安排在机械加工之前进行。

2）时效处理。毛坯制造和切削加工都会在工件内部造成残余应力。残余应力将会引起工件的变形，影响加工质量甚至造成废品。为了消除残余应力，在工艺过程中常需安排时效处理。对于一般铸件，常在粗加工前或粗加工后安排一次时效处理；对于精度要求较高的零件，在半精加工后需再安排一次时效处理；对于一些刚性较差、精度要求特别高的重要零件（如精密丝杠、主轴等），常常在各个加工阶段之间都安排一次时效处理。

3）淬火和调质处理。淬火和调质处理可以使工件获得需要的力学性能。但淬火和调质处理后工件会产生较大的变形，所以调质处理一般安排在机械加工之前；因淬火后工件的硬度高且不易切削，故淬火一般安排在精加工阶段的磨削加工之前进行。

4）渗碳淬火和渗氮。低碳钢零件有时需要渗碳淬火，并要求保证一定的渗碳层厚度。由于渗碳后工件的变形较大，故一般将其安排在精加工之前进行。渗碳表面常预先安排粗磨，以便控制渗碳层厚度、减小以后的磨削余量。渗碳时对零件上不需要淬硬的部位（如装配时需要配铰的销孔等）应注意保护，或者在渗碳后安排切除渗碳层工序，再进行淬火和精加工。

渗氮处理是为了提高工件表面的硬度和耐蚀性。渗氮处理后工件的变形较小，一般将其安排在工艺过程的最后阶段、该表面的最终加工之前或之后进行。

(3) 辅助工序的安排

1) 检验工序。为了确保零件的加工质量，在工艺过程中必须合理地安排检验工序。一般在重要、关键工序前后，各加工阶段之间及工艺过程的最后都应当安排检验工序，以保证加工质量。

除了一般性的尺寸检查外，对于重要的零件有时还需要安排X射线检查、磁粉探伤、密封性试验等，以对工件内部质量进行检查。针对不同的目的，检验可安排在机械加工之前（检查毛坯）或工艺过程的最后阶段进行。

2) 清洗和去毛刺。切削加工后在零件表层或内部有时会留下毛刺，将影响装配质量甚至机器性能，应当安排去毛刺处理。

工件在进入装配之前，一般应安排清洗。特别是研磨、珩磨等光整加工工序之后，砂粒易附着在工件表面上，必须认真清洗，以免加剧零件在使用中的磨损。

3) 其他工序。可根据需要安排平衡、去磁等其他工序。

必须指出，正确地安排辅助工序是十分重要的，必须给予重视。如果辅助工序安排不当或遗漏，将会给后续工序带来困难，甚至会影响产品的质量。

拟定工艺路线后，各道工序的内容已基本确定，接下来就要对每道工序进行设计。工序设计包括为各道工序选择机床及工艺装备、确定进给路线、确定加工余量、计算工序尺寸及公差、选择切削用量、计算工时定额等内容。

第三节　工件的定位及定位基准的选择

一、工件的安装方式

根据加工的具体情况，在机床上装夹工件一般有三种方式：直接找正装夹、划线找正装夹和用夹具装夹。

1. 直接找正装夹

装夹工件时，用量具（如百分表，千分表）、划针盘或目测直接在机床上找正工件的某一表面，使工件处于正确的位置的装夹方式，称为直接找正装夹。在这种装夹方式中，被找正的表面就是工件的定位基准（基面）。如图3-14所示的套筒零件，为了保证磨孔时加工余量均匀，先将套筒外圆预夹在单动卡盘中，用划针或百分表找正内孔表面，使其轴线与机床主轴回转中心同轴，然后夹紧工件。注意，此时定位基准是内孔而不是外圆表面。

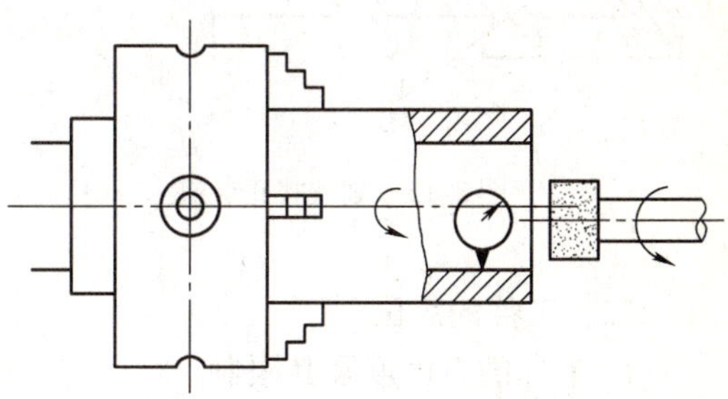

图3-14　直接找正装夹

这种装夹方式的定位精度与所用量具的精度、操作者的技术水平有关，找正所需的时间长，结果也不稳定，只适用于单件小批生产。但是当工件加工要求特别高且没有专门的高精度夹具时，可以采用这种装夹方式。此时，必须由技术熟练的工人使用高精度量具仔细地操作。

2. 划线找正装夹

这种装夹方式是先按加工表面的要求在工件上划出中心线、对称线和各待加工表面的加工线，加工时在机床上按划线找正以使工件获得正确的位置。图 3-15 所示为在牛头刨床上工件的划线找正装夹。找正时可在工件底面垫上适当的纸片或铜片以获得正确的位置，也可将工件支承在几个千斤顶上，调整千斤顶的高低以使工件获得正确的位置。这种装夹方式受到划线精度的限制，找正精度比较低，多用于批量较小、毛坯精度较低的大型零件的粗加工中。

3. 用夹具装夹

机床夹具是指在机械加工工艺过程中用以装夹工件的机床附加装置，常用的有通用夹具和专用夹具两种类型。车床的自定心卡盘和铣床用平口钳便是最常用的通用夹具，图 3-16 所示的钻模是专用夹具。从图中可以看出，工件 4 以其内孔套在夹具定位销 2 上，用螺母和压板夹紧工件，钻头通过钻套 3 的引导，在工件上钻出孔来。

使用夹具装夹时，工件可迅速而正确地获得加工所要求的位置，不需找正就能保证工件与机床、刀具间的正确位置。这种装夹方式生产率高、定位精度好，广泛应用于成批以上批量生产和单件小批生产的关键工序中。

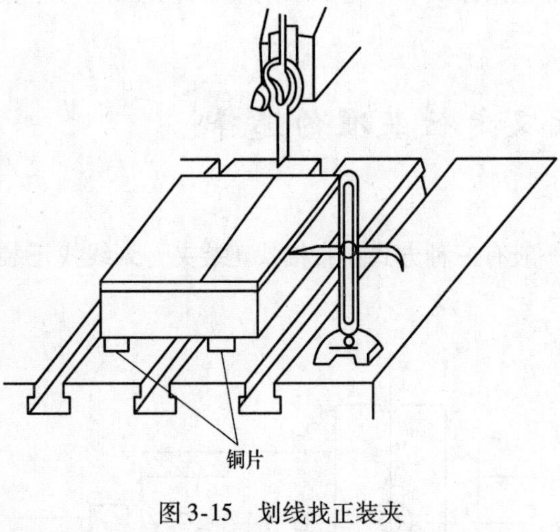

图 3-15 划线找正装夹

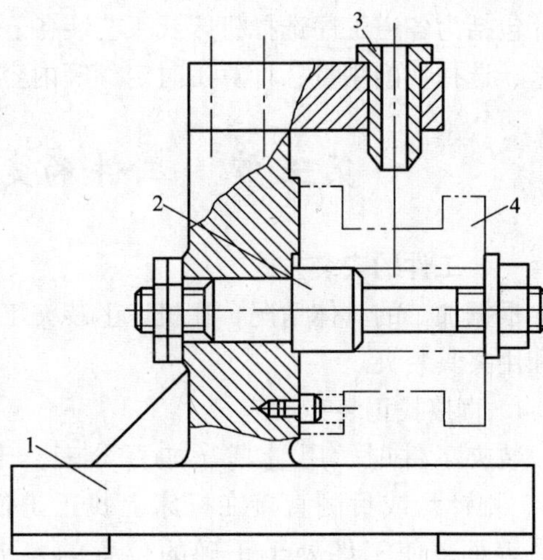

图 3-16 钻模

1—夹具体 2—定位销 3—钻套 4—工件

二、工件的定位

1. 工件的自由度及其限制

一个在空间处于自由状态的工件，位置的不确定性可描述如下：如图 3-17a 所示，将一未定位的工件放在空间直角坐标系中，工件可以沿 X、Y、Z 轴有不同的位置，称作工件沿 X、Y、Z 轴的移动自由度，用 $\vec{X}$、$\vec{Y}$、$\vec{Z}$ 表示；工件也可以绕 X、Y、Z 轴有不同的位置，称作工件绕 X、Y、Z 轴的转动自由度，用 $\overset{\frown}{X}$、$\overset{\frown}{Y}$、$\overset{\frown}{Z}$ 表示。用以描述工件位置不确定性的 $\vec{X}$、$\vec{Y}$、$\vec{Z}$ 和 $\overset{\frown}{X}$、$\overset{\frown}{Y}$、$\overset{\frown}{Z}$，称为工件的六个自由度。

确定工件相对于机床的正确加工位置，即是要限制工件的六个自由度。设空间有一固定点，保证工件的底面与该点接触，那么工件沿 Z 轴的自由度就被限制了。如图 3-17b 所示，设有六个固定点，工件的三个面分别与这些点保持接触，则工件的六个自由度就被限制了。这些用来限制工件自由度的固定点，称为定位支承点，简称支承点。

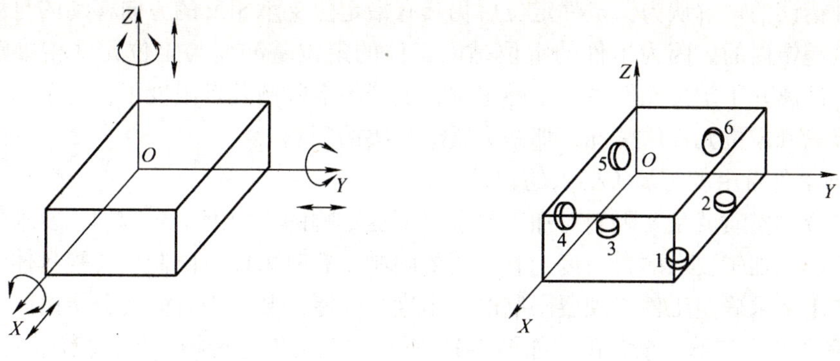

a)　　　　b)

图 3-17　六点定位原理

无论工件的形状和结构如何不同，其六个自由度都可以用六个支承点来限制，只是六个支承点的空间分布状态不同罢了。

用合理分布的六个支承点限制工件六个自由度的法则，称为六点定则。

支承点的分布必须合理，否则六个支承点就限制不了六个自由度，或不能有效地限制六个自由度。例如，图 3-18 中工件底面上的 1、2、3 三个支承点限制了 $\vec{Z}$、$\overset{\frown}{X}$、$\overset{\frown}{Y}$ 三个自由度，它们应放成三角形。三角形的面积越大，定位越稳。工件侧面上的 4、5 两个支承点限制了 $\vec{Y}$、$\overset{\frown}{Z}$ 两个自由度，它们不能垂直放置。否则，工件绕 Z 轴的转动自由度 $\overset{\frown}{Z}$ 就不能被限制了。

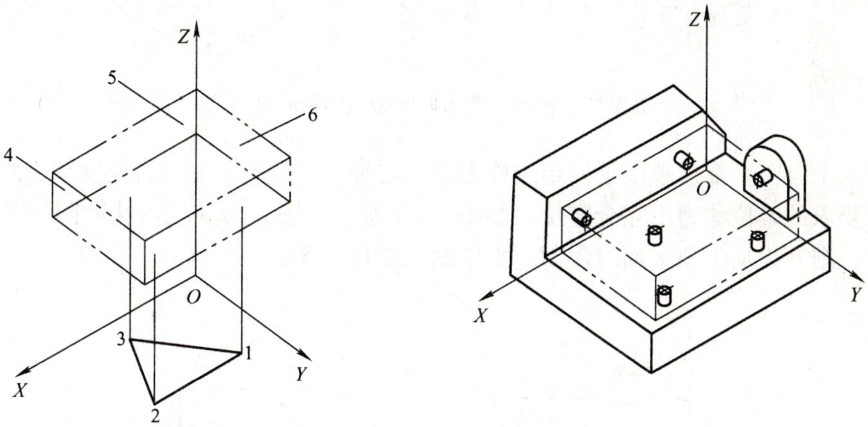

图 3-18　长方体定位支承点的分布

六点定则是工件定位的基本法则。在实际生产中，起支承点作用的是一定形状的几何体。这些用来限制工件自由度的几何体就是定位元件。

2. 对工件定位的两种错误理解

在分析工件的定位时，容易产生两种错误的理解。一种认为：工件用夹具夹紧了，也就没有自由度可言了，因此，工件也就定位了。这种观点把定位和夹紧混为了一谈，犯了概念上的错误。我们所说的工件的定位，是指一批工件在夹紧前要在夹具中按加工要求占有一致的正确位置（不考虑定位误差的影响）；而夹紧强调工件在任何位置均可被夹紧，不能保证一批工件中的全部工件在夹具中均处于同一位置。

另一种错误的理解认为：工件定位后仍具有沿定位支承相反的方向移动的自由度。这种理解显然也是错误的。因为工件的定位是以工件的定位基准面与定位元件相接触为前提条件，如果工件离开了定位元件也就不能定位，更谈不上限制其自由度了。至于工件在外力作用下有可能离开定位元件的情况，那是夹紧应解决的问题。

3. 限制工件自由度与加工要求的关系

工件定位的实质就是要限制对加工要求有不良影响的自由度。影响加工要求的自由度必须限制；不影响加工要求的自由度，有时需要限制，有时可以不限制，要视具体情况而定。

按照加工要求确定工件必须要限制的自由度，是零件装夹中首先要分析的问题。

（1）完全定位和不完全定位　如图 3-19 所示，在工件上铣槽，保证槽底与 A 面的平行度和 h 尺寸两项加工要求，需限制 $\vec{Z}$、$\widehat{X}$、$\widehat{Y}$ 三个自由度；保证槽侧面与 B 面的平行度及 b 尺寸两项加工要求，需限制 $\vec{Y}$、$\widehat{Z}$ 两个自由度。若铣通槽，则 $\vec{X}$ 自由度不必限制；若铣不通槽，则 $\vec{X}$ 自由度必须限制。

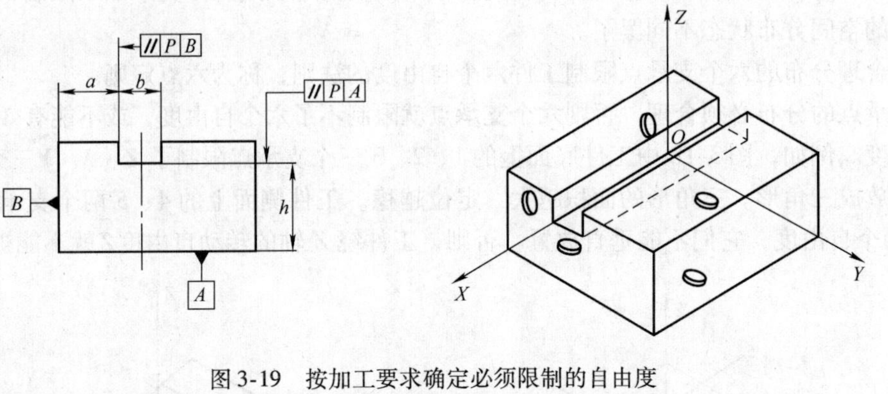

图 3-19　按加工要求确定必须限制的自由度

工件六个自由度都被限制了的定位称为完全定位。工件被限制的自由度少于六个，但能保证加工要求的定位称为不完全定位。如图 3-20 所示，图 a 为加工内孔时限制了工件的四个自由度，图 b 为加工顶平面时限制了工件的三个自由度。

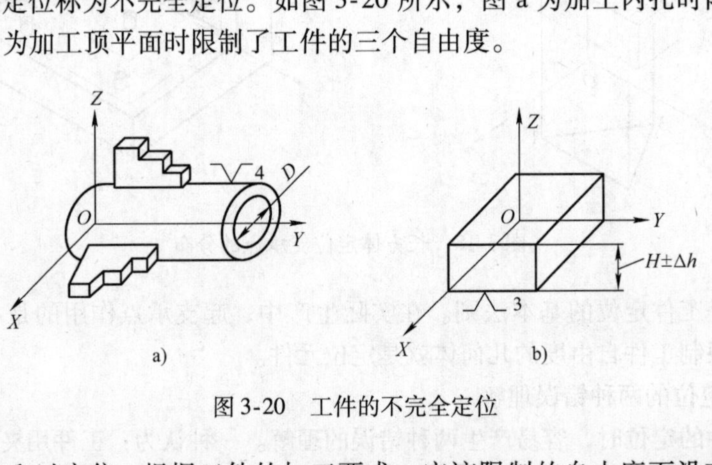

图 3-20　工件的不完全定位

（2）欠定位和过定位　根据工件的加工要求，应该限制的自由度而没有被限制的定位状态称为欠定位。欠定位必然不能保证工件的加工要求，是不允许的。如图 3-21 所示，在工件上钻孔时，若在 X 方向上未设置定位挡销，则孔到端面的距离 A 就无法保证。

工件的同一自由度被两个或两个以上不同的定位元件重复限制的定位，称为过定位。图3-22 所示为在插齿机上插齿时工件的定位。工件 4 以内孔在心轴 1 上定位，限制了工件的 $\vec{X}$、$\vec{Y}$、$\overset{\frown}{X}$、$\overset{\frown}{Y}$四个自由度，又以端面在定位凸台 3 上定位，限制了工件的 $\vec{Z}$、$\overset{\frown}{X}$、$\overset{\frown}{Y}$三个自由度。其中$\overset{\frown}{X}$、$\overset{\frown}{Y}$被心轴和凸台重复限制。由于工件的内孔和心轴间的间隙很小，故当工件的内孔轴线与端面的垂直度误差较大时，工件端面与凸台实际上只有一点相接触，如图 3-23a所示。这会造成定位不稳定。更为严重的是，工件一旦被压紧，在夹紧力的作用下，势必会引起心轴或工件的变形，如图 3-23b 所示。这样就会影响工件的装卸和加工精度。这种过定位是不允许的。

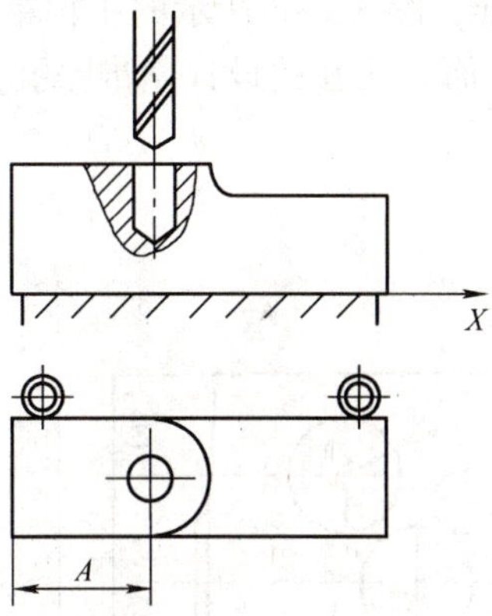

图 3-21　工件的欠定位

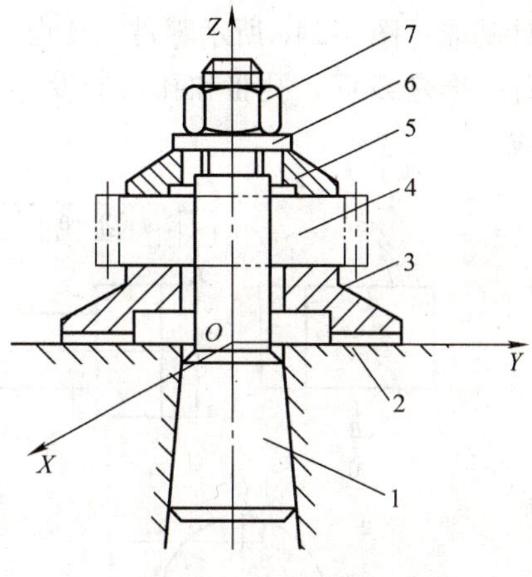

图 3-22　工件的过定位

1—心轴　2—平面　3—定位凸台　4—工件

5—压板　6—垫圈　7—螺母

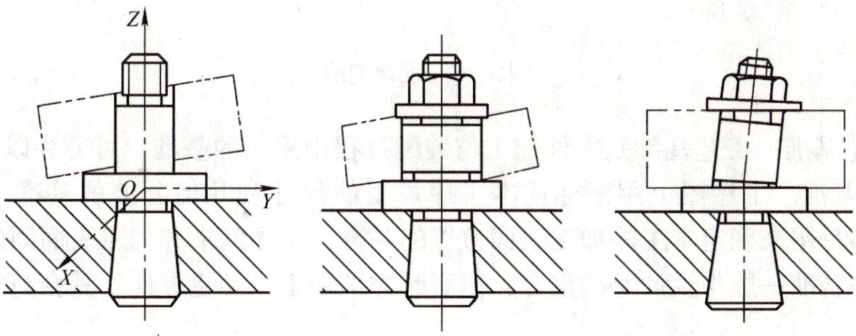

a)　　b)

图 3-23　过定位对装夹的影响

a）夹紧前　b）夹紧后工件或心轴的变形

有些情况下，形式上的过定位是允许的。如图 3-22 所示工件的内孔和定位端面是在一次装夹中加工出来的，具有良好的垂直度；且夹具的心轴和凸台也具有较好的垂直度，即使两者间有很小的垂直度误差，但可由心轴和内孔之间的配合间隙来补偿。这种情况下，尽管心轴和凸台重复限制了$\overset{\frown}{X}$、$\overset{\frown}{Y}$自由度，存在过定位，但其不会引起相互干涉和冲突，在夹紧力的作用下，工件和心轴不会变形，故这种定位的定位精度高、刚性好、夹具的受力状态好，在实际生产中广泛使用。

三、定位基准的选择

装夹工件时必须依据一定的基准，下面先讨论基准的概念。

1. 基准的概念及分类

基准就是根本的依据。机械制造中所说的基准是指那些用来确定生产对象上几何要素间的几何关系所依据的点、线、面。根据作用和使用场合的不同，基准可分为设计基准和工艺基准两大类，其中，工艺基准又可分为工序基准、定位基准、测量基准和装配基准。

（1）设计基准　零件图上用来确定零件上某些点、线、面位置所依据的点、线、面。如图3-24a所示零件，对于20mm尺寸而言，*A*面、*B*面互为设计基准；图3-24b所示零件，ϕ30mm和ϕ50mm尺寸的设计基准是轴线，同轴度中ϕ50mm外圆的轴线是ϕ30mm外圆轴线的设计基准；图3-24c所示零件，*D*点是*C*面的设计基准；图3-24d所示的主轴箱体，*F*面的设计基准是*D*面，孔Ⅲ和孔Ⅳ的设计基准是*D*面和*E*面，孔Ⅱ的设计基准是孔Ⅲ和孔Ⅳ的轴线。

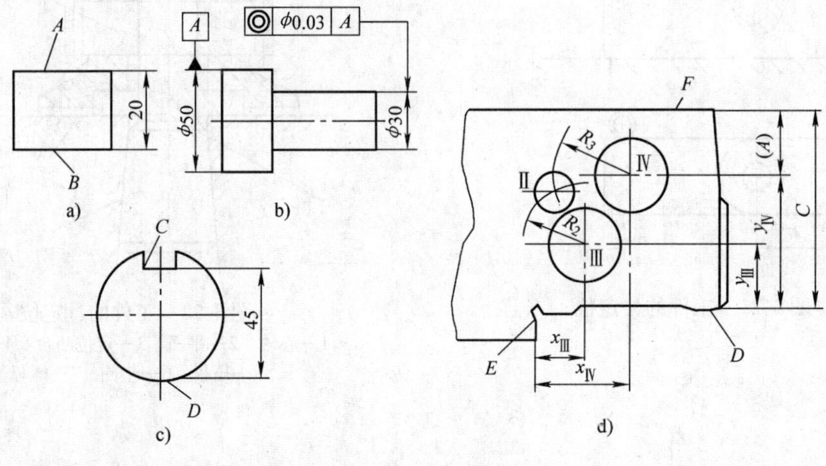

图3-24　设计基准

（2）工艺基准　工艺基准是零件加工与装配过程中采用的基准，可分为以下四种。

1）工序基准。工序图上用来标注本工序加工的尺寸和几何公差的基准。就其实质来说，工序基准是用来确定本工序加工表面位置的基准。工序基准和加工表面间的尺寸即是工序尺寸。工序基准一般与设计基准重合，但有时为了加工、测量方便，其会与定位基准或测量基准相重合。

2）定位基准。加工中，使工件在机床上或夹具中占据正确位置所依据的基准。

如直接找正装夹工件，则找正面就是定位基准；划线找正装夹工件，所划的线就是定位基准；用夹具装夹工件时，工件与定位元件相接触的面就是定位基准（定位基面）。

作为定位基准的点、线、面，可能是工件上的某些面，也可能是看不见摸不着的中心线、中心平面、球心等，其往往需要通过工件的某些定位表面来体现，这些表面称为定位基面。例如用自定心卡盘装夹工件外圆，体现为以轴线为定位基准，外圆面为定位基面。严格地说，定位基准与定位基面有时并不是一回事，但可以代替，只是中间会存在误差。

3）测量基准。工件在加工中或加工后测量时所用的基准。

4）装配基准。装配时，用以确定零件在部件或产品中的相对位置所采用的基准。

上述各类基准应尽可能重合。设计机械零件时，应尽可能将装配基准作为设计基准，以便于保证装配精度。编制零件加工工艺规程时，应尽可能将设计基准作为工序基准，以便保证零件的加工精度。加工和测量工件时，应尽量使定位基准、测量基准与工序基准重合，以便消除基准不重合误差。

2. 定位基准的选择

定位基准是指零件加工过程中安装、定位的基准。通过定位基准可使工件在机床或夹具上获得正确的位置。对机械加工的每一道工序来说，都要求考虑工件安装、定位的方式和定位基准的选择问题。

因定位基准有粗基准和精基准之分，故定位基准的选择有定位粗基准的选择和定位精基准的选择两种。

开始加工零件时，由于所有的表面都未加工，故只能以毛坯面作为定位基准。这种以毛坯面作为定位基准的称为定位粗基准。

在随后的工序中，用加工后的表面作为定位基准的称为定位精基准。在加工中，首先使用的是定位粗基准，但在选择定位基准时，为了保证零件的加工精度，应首先考虑选择定位精基准。定位精基准选择好后，再考虑合理选择定位粗基准。

（1）定位精基准的选择　选择定位精基准时，应重点考虑减少工件的定位误差，以保证零件的加工精度和加工表面之间的几何精度，同时也要考虑零件装夹的方便、可靠、准确。一般应遵循以下原则。

1）基准重合原则。直接选用设计基准作为定位基准的原则，称为基准重合原则。采用基准重合原则，可以避免由定位基准和设计基准不重合引起的定位误差（基准不重合误差），使零件的尺寸精度和几何精度更易于保证。关于基准不重合引起的定位误差的分析计算，详见第四章定位误差的计算部分。

2）基准统一原则。同一零件的多道工序尽可能选择同一个（一组）定位基准定位的原则，称为基准统一原则。比如柄式刀具的两端中心孔定位和箱体零件的一面双孔定位等均采用了此原则。定位基准统一可以保证各加工表面间的几何精度，可以避免或减少因基准变换而引起的误差，并且简化了夹具的设计和制造工作，从而降低了成本、缩短了生产准备时间。

基准重合和基准统一原则是选择精基准的两个重要原则，但有时会遇到两者相互矛盾的情况。这时，对尺寸精度要求较高的表面应服从基准重合原则，以避免容许的工序尺寸实际变动范围减小，给加工带来困难。除此之外，应主要考虑基准统一原则。

3）自为基准原则。精加工和光整加工工序要求余量小而均匀。此时用加工表面本身作为精基准的原则，称为自为基准原则。加工表面与其他表面之间的几何精度则由先行工序保证。图3-25所示的机床导轨表面的加工就采用了此原则。

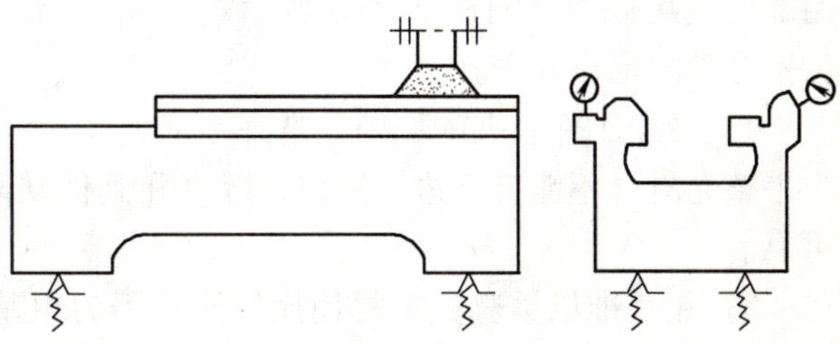

图3-25　加工机床导轨面时自为基准原则应用实例

4）互为基准原则。为使各加工表面间有较高的几何精度，或为使加工表面具有均匀的加工余量，有时可采用两个加工表面互为基准反复加工的方法。定位精基准的这种选择原则称为互为基准原则。如图3-26所示精密齿轮的加工，精加工时先以齿面作为定位基准加工内孔，再以内孔作为定位基准加工齿面。

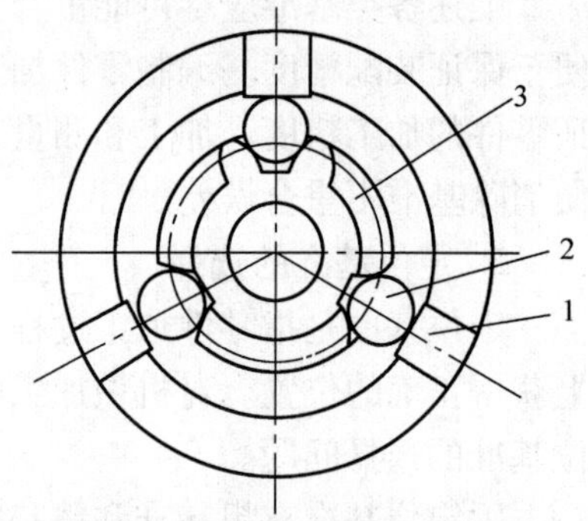

图3-26　加工精密齿轮时互为基准原则应用实例
1—夹紧块　2—精密圆柱　3—齿轮

5）装夹方便原则。所选定位精基准应能保证工件定位准确、稳定，装夹方便、可靠，且夹具结构应简单。定位精基准应有足够大的接触和分布面积，以能承受较大的切削力，使定位稳定可靠。

（2）定位粗基准的选择　选择定位粗基准时要重点考虑如何保证各个加工表面都能分配到合理的加工余量，以保证加工面与不加工面间的几何精度、尺寸精度，同时还要考虑为后续工序提供可靠的精基准。一般按下列原则选择。

1）保证相互位置要求的原则。一般选取与加工表面间几何精度要求较高的不加工表面作为粗基准。如图3-27所示工件，应选择外圆表面作为粗基准。这样可以保证加工面与不加工面间的几何精度，如图3-27a所示。

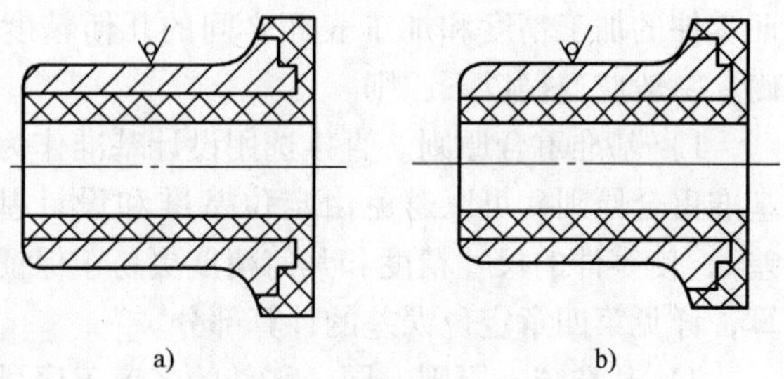

图3-27　以不加工表面作为定位粗基准

2）以余量最小的表面作为定位粗基准，以保证各表面都有足够的余量。如图3-28所示的锻造轴毛坯，其大小端外圆轴线的同轴度误差达3mm。若以大端外圆作为定位粗基准，则小端外圆可能无法加工出来，所以应选择加工余量较小的小端外圆作为定位粗基准。

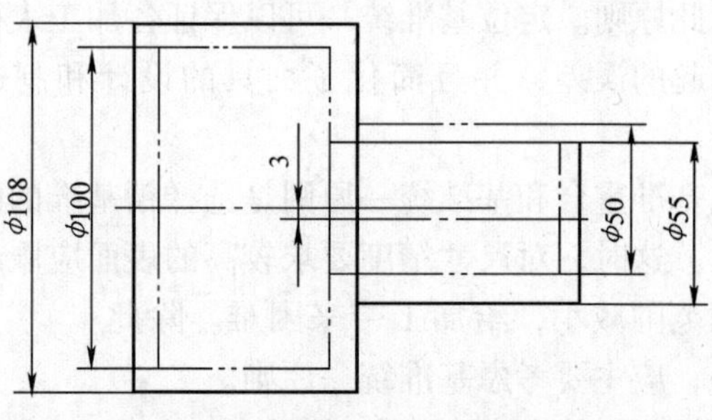

图3-28　以加工余量最小的表面作为定位粗基准

3）选择零件上的重要表面作为定位粗基准。图3-29a所示为加工机床导轨时，先以导轨面作为粗基准来加工床脚底面，然后以床脚底面作为精基准加工导轨面的情况。这样能保证加工床身的重要表面——导轨面时，所切去的金属层尽可能薄且均匀，以保留组织紧密、耐磨的金属表面。而图3-29b所示的则为不合理的定位方案。

4）便于工件装夹的原则。选择毛坯上平整光滑（不能有飞边、浇口、冒口和其他缺陷）的表面作为粗基准，以使定位、夹紧可靠。

5）粗基准尽量避免重复使用原则。因为粗基准未经加工、表面粗糙，第二次安装时，其在机床上（或夹具中）的实际位置与第一次安装时可能不一样。

对于复杂的大型零件，从兼顾各方面的要求出发，可采用划线找正的方法来选择定位粗基准，以合理地分配余量。

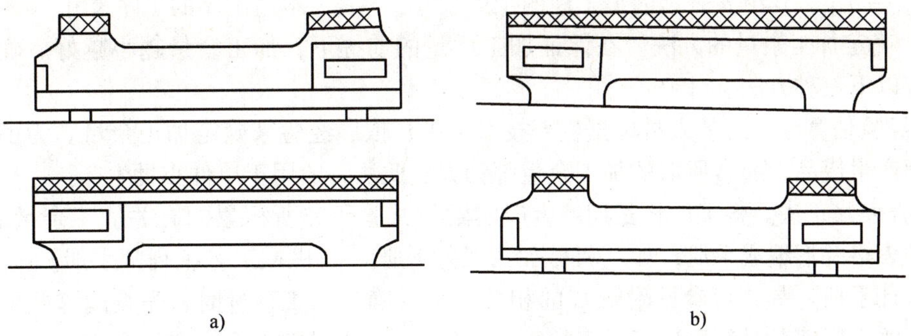

图 3-29　加工床身导轨面时定位粗基准的比较

第四节　工序尺寸的确定

一、加工余量与工序尺寸

1. 加工余量及其确定方法

（1）加工余量的概念　加工余量是指加工过程中所切去的金属层的厚度。加工余量有工序加工余量和加工总余量（毛坯余量）之分。工序加工余量是指相邻两工序的工序尺寸之差，加工总余量（毛坯余量）是指毛坯尺寸与零件图样上的设计尺寸之差。显然，总余量 $Z_{总}$ 与工序余量 Z_i 的关系为

$$Z_{总} = \sum_{i=1}^{n} Z_i$$

式中　n——加工零件某表面时所经历的工序数目。

对于回转表面（外圆和内孔等），加工余量是指直径上的余量，其在直径方向上是对称分布的，故称之为对称余量。在加工回转表面过程中，实际切除的金属层厚度是加工余量的一半，因此对称余量有双面余量和单面余量之分。对于平面，由于加工余量只在一面单向分布，因而只有单面余量。

无论加工余量是双面余量还是单面余量，加工表面是外表面还是内表面，都涉及工序尺寸的问题。每道工序完成后应保证的尺寸称为该工序的工序尺寸。加工中不可避免地存在误差，工序尺寸也有公差，这种公差称为工序公差。

工序尺寸、工序公差、加工余量三者的关系如图 3-30所示。

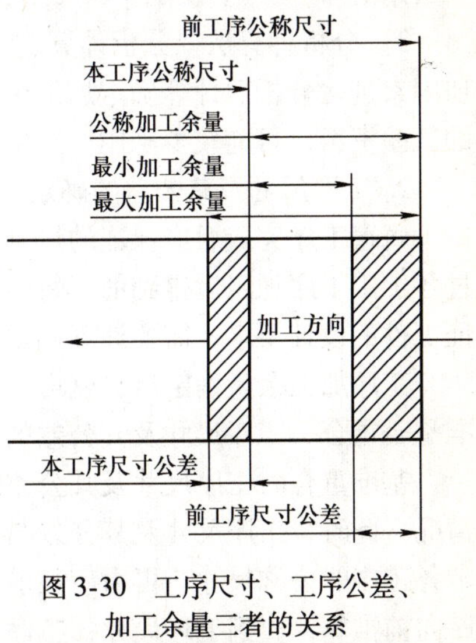

图 3-30　工序尺寸、工序公差、加工余量三者的关系

由于工序加工余量是相邻两工序工序尺寸之差，故本工序加工余量的基本值 $Z_b = a - b$；最小加工余量是前工序最小工序尺寸和本工序最大工序尺寸之差，即

$Z_{bmin}=a_{min}-b_{max}$；最大加工余量是前工序最大工序尺寸和本工序最小工序尺寸之差，即 $Z_{bmax}=a_{max}-b_{min}$。其中 a 表示前道工序的工序尺寸，b 表示本道工序的工序尺寸。

（2）确定加工余量的方法　在保证加工质量的前提下，加工余量越小越好。确定加工余量时有以下三种方法。

1）经验估算法。工艺人员根据生产技术水平，依靠经验来确定加工余量。为了防止余量不足而产生废品，通常所取的加工余量都偏大。此法一般用于单件小批生产。

2）查表修正法。各工厂将长期的生产实践与试验研究所积累的有关加工余量的资料，制成各种表格并汇编成手册，如《机械加工工艺手册》、《机械工艺工程师手册》、《机械加工工艺设计手册》等，可参见附录C的相关数据。确定加工余量时，先查阅这些手册，再根据本厂的实际情况对数据进行适当的修正。目前，这种方法运用得较为普遍。

单件小批生产中，加工中、小型零件时，其单边加工余量可参考如下数据。

① 总加工余量（毛坯余量）。

铸件（手工造型）	3.5～7mm
自由锻件	2.5～7mm
模锻件	1.5～3mm
圆钢料	1.5～2.5mm

② 工序加工余量。

粗车	1～1.5mm
半精车	0.8～1mm
高速精车	0.4～0.5mm
低速精车	0.1～0.15mm
磨削	0.1～0.15mm
研磨	0.002～0.005mm
粗铰	0.15～0.35mm
精铰	0.05～0.15mm
珩磨	0.02～0.15mm

3）分析计算法。分析计算法是根据计算公式和一定的试验资料，对影响加工余量的各项因素进行分析后计算确定加工余量的方法。这种方法比较合理，但必须有比较全面和可靠的试验资料，目前较少采用。

2. 工序尺寸及其公差的确定

每道工序完成后应保证的尺寸称为该工序的工序尺寸。工件上的设计尺寸及其公差是经过各加工工序加工后得到的。每道工序的工序尺寸都不相同，其逐步接近设计尺寸。为了保证工件的设计要求，需要计算确定各中间工序的工序尺寸及其公差。

工序加工余量确定后，就可计算工序尺寸及其公差。根据工序基准或定位基准与设计基准是否重合，工序尺寸及其公差的确定要采取不同的计算方法。

基准重合时工序尺寸及其公差的计算比较简单，对外圆和内孔的多工序加工均属于这种情况。此时，工序尺寸及其公差与工序加工余量的关系如图3-30所示。计算顺序是：先确定各工序的公称尺寸，再由后往前逐个工序推算，即从工件的设计尺寸开始，由最后一道工序向前推算，直到毛坯尺寸；工序尺寸的公差则按各工序的经济精度确定，并按“入体原则”确定上、下极限偏差，毛坯尺寸则按双向对称取上、下极限偏差，以防余量不够。

例 3-1　一套筒零件 $\phi60^{+0.019}_{0}$ mm 内孔的加工路线为：毛坯孔—粗车—半精车—磨削—珩磨，求各工序尺寸。

首先，通过查表或凭经验确定加工总余量及其公差、工序加工余量、工序经济精度的公差值，然后计算工序尺寸。计算结果见表 3-5。

表 3-5　工序尺寸及其公差的计算　（单位：mm）

工序名称	工序加工余量	工序经济精度的公差	工序公称尺寸	工序尺寸及其公差
珩磨	0.1	0.019	60	$\phi60^{+0.019}_{0}$
磨削	0.4	0.03	60 − 0.1 = 59.9	$\phi59.9^{+0.03}_{0}$
半精车	1.5	0.18	59.9 − 0.4 = 59.5	$\phi59.5^{+0.18}_{0}$
粗车	8	0.45	59.5 − 1.5 = 58	$\phi58^{+0.45}_{0}$
毛坯孔	10	±1.5	58 − 8 = 50	$\phi50\pm1.5$

二、工艺尺寸链与工序尺寸

工序基准或定位基准与设计基准不重合时，工序尺寸及其公差的计算比较复杂，需用工艺尺寸链来分析计算。

1. 尺寸链的基本概念

在零件加工或机器装配过程中，由相互连接的尺寸按照一定的顺序排列成为封闭的尺寸组称为尺寸链。

如图 3-31a 所示零件图样上标注的尺寸 A_1、A_0，设 A、B 面已加工，现采用调整法加工 C 面。若以设计基准 B 面作为定位基准，则工件的定位和夹紧都不方便；若以 A 面作为定位基准，则直接保证的是对刀尺寸 A_2，图样上的设计尺寸 A_0 将由本工序尺寸 A_2 和上工序尺寸 A_1 来间接保证。当 A_1 和 A_2 确定之后，A_0 随之确定。像由这样一组相互关联的尺寸组成的封闭形式，如同链条一样环环相扣，形象地将其称为尺寸链。

在零件图样上，用来确定各表面之间相互位置的尺寸链，称为设计尺寸链；在工艺文件上，由加工过程中的同一零件的工艺尺寸组成的尺寸链，称为工艺尺寸链。

2. 工艺尺寸链的组成

组成尺寸链的各个尺寸称为环，环有组成环和封闭环之分。

（1）封闭环　在尺寸链中，凡是最后间接获得的尺寸，称为封闭环。封闭环一般以下脚标“0”表示。如图 3-31 中的 A_0 就是封闭环。

应该特别指出：在计算尺寸链时，区分封闭环是至关重要的。封闭环搞错了，一切计算结果都是错误的。在工艺尺寸链中，封闭环随加工顺序的改变或测量基准的改变而改变。区分封闭环的关键，在于紧紧抓住“间接获得”或“最后形成”的设计尺寸的

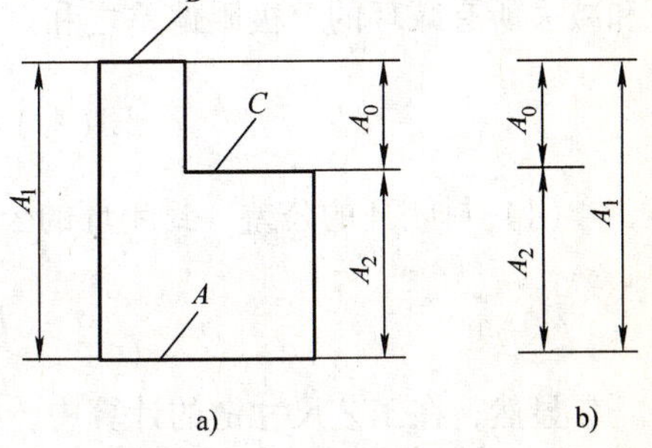

图 3-31　零件加工过程中的尺寸链
a）台阶零件图样　b）尺寸链图

概念。

（2）组成环　在加工过程中直接形成的尺寸（在零件加工的工序中出现或直接控制的尺寸），称为组成环。任一组成环的变动，必然引起封闭环的变动。按照对封闭环的不同影响，组成环可分为增环和减环。

1）增环。若该环尺寸增大时，封闭环尺寸随之增大；或该环尺寸减小时，封闭环尺寸随之减小，则该环为增环，用$\vec{A}_i$表示。

2）减环。若该环尺寸增大时，封闭环尺寸随之减小；或该环尺寸减小时，封闭环尺寸随之增大，则该环为减环，用$\overleftarrow{A}_i$表示。

当尺寸链中的组成环较多时，根据定义来区别增、减环比较麻烦，可用简易的方法来判断：在尺寸链简图中，先在封闭环的任意一方向画一箭头，然后沿此方向绕尺寸链依次在每一组成环上画出一箭头，凡是组成环上所画箭头的方向与封闭环箭头方向相同的为减环，相反的为增环。

在一个尺寸链中，只有一个封闭环。组成环和封闭环的概念是针对特定尺寸链而言的，是一个相对的概念。同一尺寸，在一个尺寸链中是组成环，在另一尺寸链中有可能是封闭环。

3. 计算工艺尺寸链的基本公式

工艺尺寸链的计算方法有极值法和概率法两种，生产中多采用极值法。其基本计算公式如下。

（1）封闭环的公称尺寸　封闭环的公称尺寸A_0等于所有增环的公称尺寸之和减去所有减环的公称尺寸之和。

$$A_0 = \sum_{i=1}^{m} \vec{A}_i - \sum_{j=1}^{n} \overleftarrow{A}_j$$

式中　m——增环的数目；

　　　n——减环的数目。

（2）封闭环的上极限偏差　封闭环的上极限偏差$\mathrm{ES}(A_0)$等于所有增环的上极限偏差之和减去所有减环的下极限偏差之和。

$$\mathrm{ES}(A_0) = \sum_{i=1}^{m} \mathrm{ES}(\vec{A}_i) - \sum_{j=1}^{n} \mathrm{EI}(\overleftarrow{A}_j)$$

（3）封闭环的下极限偏差　封闭环的下极限偏差$\mathrm{EI}(A_0)$等于所有增环的下极限偏差之和减去所有减环的上极限偏差之和。

$$\mathrm{EI}(A_0) = \sum_{i=1}^{m} \mathrm{EI}(\vec{A}_i) - \sum_{j=1}^{n} \mathrm{ES}(\overleftarrow{A}_j)$$

（4）封闭环的公差　封闭环的公差T_0等于所有组成环公差之和。

$$T_0 = \sum_{i=1}^{m} T_i + \sum_{j=1}^{n} T_j$$

显然，在工艺尺寸链的计算中，封闭环的公差大于任一组成环的公差。当封闭环公差一定时，若组成环的数目较多，各组成环的公差就会过小，从而会造成工序加工困难。因此，在分析工艺尺寸链时，应使工艺尺寸链组成环数最少，即遵循工艺尺寸链最短原则。

4. 工艺尺寸链的应用

在机械加工过程中，每一道工序的加工结果都以一定的尺寸数值表示出来。工艺尺寸链反映了相互关联的一组尺寸之间的关系，也就反映了这些尺寸所对应的加工工序之间的相互关系。

从一定意义上讲，工艺尺寸链的构成反映了加工工艺的构成。特别是加工表面之间位置尺寸的标注方式，在一定程度上决定了表面加工的顺序。在工艺尺寸链中，组成环是各工序的工序尺寸，即各工序加工后直接得到并应保证的尺寸；封闭环是加工中间接得到的设计尺寸或工序加工余量。

在零件机械加工工艺规程制订中会遇到的工艺尺寸链的应用情况是：已知封闭环和部分组成环的尺寸，求剩余的一个组成环的尺寸。

（1）定位基准与设计基准不重合　零件加工过程中，当定位基准与设计基准不重合时，必须通过求出工序尺寸的方法来间接保证设计尺寸的要求，要进行工序尺寸的换算。

例 3-2　图 3-32a 所示零件，孔 D 的设计尺寸是 100 ± 0.15mm，设计基准是孔 C 的轴线。在加工 D 孔前，A 面、B 孔、C 孔已加工好。为了使工件装夹方便，加工 D 孔时以 A 面定位，按工序尺寸 A_3 加工，试求 A_3 的公称尺寸及极限偏差。

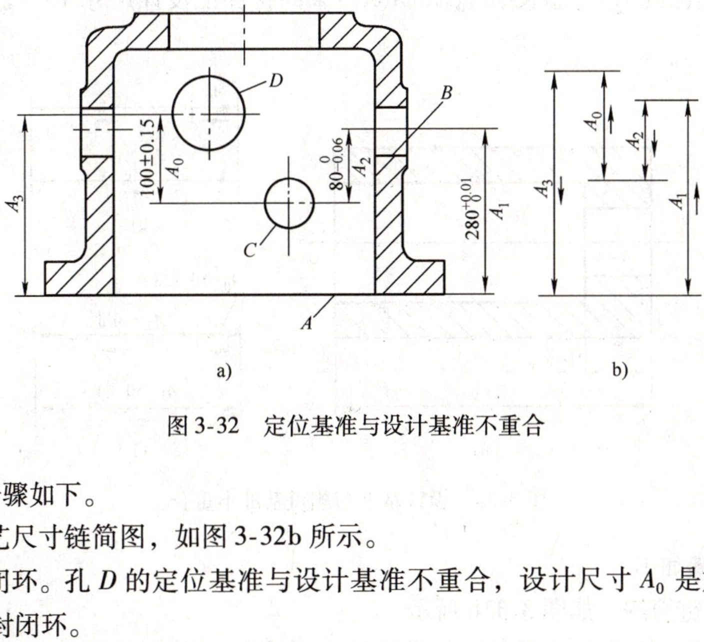

图 3-32　定位基准与设计基准不重合

解　计算步骤如下。

① 画出工艺尺寸链简图，如图 3-32b 所示。

② 确定封闭环。孔 D 的定位基准与设计基准不重合，设计尺寸 A_0 是加工中间接得到的，因而 A_0 是封闭环。

③ 确定增环、减环。A_2、A_3 是增环，A_1 是减环。

④ 判断 T_0 是否大于 $\sum_{i=1}^{m+n-1} T_i$，即判断封闭环的公差是否大于已知组成环的公差之和。

若大于，则进行下一步骤，直接用公式计算。否则，需先压缩某一组成环的公差（提高该工序尺寸的制造精度要求，并需在工序图中标注提高制造精度后的尺寸要求），再将压缩后的工序尺寸的上、下极限偏差代入公式进行计算。

对于本例：由于 0.3mm > 0.06mm + 0.1mm，故可以直接用公式计算（差值即为待求组成环的公差值）。

⑤ 利用基本计算公式进行计算。

$$A_0 = \sum_{i=1}^{m} \vec{A}_i - \sum_{j=1}^{n} \overleftarrow{A}_j \Rightarrow A_0 = A_2 + A_3 - A_1 \Rightarrow 100\text{mm}$$

$$= 80\text{mm} + A_3 - 280\text{mm} \Rightarrow A_3 = 300\text{mm}$$

$$\text{ES}(A_0) = \sum_{i=1}^{m} \text{ES}(\vec{A}_i) - \sum_{j=1}^{n} \text{EI}(\overleftarrow{A}_j) \Rightarrow 0.15\text{mm}$$

$$= 0 + \text{ES}(A_3) - 0 \Rightarrow \text{ES}(A_3) = 0.15\text{mm}$$

$$\text{EI}(A_0) = \sum_{i=1}^{m} \text{EI}(\vec{A}_i) - \sum_{j=1}^{n} \text{ES}(\overleftarrow{A}_j) \Rightarrow -0.15\text{mm}$$

$$= -0.06\text{mm} + \text{EI}(A_3) - 0.1\text{mm} \Rightarrow \text{EI}(A_3) = 0.01\text{mm}$$

所以工序尺寸 $A_3 = 300^{+0.15}_{+0.01}\text{mm}$。

（2）设计基准与测量基准不重合　由于测量基准和设计基准不重合，需测量的尺寸不能直接测量，只能由其他测量尺寸来间接保证时，也需要进行尺寸换算。

例 3-3　图 3-33a 所示零件，加工时尺寸 $10^{\ 0}_{-0.36}\text{mm}$ 不便测量，改用深度游标卡尺测量孔深（A_2），通过孔深（A_2）、总长 $50^{\ 0}_{-0.17}\text{mm}(A_1)$ 来间接保证设计尺寸 $10^{\ 0}_{-0.36}\text{mm}(A_0)$。求孔深（$A_2$）。

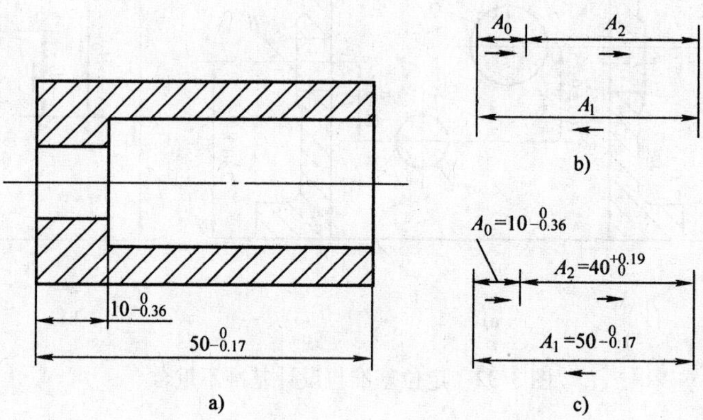

图 3-33　设计基准与测量基准不重合

解　计算步骤如下。

① 画出尺寸链简图，如图 3-33b 所示。

② 确定封闭环。孔深的测量基准与设计基准不重合，设计尺寸 A_0 是通过 A_2 间接得到的，因而 A_0 是封闭环。

③ 确定增环、减环。A_1 是增环，A_2 是减环。

④ 判断 T_0 是否大于 $\sum_{i=1}^{m+n-1} T_i$。由于 0.36mm > 0.17mm，故可以直接用公式计算。

⑤ 利用基本计算公式进行计算。

$$10\text{mm} = 50\text{mm} - A_2 \Rightarrow A_2 = 40\text{mm}$$

$$0 = 0 - \text{EI}(A_2) \Rightarrow \text{EI}(A_2) = 0$$

$$-0.36\text{mm} = -0.17\text{mm} - ES(A_2) \Rightarrow ES(A_2) = 0.19\text{mm}$$

所以孔深 $A_2 = 40^{+0.19}_{0}$mm。

(3) 工序尺寸的基准有加工余量时工艺尺寸链的计算　有时零件图上存在几个以同一基准面进行标注的尺寸。当该基准面的精度和表面粗糙度要求较高时，往往是在工艺过程的精加工阶段加工。这样，在进行该面的最终加工时，要同时保证几个设计尺寸。其中，只有一个设计尺寸可以直接保证，其他设计尺寸只能间接获得，需要进行尺寸计算。下面以实例来说明。

例 3-4　图 3-34a 所示为齿轮内孔局部简图。内孔和键槽的加工顺序如下。

① 半精镗孔至 $\phi 84.8^{+0.07}_{0}$mm。

② 插键槽至尺寸 A。

③ 淬火。

④ 磨内孔至尺寸 $\phi 85^{+0.035}_{0}$mm，同时保证键槽深度尺寸 $90.4^{+0.2}_{0}$mm。

求插键槽工序的深度尺寸 A。

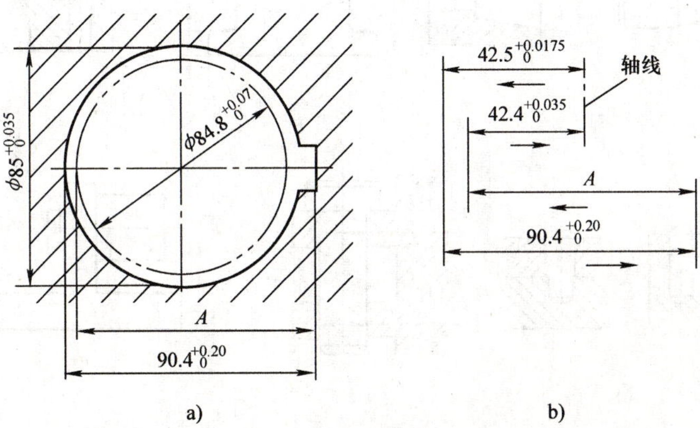

图 3-34　内孔键槽加工尺寸链

解　计算步骤如下。

① 画出尺寸链简图。这里要注意直径尺寸的基准是轴线。其尺寸链简图如图 3-34b 所示。

② 确定封闭环。键槽深度尺寸 $90.4^{+0.2}_{0}$mm 是间接得到的，因而其是封闭环。

③ 确定增环、减环，如尺寸链简图所示。

④ 判断 T_0 是否大于 $\sum_{i=1}^{m+n-1} T_i$。由于 0.2mm > 0.0175mm + 0.035mm，故可直接用公式计算。

⑤ 利用基本计算公式进行计算。

$$90.4\text{mm} = A + 42.5\text{mm} - 42.4\text{mm} \Rightarrow A = 90.3\text{mm}$$

$$0.2\text{mm} = ES(A) + 0.0175\text{mm} - 0 \Rightarrow ES(A) = 0.1825\text{mm}$$

$$0 = EI(A) + 0 - 0.035\text{mm} \Rightarrow EI(A) = 0.035\text{mm}$$

所以插键槽的尺寸 A 为 $90.3^{+0.183}_{+0.035}$mm。

思考与练习题

1. 何谓工艺规程？机械加工工艺规程有何作用和要求？

2. 何谓零件结构的工艺性？图3-35所示零件的结构工艺性存在什么问题？试分析如何改进。

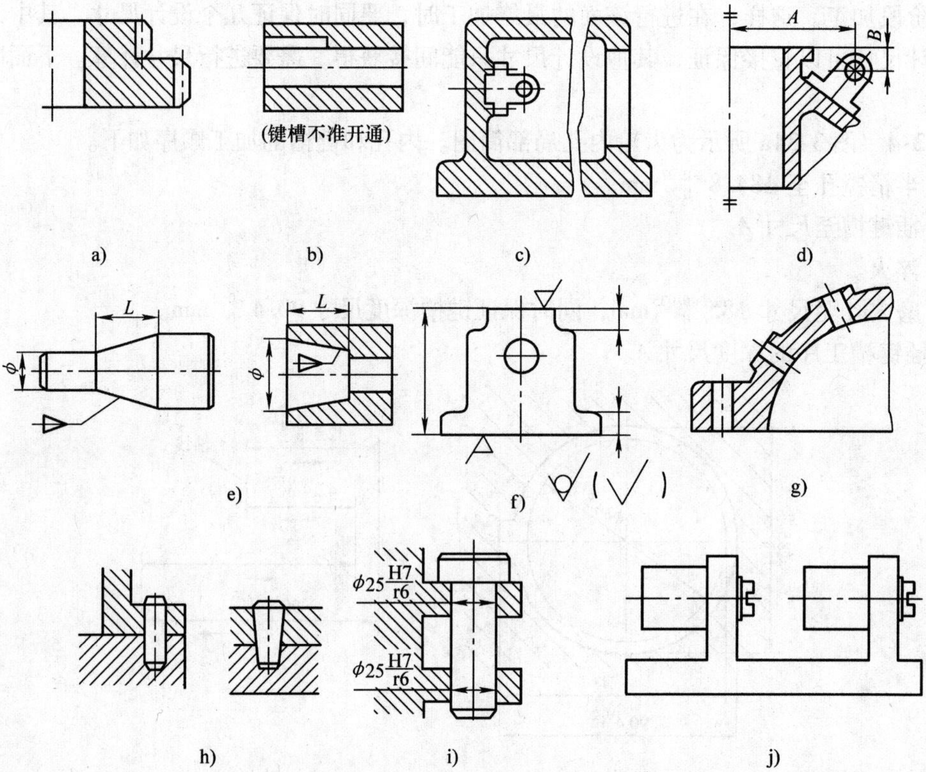

图3-35 题2图

3. 对零件进行加工工艺性分析时，在普通设备和数控设备上加工的情况下，其好或不好的评价标准是一样的吗？试举例说明。

4. 零件的加工过程为什么要划分加工阶段？一般将其划分为哪几个加工阶段？什么情况下可以不划分或少划分加工阶段？

5. 何谓工序集中与工序分散？各有什么优缺点？各用在什么情况下？采用数控加工时工序划分宜按照何种原则？试说明其原因。

6. 安排工序顺序时，一般应遵循哪些原则？

7. 退火、正火、时效处理、调质处理、淬火，渗碳淬火、渗氮等热处理工序各应安排在工艺过程中的哪个位置才恰当？为什么？

8. 零件加工的常用毛坯有哪些类型？选择确定毛坯种类、形状、尺寸时应该考虑哪些因素？

9. 加工余量如何确定？影响工序间加工余量的因素有哪些？

10. 工件的装夹方式有哪几种？试分析它们的特点和应用场合。

11. 什么叫做六点定位原则？什么叫做完全定位、不完全定位？举例说明。

12. 何谓欠定位、过定位？由于这两种定位方式都存在问题，故在生产中都是不允许存在的，对吗？试举例分析说明。

13. 举例说明基准的种类及其定义。

14. 工件装夹在夹具中，凡是有六个定位支承点，即为完全定位；凡是超过六个定位支承点就是过定位；不超过六个定位支承点，就不会出现过定位。这种说法对吗？为什么？试举例说明。

15. 由于在加工前总是将工件在机床或夹具上完全夹紧，工件相对于机床不能再产生任何的位置移动，故在装夹时工件最后总是被限制了全部的自由度。此说法对吗？为什么？

16. 什么叫做粗基准、精基准？选择粗基准和精基准的原则各有哪些？

17. 什么叫做经济加工精度？它与机械加工工艺规程的制订有什么关系？

18. 试选择图 3-36 所示端盖零件（材料为 HT150）加工的粗基准，并简述理由。

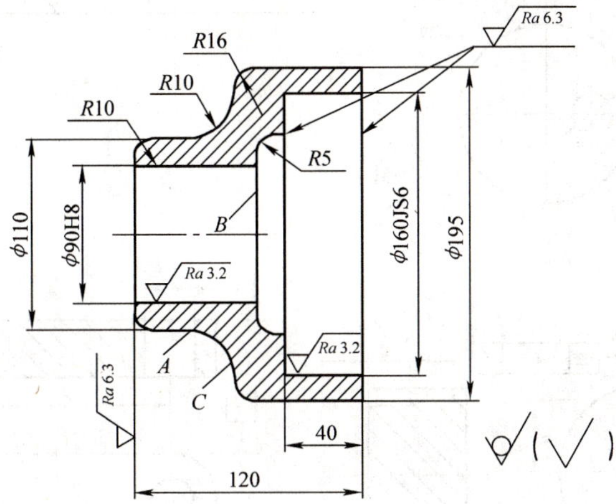

图 3-36　题 18 图

19. 图 3-37 所示零件的 A、B、C 面，ϕ10H7mm 孔和 ϕ30H7mm 孔均已加工好，试选择加工 ϕ12H7mm 孔时的定位基准，并分析各限制哪些自由度。

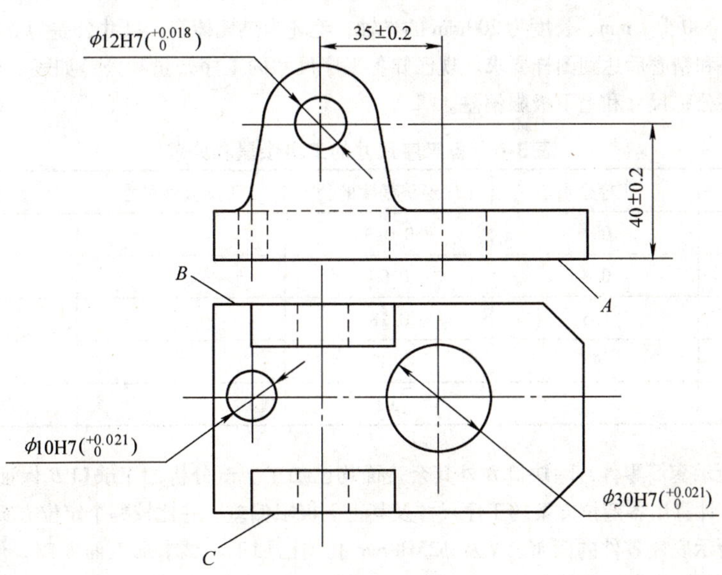

图 3-37　题 19 图

20. 图 3-38 所示各零件，设其余各面均已加工完毕，现加工标注有“▽”符号的表面，试选择定位基准，并说明分别限制几个自由度。

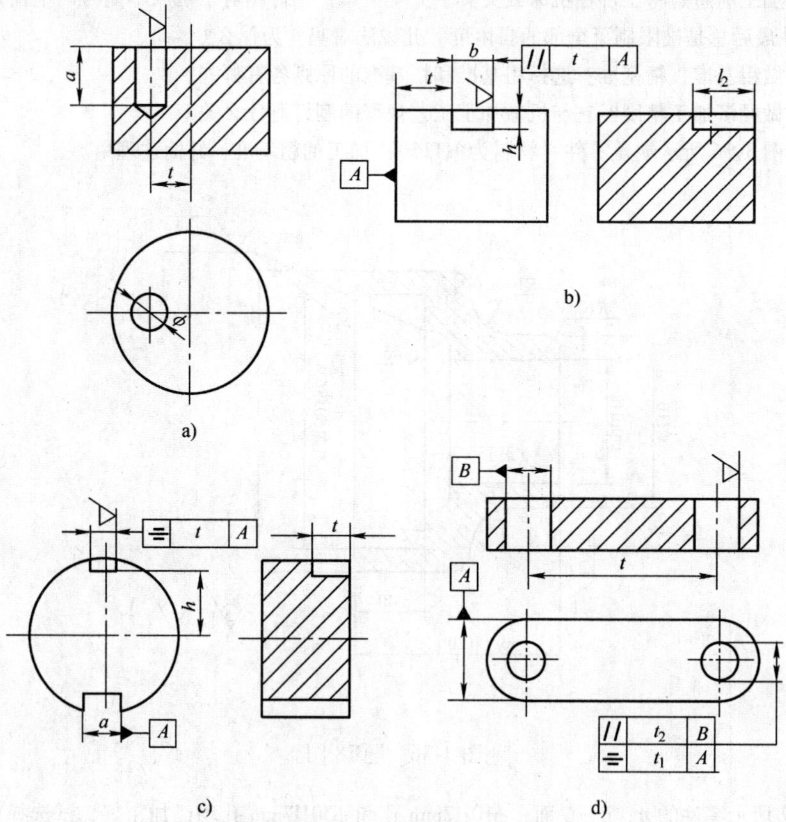

图 3-38 题 20 图

21. 某直径为 $\phi 30_{-0.013}^{\ 0}$mm、长度为 200mm 的光轴，毛坯为热轧棒料，尺寸公差为 ±1mm，经粗车、半精车、淬火、粗磨和精磨后达到图样要求。现已知各工序尺寸的工序余量和公差如表 3-6 所示，试在表中计算各工序的工序公称尺寸和上下极限偏差。

表 3-6 各工序尺寸的工序余量和公差 （单位：mm）

工序名称	工序余量	工序经济精度的公差	工序公称尺寸	上下极限偏差
精磨	0.1	0.013		
粗磨	0.4	0.03		
半精车	1.5	0.18		
粗车	4	0.45		
毛坯棒料		±1		

22. 图 3-39 所示套筒零件，除缺口 B 外其余表面均已加工。试分析加工缺口 B 保证尺寸 $8_{\ 0}^{+0.2}$mm 时，有几种定位方案？计算出各定位方案的工序尺寸及其上下极限偏差，并比较哪个定位方案较好，说明理由。

23. 图 3-40 所示底座零件的面 M、N 及 ϕ25H8mm 孔均已加工。试求加工面 K 时，便于测量的测量尺寸，并将求出的数值标注在工序草图上。

24. 图 3-41 所示的环套零件，除 ϕ25H7mm 孔外，其余各表面均已加工完毕。试求当以 A 面定位加工

ϕ25H7mm孔时的工序尺寸。

25. 加工图 3-42 所示的小轴零件时，要求保证所加工的凹槽底面到轴线的距离为 $5^{+0.05}_{0}$mm。试分析加工时定位基准的选择方案及工序尺寸。

26. 图 3-43 所示销轴零件的相关工艺过程为：车外圆→铣槽→热处理→磨外圆保证图样要求。试求铣槽工序的工序尺寸 X。

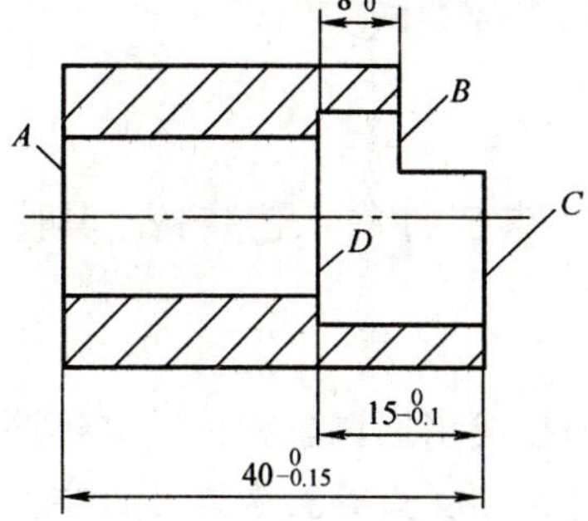

图 3-39　题 22 图

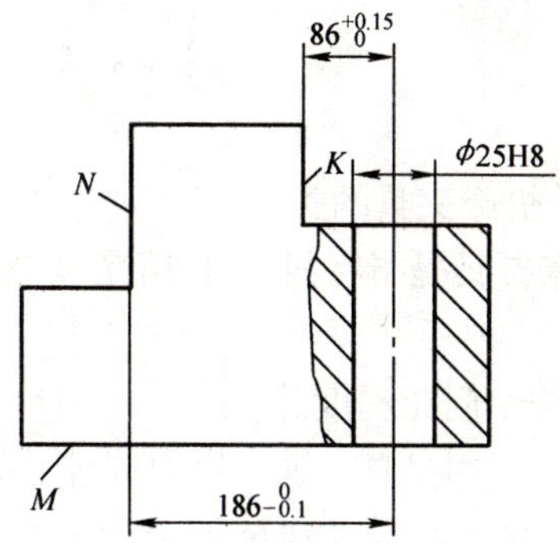

图 3-40　题 23 图

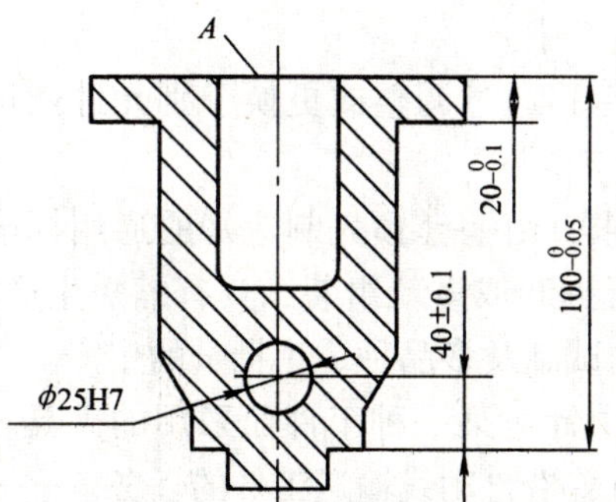

图 3-41　题 24 图

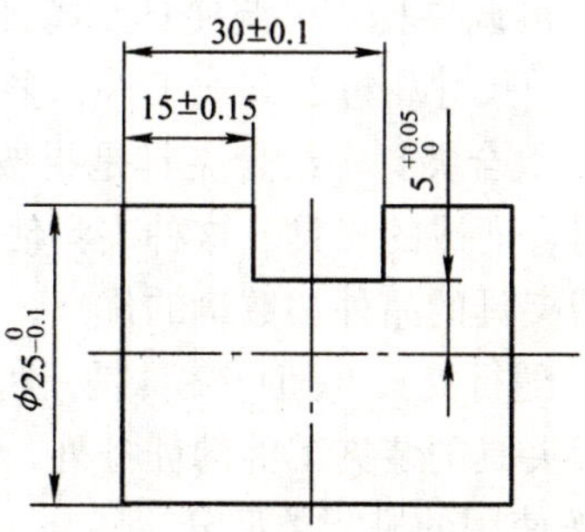

图 3-42　题 25 图

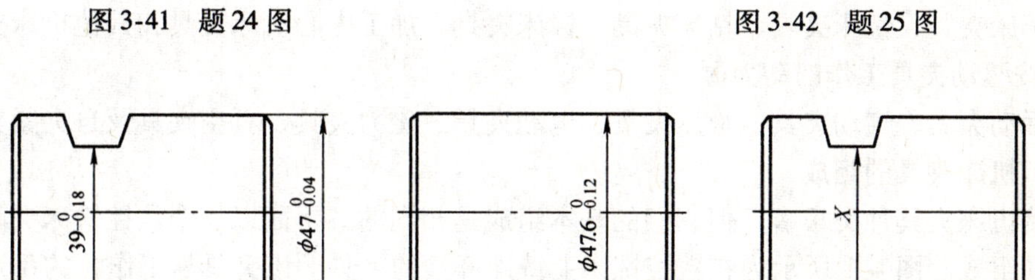

零件图　　车外圆工序图　　铣槽工序图

图 3-43　题 26 图

第四章　机床夹具设计基础

第一节　机床夹具及其组成

一、机床夹具的类型

机床夹具是指在机床上用来快速、准确、方便地安装工件的工艺装备。其使用情况如下。

1. 按专门化程度分

（1）通用夹具　通用夹具是指已经标准化、无需调整或稍加调整就可装夹不同工件的夹具，如自定心卡盘和单动卡盘、平口钳、回转工作台、分度头等。这类夹具主要用于单件、小批量生产。

（2）专用夹具　专用夹具指专为某一工件一定工序的加工而设计制造的夹具。其结构紧凑、操作方便，主要用于固定产品的大批、大量生产中。

（3）可调夹具　可调夹具是指加工完一种工件后，通过调整或更换个别元件就可加工形状相似、尺寸相近的其他工件，多用于中小批量生产。

（4）组合夹具　组合夹具是指按一定的工艺要求，由一套预先制造好的通用标准元件和部件组合而成的夹具。这种夹具使用完后，可进行拆卸或重新组装，具有缩短生产周期、减少专用夹具的品种和数量的优点，适用于新产品的试制及多品种、小批量的生产。

（5）随行夹具　随行夹具是一种在自动线加工中针对某一种工件而采用的夹具。除了担负一般夹具的装夹工件的任务外，随行夹具还担负着沿自动线输送工件的任务。

2. 按使用的机床类型分

有车床夹具、铣床夹具、钻床夹具、镗床夹具、加工中心机床夹具和其他机床夹具等。

3. 按驱动夹具工作的动力源分

有手动夹具、气动夹具、液压夹具、电动夹具、磁力夹具、真空夹具及自夹紧夹具等。

二、机床夹具的组成

虽然机床夹具种类很多，但它们的基本组成是相同的。下面以一个数控铣床夹具为例说明夹具的组成。图 4-1 所示为在数控铣床上铣连杆槽的夹具。该夹具靠工作台的 T 形槽和夹具体上的定位键 9 确定其在数控铣床上的位置，用 T 形螺钉紧固。

加工时，工件在夹具中的正确位置靠夹具体 1 的上平面、圆柱销 11 和菱形销 10 保证。夹紧工件时，转动螺母 7，压下压板 2。压板 2 一端压着夹具体，另一端压紧工件，可保证工件的正确位置不变。

上例中数控铣床夹具由以下几部分组成。

（1）定位装置　定位装置由定位元件及其组合构成，用于确定工件在夹具中的正确位置。图 4-1 中的圆柱销 11、菱形销 10、夹具体的上平面等都是定位元件。

（2）夹紧装置　夹紧装置用于保证工件在夹具中的既定位置，使其在外力作用下不致产生移动，包括夹紧元件、传动装置及动力装置等。如图 4-1 中的压板 2、螺母 3 和 7、垫圈 4 和 5、螺栓 6 及弹簧 8 等元件组成的夹紧装置。

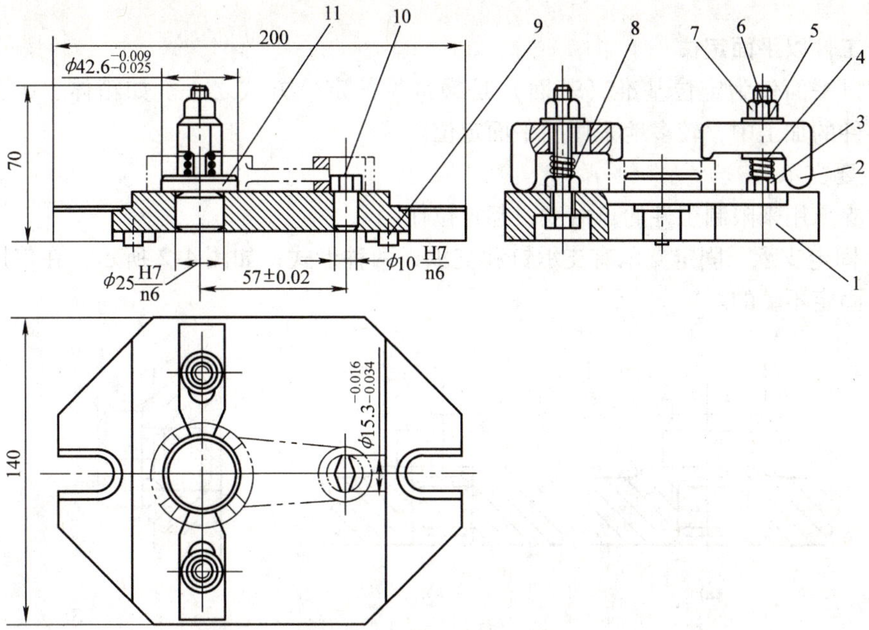

图 4-1　铣连杆槽夹具的结构

1—夹具体　2—压板　3、7—螺母　4、5—垫圈

6—螺栓　8—弹簧　9—定位键　10—菱形销　11—圆柱销

（3）夹具体　夹具体指用于连接夹具各元件及装置，使其成为一个整体的基础件，以保证夹具的精度和刚度。

（4）其他元件及装置　如定位键、操作件、分度装置以及标准化连接元件等。

三、对机床夹具的基本要求

（1）保证工件的加工精度　夹具应有合理的定位方案，尤其对于精加工工序，应有合适的尺寸、公差和技术要求，以确保加工工件的尺寸公差和几何公差等要求。

（2）提高生产效率　机床夹具的复杂程度及先进性应与工件的生产纲领相适应，应根据工件生产批量的大小合理设置，以缩短辅助时间、提高生产效率。

（3）工艺性好　机床夹具的结构应简单、合理，便于加工、装配、检验和维修。

（4）使用性好　机床夹具的操作应简便、省力、安全可靠；排屑应方便，必要时可设置排屑结构。

（5）经济性好　机床夹具应能保证具有一定的使用寿命和较低的制造成本。应适当提高夹具元件的通用化和标准化程度，以缩短夹具的制造周期、降低夹具成本。

（6）方便快速重调　数控加工可通过更换程序而快速变换加工对象。为了不花费过多的更换工装的辅助时间、减少贵重设备因等待而闲置的时间，数控机床夹具在更换加工工件时应具有快速重调或更换定位、夹紧元件的功能，如采用高效的机械传动机构等。此外，数控加工中的多表面加工会使单件加工时间增长，夹具结构若能满足机动时间内在机床工作区外也能进行工件的更换，则会极大地减少机床的停机时间。

第二节　工件的定位方式

一、工件以平面定位

工件以平面作为定位基准（基面）是最常见的定位方式之一。如箱体、床身、机座、支架等零件的加工中，较多地采用了平面定位。

1. 主要支承

主要支承用来限制工件的自由度，起定位作用。

（1）固定支承　固定支承有支承钉和支承板两种形式，如图 4-2 所示。在使用过程中，它们都是固定不动的。

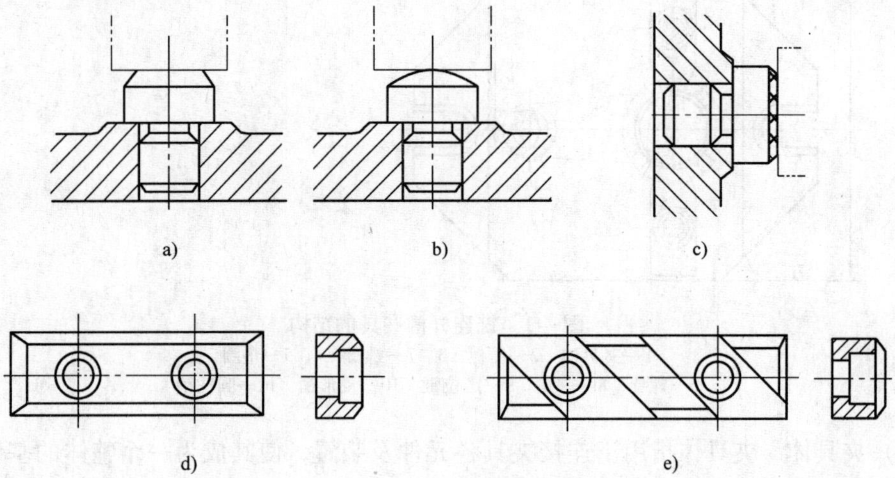

图 4-2　支承钉和支承板
a）平头支承钉　b）球头支承钉　c）齿纹头支承钉　d）、e）支承板

当工件以粗糙不平的粗基准定位时，采用球头支承钉（图 4-2b）。齿纹头支承钉(图 4-2c)用于工件侧面的定位，它能增大摩擦系数，防止工件滑动。当工件以加工过的平面定位时，可采用平头支承钉（图 4-2a）或支承板。图 4-2d 所示支承板的结构简单、制造方便，但孔边切屑不易清除干净，适用于侧面和顶面的定位。图 4-2e 所示支承板便于清除孔边切屑，适用于底面的定位。

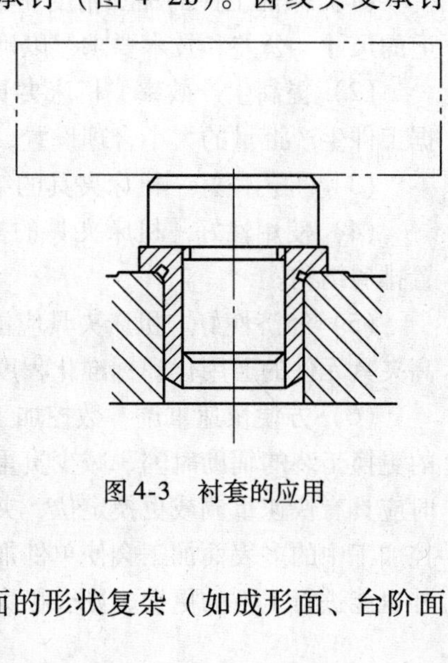

图 4-3　衬套的应用

为保证各固定支承的定位表面严格共面，装配后需将其工作表面一次磨平。若支承钉需要经常更换时，应加衬套，如图 4-3 所示。

（2）可调支承　可调支承是指高度可以进行调节的支承钉。图 4-4 所示为几种常用的可调支承。调整时要先松后调，调好后用防松螺母锁紧。

可调支承主要用于工件以粗基准面定位，或定位基面的形状复杂（如成形面、台阶面等）以及各批毛坯的尺寸、形状变化较大的情况。如图 4-5a 所示工件的毛坯为砂型铸件，先以 A 面定位铣 B 面，再以 B 面定位镗双孔。铣 B 面时，若采用固定支承，由于定位基面 A 的尺寸和几何误差较大，铣完后 B 面与两毛坯孔间的距离尺寸 H_1、H_2 变化也会很大，致使镗孔时余量很不均匀，甚至余量不够。因此，将固定支承改为可调支承，再根据每批毛坯的实际误差大小调整支承钉的高度，就可避免上述情况。图 4-5b 所示为利用可调支承加工不同尺寸的相似工件的情况。

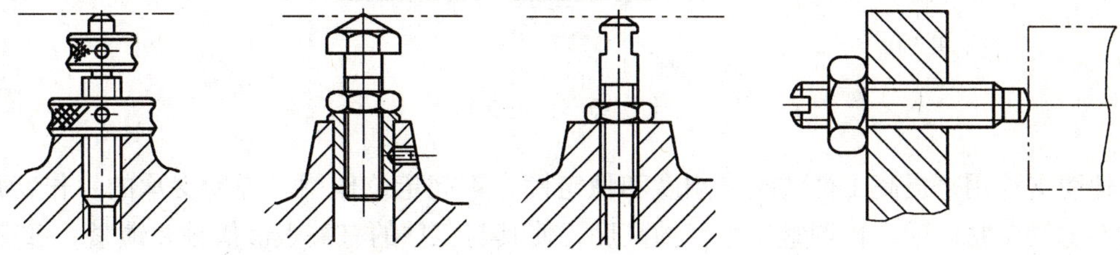

a)　b)　c)　d)

图 4-4　可调支承

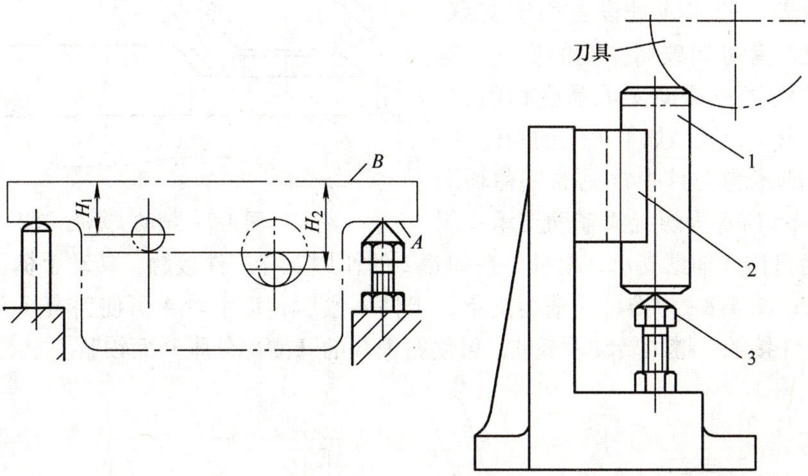

a)　b)

图 4-5　可调支承的应用
1—工件　2—V 形块　3—可调支承

可调支承在一批工件加工前调整一次，调整后需要锁紧。在同一批工件加工中，它的作用与固定支承相同。

（3）自位支承（浮动支承）　在工件定位过程中，能自动调整位置的支承称为自位支承。图 4-6 所示为夹具中常见的几种自位支承。其中图 4-6a、b 是两点式自位支承，图 4-6c 为三点式自位支承。自位支承的工作特点是：支承点的位置能随工件定位基面的不同而自动调节。定位基面压下其中一点，其余点便上升，直至各点都与工件接触。接触点数的增加，提高了工件的装夹刚度和稳定性。但自位支承的作用仍相当于一个固定支承，只限制工件一个自由度。

2. 辅助支承

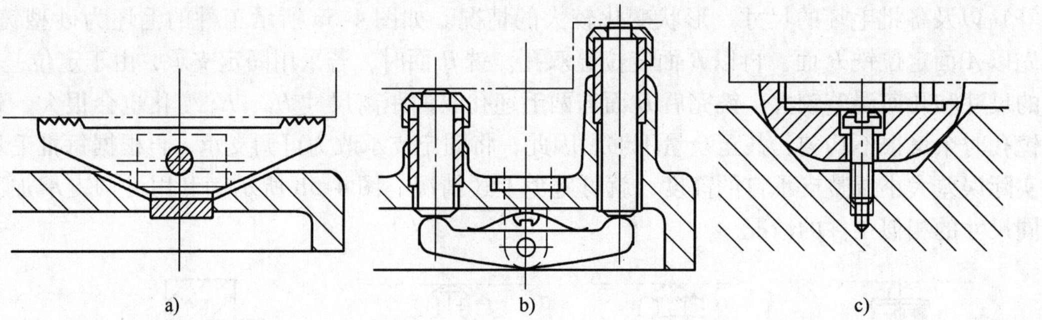

图 4-6 自位支承

辅助支承用来提高工件的装夹刚度和稳定性，不起定位作用。辅助支承的工作特点是：待工件定位夹紧以后，再调整支承钉的高度，使其与工件的有关表面接触并锁紧。每安装一个工件就需调整一次辅助支承。另外，辅助支承还可起预定位的作用。

图 4-7 所示为工件以内孔及端面定位钻右端小孔。由于右端为一悬臂，故钻孔时工件刚性差。若在 A 处设置固定支承，则属过定位，有可能破坏左端的定位。这时可在 A 处设置一辅助支承承受钻削力，以既不破坏定位，又增加了工件的刚性。

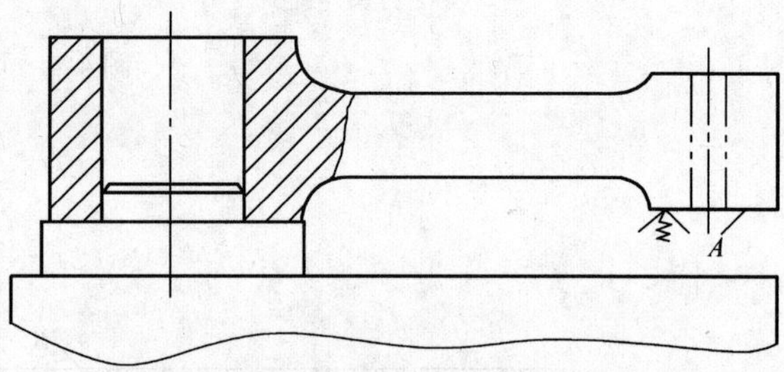

图 4-7 辅助支承的应用

图 4-8 所示为夹具中常见的三种辅助支承。图 4-8a 所示为螺旋式辅助支承；图 4-8b 所示为自位式辅助支承，滑柱 1 在弹簧 2 的作用下与工件接触，转动手柄可使顶柱 3 将滑柱 1 锁紧；图 4-8c 为推弓式辅助支承，工件夹紧后转动手轮 4 可使斜楔 6 左移，从而使滑销 5 与工件接触。继续转动手轮 4，可使斜楔 6 的开槽部分胀开而锁紧。

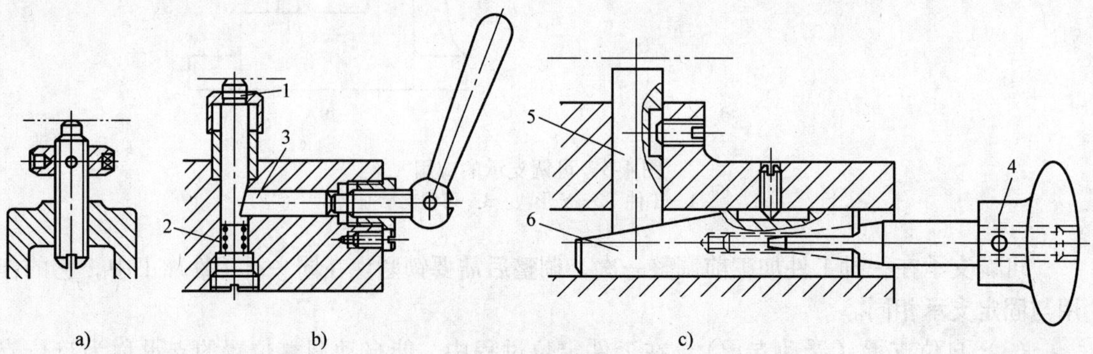

图 4-8 辅助支承

a）螺旋式辅助支承 b）自位式辅助支承 c）推弓式辅助支承

1—滑柱 2—弹簧 3—顶柱 4—手轮 5—滑销 6—斜楔

二、工件以内孔定位

工件以内孔表面作为定位基面时，常采用以下定位元件。

1. 圆柱销（定位销）

图 4-9 所示为常用定位销的结构。当工件孔径较小时，为增加定位销的刚度，避免定位销因受撞击而折断或热处理时淬裂，通常把根部倒成半径为 R 的圆角。这时夹具体上应有沉孔，以使定位销的圆角部分沉入孔内而不妨碍定位。大批大量生产时，为了便于定位销的更换，可采用图 4-9d 所示的带衬套的结构形式。为便于工件顺利装入，定位销的头部应有 15°倒角。

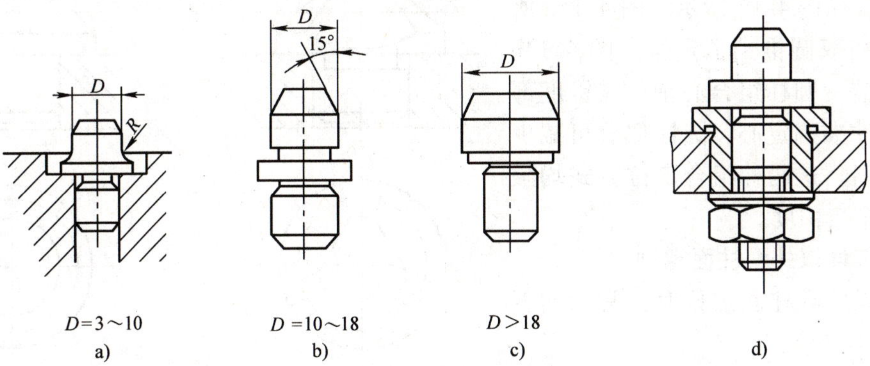

图 4-9　定位销

2. 圆柱心轴

图 4-10 所示为常用圆柱心轴的结构形式。图 4-10a 所示为间隙配合心轴。使用其定位时，工件装卸方便，但定心精度不高。为了减少因配合间隙造成的工件倾斜，工件常以孔和端面联合定位，因而要求工件的定位孔与定位端面有较高的垂直度，最好能在一次装夹中加工出来。使用开口垫圈可快速装卸工件，开口垫圈的两端面应互相平行。当工件内孔与端面间的垂直度误差较大时，应采用球面垫圈。

图 4-10b 所示为过盈配合心轴，由导向部分 1、工作部分 2 及传动部分 3 组成。导向部分的作用是将工件迅速而准确地套入心轴，心轴两边的凹槽是供车削工件端面时退刀用的。

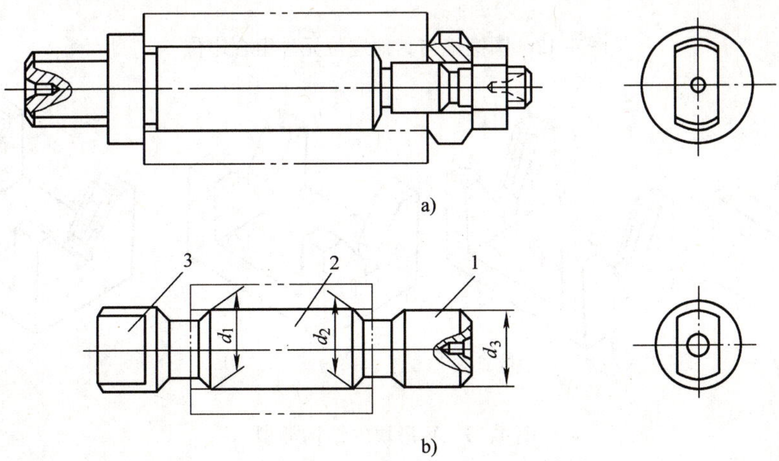

图 4-10　圆柱心轴

1—导向部分　2—工作部分　3—传动部分

3. 圆锥销

图 4-11 所示为工件以圆孔在圆锥销上定位的示意图。圆锥销可限制工件的 $\vec{x}$、$\vec{y}$、$\vec{z}$ 三个自由度。图 4-11a 用于粗基准定位，图 4-11b 用于精基准定位。

工件在单个圆锥销上定位时容易倾斜。为此，圆锥销一般与其他定位元件组合定位，如图 4-12 所示。图 4-12a 所示为工件在双圆锥销上定位。图 4-12b 所示为圆锥 - 圆柱组合心轴：其锥度部分可使工件准确定心，圆柱部分可减少工件的倾斜。这两种组合定位方式均限制工件五个自由度。

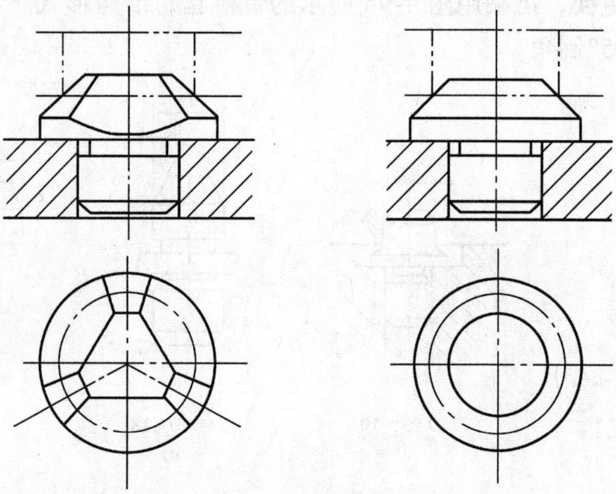

a) b)

图 4-11 圆锥销

三、工件以外圆柱面定位

工件以外圆柱面定位时，常用如下定位元件。

1. V 形块

图 4-13 所示为常用 V 形块的结构。其中图 4-13a 所示的 V 形块用于较短的精定位基面，图 4-13b 所示的 V 形块用于粗定位基面和阶梯定位面，图 4-13c 所示的 V 形块用于较长的精定位基面和相距较远的两个定位基面。V 形块不一定采用整体结构的钢件，可在铸铁底座上镶淬硬垫板，如图 4-13d 所示。

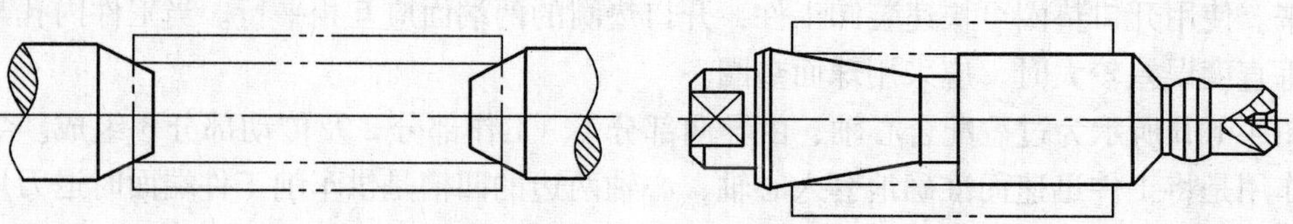

a) b)

图 4-12 圆锥销与其他定位元件组合定位

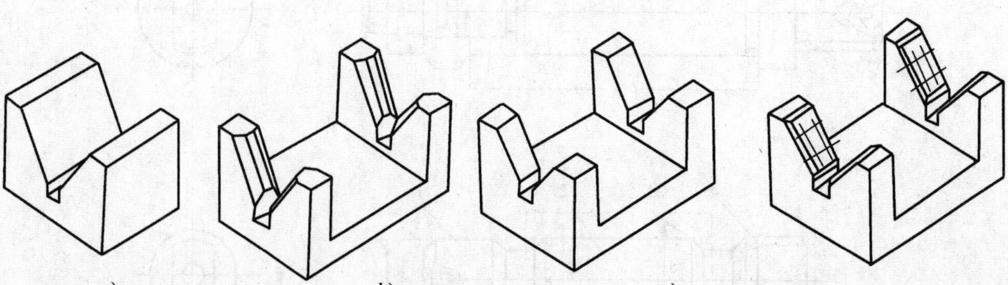

a) b) c) d)

图 4-13 V 形块的结构类型

V 形块有固定式和活动式之分。固定式 V 形块在夹具体上装配固定，活动式 V 形块的应用见图 4-14。图 4-14a 所示为加工轴承座孔时工件的定位方式，活动式 V 形块除限制工件一个移动自由度外，还兼有夹紧作用。图 4-14b 所示为加工连杆孔时工件的定位方式，此时活动式 V 形块除限制工件一个转动自由度，还兼有夹紧作用。

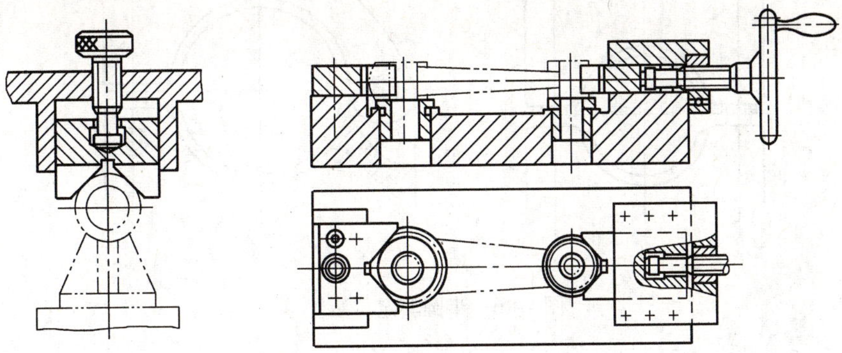

a) b)

图 4-14 活动式 V 形块的应用

V 形块定位的最大优点是对中性好，它可使一批工件的定位基准轴线对中在 V 形块两斜面的对称平面上，而不受定位基准直径误差的影响。V 形块定位的另一个特点是无论定位基准是否经过加工，无论定位基准是完整的圆柱面还是局部圆弧面，都可采用 V 形块定位。因此，V 形块是应用得最多的定位元件。

2. 定位套

图 4-15 所示为两种常用的定位套。为了限制工件沿轴向的自由度，定位套常与工件端面联合定位。用工件端面作为主要定位面时，应控制定位套的长度，以免夹紧时工件产生不允许的变形。

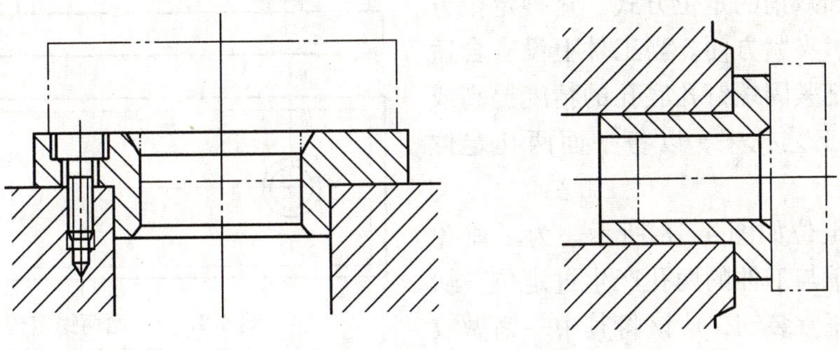

a) b)

图 4-15 定位套

定位套结构简单、容易制造，但定心精度不高，一般适用于精基准定位。

3. 半圆套

图 4-16 所示为半圆套定位装置：下面的半圆套是定位元件，上面的半圆套起夹紧作用。这种定位方式主要用于大型轴类零件及不便于轴向装夹零件的定位。定位基面的精度不低于 IT8 ~ IT9，半圆套的最小内径取工件定位基面的最大直径。

4. 圆锥套

图 4-17 所示为工件在圆锥套中定位的情况。工件以圆柱面的端部在圆锥套 3 的锥孔中定位。锥孔中有齿纹，以带动工件旋转。

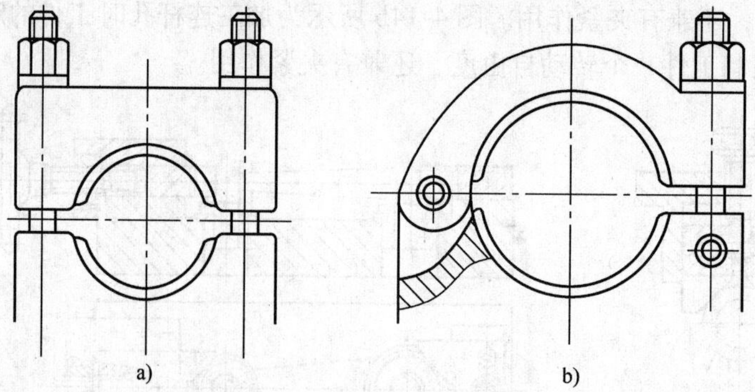

图 4-16 半圆套定位装置

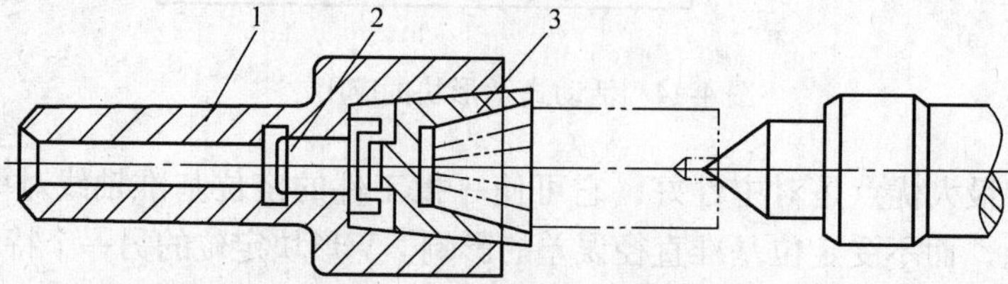

图 4-17 工件在圆锥套中定位
1—顶尖体 2—螺钉 3—圆锥套

四、工件以一面两孔定位

在加工箱体、支架类零件时，常用工件的一面两孔作为定位基准，以使基准统一。此时，常采用一面双销的定位方式。这种定位方式简单、可靠、夹紧方便。当工件上没有合适的小孔时，常把紧固螺钉孔底孔的精度提高或专门做出两个工艺孔来，以备一面两孔定位之用。

一面两销定位如图 4-18 所示。为了避免两销定位时两销与工件的两孔产生过定位，从而影响工件的正常装卸，应该将其中一销做成削边销或菱形销。

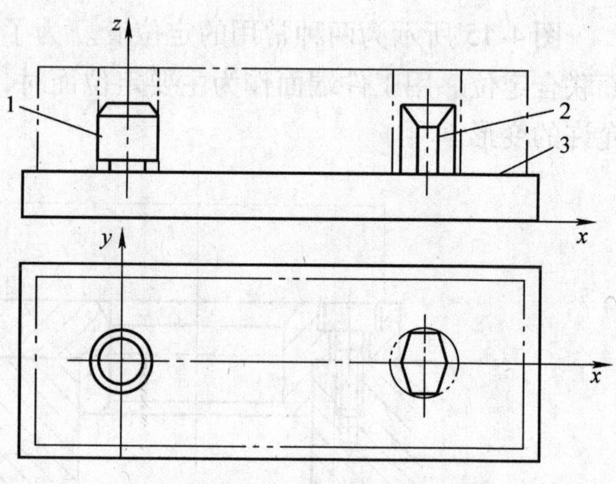

图 4-18 一面两销定位
1—圆柱销 2—削边销 3—定位平面

各种定位情况下定位元件具体结构和尺寸的设计，可参考相关的夹具设计手册。定位元件的尺寸确定后，需根据工件定位基面与定位元件的作用情况，进行定位误差的分析计算，以确定工件定位的合理性。

第三节 定位误差的分析计算

工件在夹具中的位置是由定位基面与定位元件的接触（配合）来确定的。一批工件在夹具中定位时，由于工件和定位元件存在制造公差，会使各个工件所占据的位置不完全一致，从而会使工件加工后形成的加工尺寸不一致，产生加工误差。这种因工件定位而产生的加工误差称为定位误差，用 Δ_D 来表示。定位误差是对工件定位质量的定量分析。在数值上，定位误差等于工序基准在工序尺寸方向上的最大变动量。

加工工件时，由于受多种误差因素的影响，在分析定位方案时，根据工厂的实际经验，一般应将定位误差控制在工序尺寸公差的1/3以内。

一、定位误差产生的原因

产生定位误差的原因有两个：一是定位基准与工序基准不重合，由此产生基准不重合误差 Δ_B；二是在工件的定位基准面与夹具定位元件的工作面相互作用（接触、构成配合）形成定位关系时，由于一批工件定位基准面尺寸在公差范围内的变动，造成一批工件中的各件在夹具中位置的变动，从而带动工序基准的位置发生相应变动，由此产生基准位移误差 Δ_Y。

计算定位误差时，首先要明确工序基准和定位基准，然后分析它们相互作用时所造成的 Δ_B 和 Δ_Y，最后综合求出工序基准在工序尺寸方向上的最大变动量，即为工件定位时的定位误差 Δ_D。

1. 基准不重合误差 Δ_B

由于定位基准和工序基准（通常为设计基准）不重合而造成的加工误差，称为基准不重合误差，用 Δ_B 表示 。

图4-19所示为铣缺口的工序简图，加工尺寸是 A 和 B。工件以底面和 E 面定位。尺寸 C 是确定夹具与刀具相对位置的对刀尺寸。在一批工件的加工过程中，尺寸 C 的大小是不变的。

对于尺寸 A 而言，工序基准是 F 面，定位基准是 E 面，两者不重合。当一批工件逐一在夹具上定位时，受到尺寸 S 的影响，工序基准 F 面的位置是变动的。而 F 面的变动将影响尺寸 A 的大小，给尺寸 A 造成误差，这就是基准不重合误差。

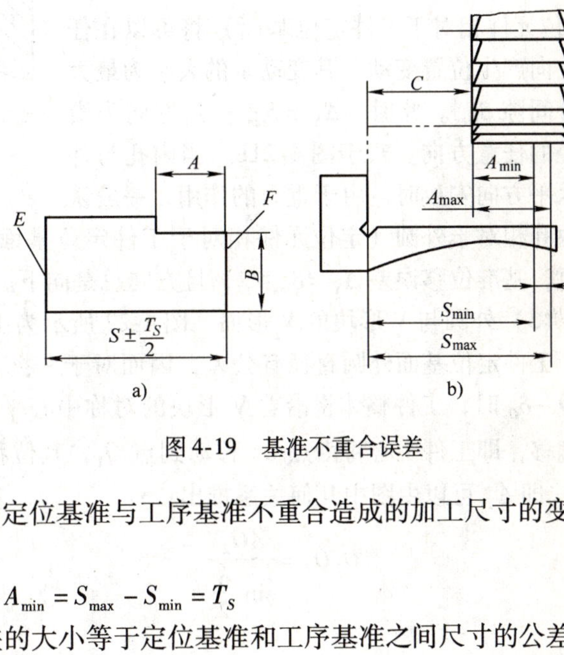

图4-19　基准不重合误差

显然，基准不重合误差的大小等于因定位基准与工序基准不重合造成的加工尺寸的变动范围，即

$$\Delta_B = A_{max} - A_{min} = S_{max} - S_{min} = T_S$$

即：$\Delta_B = T_S$。可见，基准不重合误差的大小等于定位基准和工序基准之间尺寸的公差。

2. 基准位移误差 Δ_Y

基准位移误差 Δ_Y 来源于工件定位时定位基准面和定位元件间的作用。工件定位时，定位基准面与夹具定位元件的工作面相互作用（接触、构成配合）、形成定位关系。一批工件中的各件由于定位基面尺寸在公差范围内的变动，会造成工件在夹具中整体位置的变动。基准位移误差 Δ_Y 在数值上等于该位置变动带动的工序基准的变动量。

工件在夹具中定位时，位置的变动常有以下几种情况。

（1）平面定位基准或平面定位元件　如图4-20所示，对于图4-20a，定位元件为平面，工件以下底面作为定位基准放在平面上。对于一批工件来说，总是可以保证下底面放在不动的定位平面上，故基准位移误差 $\Delta_Y=0$。对于图 4-20b，工件的定位基准为圆柱面的母线，定位元件为平面。对于一批工件来说，作为定位基准的母线总是可以被放在同一平面上，故基准位移误差 $\Delta_Y=0$。

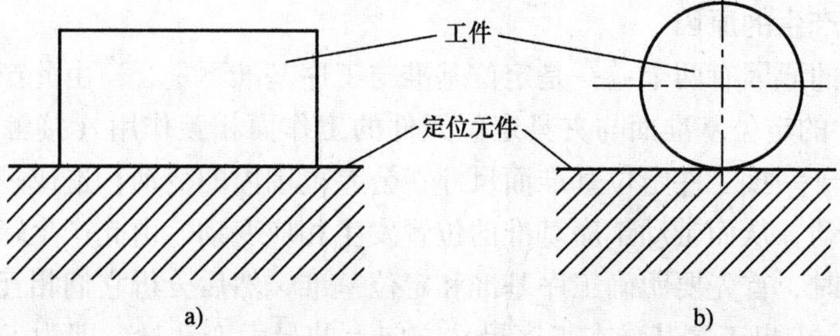

图 4-20 平面定位基准或平面定位元件的基准位移误差

（2）内孔与外圆的配合 如图 4-21 所示，对于图 4-21a，当内孔与外圆垂直方向安放时，由于配合间隙的存在，内孔相对于外圆（定位元件相对于工件定位基面）将可以在任意方向产生位置变动。其变动量的大小为最大配合间隙 δ_{max}。此时，$\Delta_Y=\delta_{max}$，其方向为沿直径的任意方向。对于图 4-21b，当内孔与外圆水平方向安放时，由于重力的作用，一般认为内孔相对于外圆（定位元件相对于工件定位基面）将只能沿向下的方向产生位置变动。此时，基准位移误差 $\Delta_Y=\delta_{max}/2$，且方向总是向下。

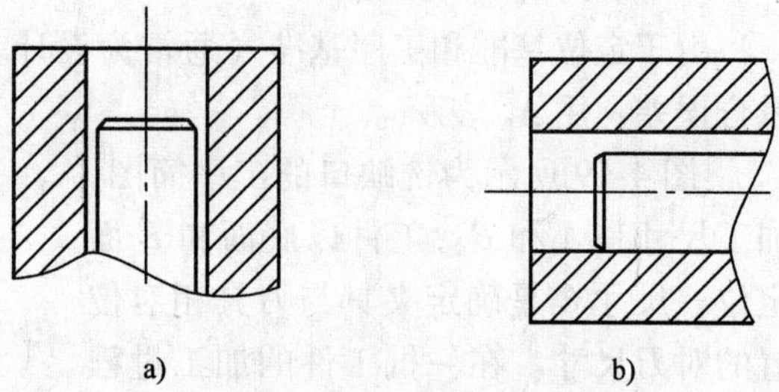

图 4-21 圆柱面定位时的位移误差

（3）外圆与 V 形块的 V 形面 图 4-22 所示为工件以外圆柱面在 V 形块中定位的情况。由于工件定位基面外圆直径有公差，因而对于一批工件来说，当外圆直径由最大 D 变到最小 $D-\delta_D$ 时，工件整体将沿着 V 形块的对称中心平面向下产生位移，而在左右方向则不发生偏移，即工件中心将由点 O_2 移动到点 O_1，其位移量 O_2O_1 即 Δ_Y 可以由图中几何关系推出：

$$O_1O_2=\frac{AO_2}{\sin\dfrac{\alpha}{2}}$$

因为

$$AO_2=B_2O_2-B_1O_1=\frac{D}{2}-\frac{D-\delta_D}{2}=\frac{\delta_D}{2}$$

所以

$$\Delta_Y=O_1O_2\ \frac{\dfrac{\delta_D}{2}}{\sin\dfrac{\alpha}{2}}=\frac{\delta_D}{2\sin\dfrac{\alpha}{2}}$$

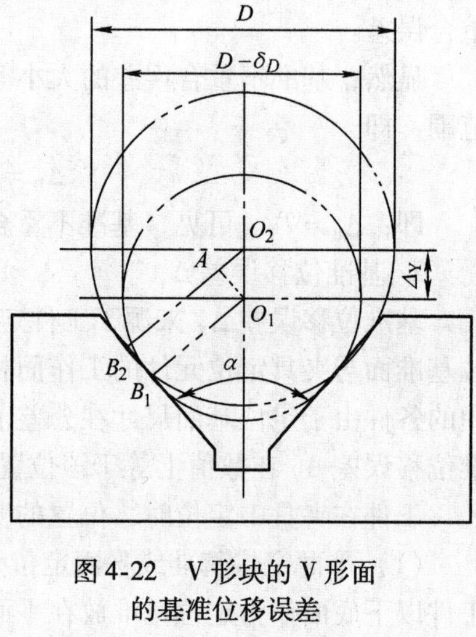

图 4-22 V 形块的 V 形面的基准位移误差

当工件外圆直径从最大变化到最小时，基准位移误

差 Δ_Y 的方向向下。

二、定位误差 Δ_D 的计算

定位误差的计算常用合成法。合成法是根据定位误差造成的原因，由基准不重合误差与基准位移误差组合而成。计算时，先分别算出 Δ_Y 和 Δ_B，然后将两者组合为 Δ_D。

1）当 $\Delta_Y \neq 0$、$\Delta_B = 0$ 时，$\Delta_D = \Delta_Y$。

2）当 $\Delta_Y = 0$、$\Delta_B \neq 0$ 时，$\Delta_D = \Delta_B$。

3）当 $\Delta_Y \neq 0$、$\Delta_B \neq 0$ 时，若工序基准不在定位基面上，则 $\Delta_D = \Delta_Y + \Delta_B$；若工序基准在定位基面上，则 $\Delta_D = \Delta_Y \pm \Delta_B$。在定位基面尺寸变动方向一定（由大变小或由小变大）的条件下，Δ_Y 与 Δ_B 的变动方向相同时，取"+"号；Δ_Y 与 Δ_B 的变动方向相反时，取"-"号，并保证计算结果为正。

三、定位误差计算示例

例 4-1　在图 4-19 中，设 $S = 40\text{mm}$，$T_S = 0.15\text{mm}$，$A = 18 \pm 0.1\text{mm}$，求加工尺寸 A 的定位误差，并分析定位质量。

解　工序基准和定位基准不重合，有基准不重合误差。其大小等于定位尺寸 S 的公差 T_S，即 $\Delta_B = T_S = 0.15\text{mm}$；以 E 面定位加工尺寸 A 时，不会产生基准位移误差，即 $\Delta_Y = 0$。所以有

$$\Delta_D = \Delta_B = 0.15\text{mm}$$

加工尺寸 A 的尺寸公差为 $T_A = 0.2\text{mm}$，此时 $\Delta_D = 0.15\text{mm} > \frac{T_A}{3} = \frac{1}{3} \times 0.2\text{mm} = 0.0667\text{mm}$。由分析可知，定位误差太大，实际加工中容易出现废品，应改变定位方式，采用基准重合的原则来设计定位方案。

例 4-2　在图 4-23 中，工件以外圆柱面在 V 形块上定位铣上平面。如图 4-23 所示，工序基准的选择有三种可能，试分别对这三种可能的情况计算其定位误差。

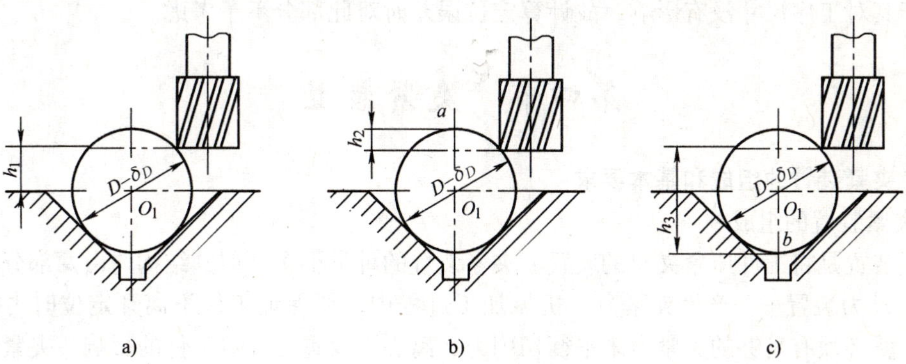

图 4-23　工件以外圆定位的定位误差

解　工件以外圆面在 V 形块上的定位，是通过外圆面的两条母线与 V 形块 V 形面的接触来实现的。外圆面为定位基面，其定位基准为外圆的轴线。

1）对图 4-23a，即当选取工序基准为轴线，工序尺寸标注为 h_1 时：

定位基准为轴线，工序基准也为轴线，即定位基准与工序基准重合，其基准不重合误差 $\Delta_B = 0$，其定位误差

$$\Delta_D = 0 + \Delta_Y = \frac{\delta_D}{2\sin\frac{\alpha}{2}}$$

2）对图4-23b，即当选取工序基准为上素线，工序尺寸标注为 h_2 时：

定位基准为轴线，工序基准为上素线 a，定位基准与工序基准不重合。当一批工件的外圆尺寸从最大 D 变到最小 $D-\delta_D$ 时，由于基准不重合，将使工序基准向下变动 $\delta_D/2$，即基准不重合误差 $\Delta_B=\delta_D/2$，方向向下。

同时，当一批工件的外圆尺寸从最大 D 变到最小 $D-\delta_D$ 时，由于基准的位移误差 Δ_Y 也向下，带动工序基准进一步向下位移，此时的定位误差（或工序基准总的位移量）：

$$\Delta_D = \Delta_B + \Delta_Y = \frac{\delta_D}{2} + \frac{\delta_D}{2\sin\frac{\alpha}{2}}$$

3）对图4-23c，即当选取工序基准为下素线，工序尺寸标注为 h_3 时：

定位基准为轴线，工序基准为下素线 b，定位基准与工序基准不重合。当一批工件的外圆尺寸从最大 D 变到最小 $D-\delta_D$ 时，由于基准不重合，将使工序基准向上变动 $\delta_D/2$，即基准不重合误差 $\Delta_B=\delta_D/2$，方向向上。

同时，当一批工件的外圆尺寸从最大 D 变到最小 $D-\delta_D$ 时，由于基准的位移误差 Δ_Y 向下，带动工序基准向下产生位移，故此时的定位误差（或工序基准总的位移量）：

$$\Delta_D = \Delta_Y - \Delta_B = \frac{\delta_D}{2\sin\frac{\alpha}{2}} - \frac{\delta_D}{2}$$

在计算定位误差时，有时会遇到基准不重合误差 Δ_B 或基准位移误差 Δ_Y 与工序尺寸方向成一定夹角的情况。此时应将基准不重合误差 Δ_B 或基准位移误差 Δ_Y 在工序尺寸方向上进行分解，只考虑对工序尺寸有影响的那一部分。对于分量中与工序尺寸方向相垂直的部分，由于其对工序尺寸没有影响，故计算定位误差时对此部分不予考虑。

第四节　夹紧装置

一、夹紧装置的组成和基本要求

1. 夹紧装置的组成

夹紧装置是将工件压紧夹牢的装置。夹紧装置的种类很多，但其结构均由两部分组成。

（1）动力装置——产生夹紧力　机械加工过程中，要保证工件不离开定位时占据的正确位置，就必须有足够的夹紧力来平衡切削力、离心力及重力等对工件的影响。夹紧力的来源，一是人力，二是某种动力装置。常用的动力装置有：液压装置、气压装置、电磁装置、电动装置、气－液联动装置和真空装置等。

（2）夹紧机构——传递夹紧力　要使动力装置产生的力或人力正确地作用到工件上，需有适当的传递机构。在工件夹紧过程中起力的传递作用的机构，称为夹紧机构。

夹紧机构在传递力的过程中，能根据需要改变力的大小、方向和作用点。手动夹具的夹紧机构还应具有良好的自锁性能，以保证人力作用停止后，仍能可靠地夹紧工件。

图4-24所示为液压夹紧铣床夹具。其中，液压缸4、活塞5、活塞杆3等组成了液压动

力装置，铰链臂 2 和压板 1 等组成了铰链压板夹紧机构。

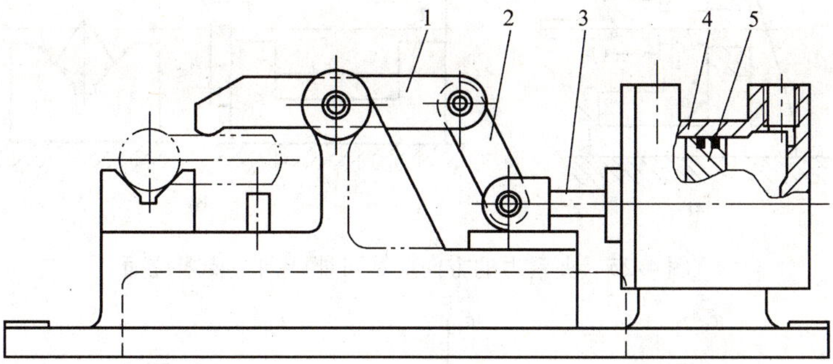

图 4-24 液压夹紧铣床夹具
1—压板 2—铰链臂 3—活塞杆 4—液压缸 5—活塞

2. 对夹紧装置的基本要求

1）夹紧过程中，不改变工件定位后占据的正确位置。

2）夹紧力的大小适当，对一批工件的夹紧力要稳定不变。既要保证工件在整个加工过程中的位置稳定不变、振动小，又要使工件不产生过大的夹紧变形。

3）夹紧装置的复杂程度应与工件的生产纲领相适应。工件生产批量越大，允许设计越复杂、效率越高的夹紧装置。

4）工艺性和使用性好。其结构应力求简单，便于制造和维修。夹紧装置的操作应当方便、安全、省力。

二、夹紧力方向和作用点的选择

确定夹紧力的方向和作用点时，要分析工件的结构特点、加工要求、切削力和其他外力作用工件的情况，以及定位元件的结构和布置方式。

1. 夹紧力的方向

夹紧力的方向应有助于定位稳定，且应朝向主要限位面。对工件施加一个或几个方向相同的夹紧力时，夹紧力的方向应尽可能朝向主要限位面。

如图 4-25a 所示，工件被镗的孔与左端面有一定的垂直度要求。因此，工件以孔的左端面与定位元件的 *A* 面接触，限制三个自由度；以底面与 *B* 面接触，限制两个自由度；夹紧力朝向主要限位面 *A*。这样做，有利于保证孔与左端面的垂直度要求。如果夹紧力改朝 *B* 面，则工件左端面与底面夹角的误差，将破坏夹紧时工件的定位，影响孔与左端面的垂直度要求。

再如图 4-25b 所示，夹紧力朝向主要限位面——V 形块的 V 形面，可使工件装夹稳定可靠。如果夹紧力改朝 *B* 面，则工件圆柱面与端面的垂直度误差可能会造成夹紧时工件的圆柱面离开 V 形块的 V 形面。这不仅破坏了定位，影响了加工要求，而且加工时工件容易振动。

对工件施加几个方向不同的夹紧力时，朝向主要限位面的夹紧力应是主要夹紧力。

2. 夹紧力的作用点

夹紧力方向确定以后，应根据下列原则确定作用点的位置。

1）夹紧力的作用点应落在定位元件的支承范围内。如图 4-26 所示，夹紧力的作用点落到了定位元件的支承范围之外，夹紧时将破坏工件的定位，因而是错误的。

2）夹紧力的作用点应落在工件刚性较好的方向和部位。这一原则对刚性差的工件特别

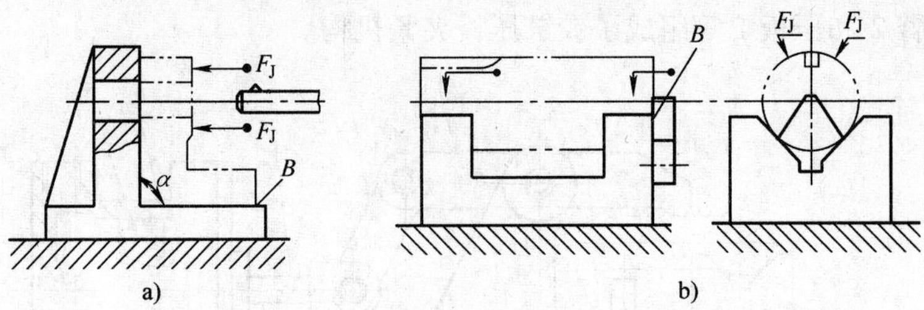

图 4-25　夹紧力的方向应尽可能朝向主要限位面

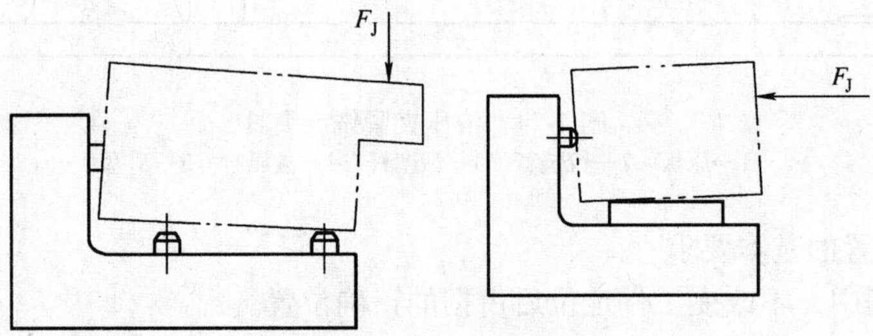

图 4-26　夹紧力作用点的位置不正确

重要。如图 4-27a 所示，薄壁套的轴向刚性比径向好，用卡爪径向夹紧时工件变形大；若沿轴向施加夹紧力，变形就会小得多。夹紧图 4-27b 所示薄壁箱体时，夹紧力不应作用在箱体的顶面，而应作用在刚性好的凸边上。箱体没有凸边时，可如图 4-27c 那样，将单点夹紧改为三点夹紧，使着力点落在刚性较好的箱壁上，从而降低了着力点的压强，减小了工件的夹紧变形。

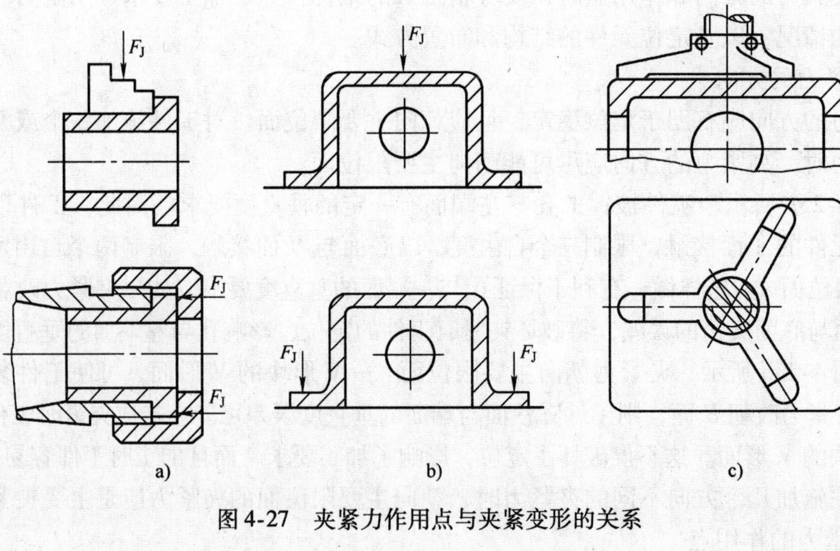

图 4-27　夹紧力作用点与夹紧变形的关系

3）夹紧力的作用点应靠近工件的加工表面。图 4-28 所示为在拨叉上铣槽时夹紧力作用点的位置。由于主要夹紧力的作用点距加工表面较远，故在靠近加工表面的地方设置了辅助支承。增加了辅助夹紧力 F_J'。这样，不仅提高了工件的装夹刚性，还可减少加工时工件的振动。

3. 夹紧力的大小

加工过程中，工件受到切削力、离心力、及重力的作用。理论上，夹紧力的作用应与上述力（矩）的作用平衡。而实际上，夹紧力的大小还与工艺系统的刚性、夹紧机构力的传递效率等有关，而且切削力的大小在加工过程中是变化的，因此夹紧力的计算是个很复杂的问题，只能进行粗略的估算。实际应用时，并非所有的情况都需计算夹紧力，手动夹紧机构一般根据经验或类比来确定夹紧力的大小。

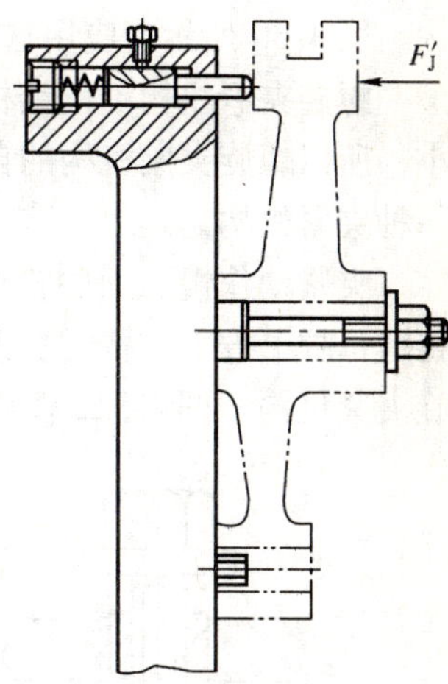

图 4-28　夹紧力作用点靠近加工表面

三、典型夹紧机构

1. 基本夹紧机构

夹紧机构的种类虽然很多，但其结构大都以斜楔夹紧机构、螺旋夹紧机构和偏心夹紧机构为基础。这三种夹紧机构合称为基本夹紧机构。

1）斜楔夹紧机构　图 4-29 所示为几种用斜楔夹紧机构夹紧工件的实例。图 4-29a 所示为在工件上钻互相垂直的 ϕ8mm、ϕ5mm 两组孔。工件装入后，锤击斜楔大头，夹紧工件；加工完毕后，锤击斜楔小头，松开工件。由于用斜楔直接夹紧工件时夹紧力较小，且操作费时，所以实际生产中应用不多，多数情况下是将斜楔与其他机构联合起来使用。图 4-29b 所示为将斜楔与滑柱合成的一种夹紧机构，一般用气压或液压驱动。图 4-29c 所示为由端面斜楔与压板组合而成的夹紧机构。

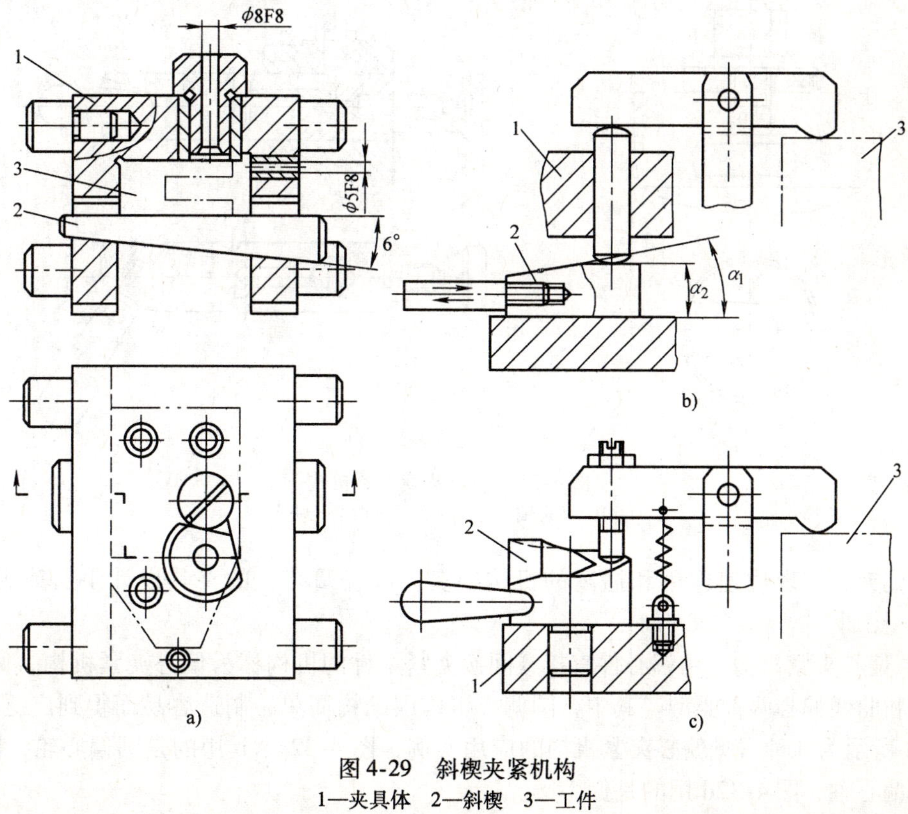

图 4-29　斜楔夹紧机构

1—夹具体　2—斜楔　3—工件

2）螺旋夹紧机构 由螺钉、螺母、垫圈、压板等元件组成的夹紧机构称为螺旋夹紧机构。图 4-30 所示为应用这种机构夹紧工件的实例。

螺旋夹紧机构不仅结构简单、容易制造，而且由于螺钉表面的螺纹很长，螺纹升角又小，所以螺旋夹紧机构的自锁性能好，夹紧力和夹紧行程都较大，是手动夹紧中用得最多的一种夹紧机构。

夹紧动作慢、工件装卸费时是螺旋夹紧机构的缺点。如图 4-30b 所示，装卸工件时，要将螺母拧上拧下，费时费力。克服这一缺点的办法很多，图 4-31 所示为常见的几种快速螺旋夹紧机构：图 4-31a 使用开口垫圈，图 4-31b 采用了快卸螺母。

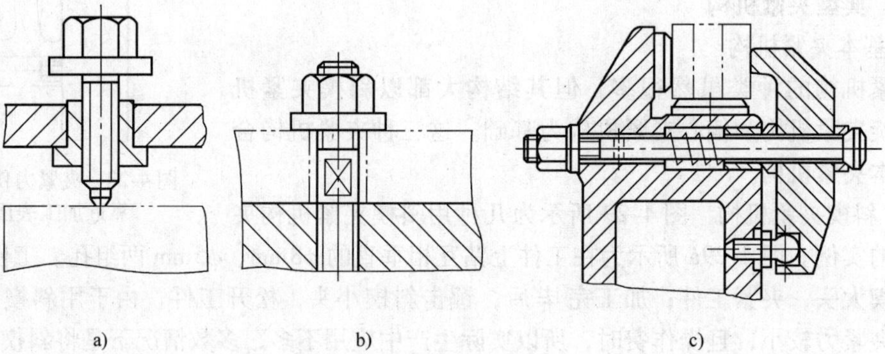

图 4-30 螺旋夹紧机构

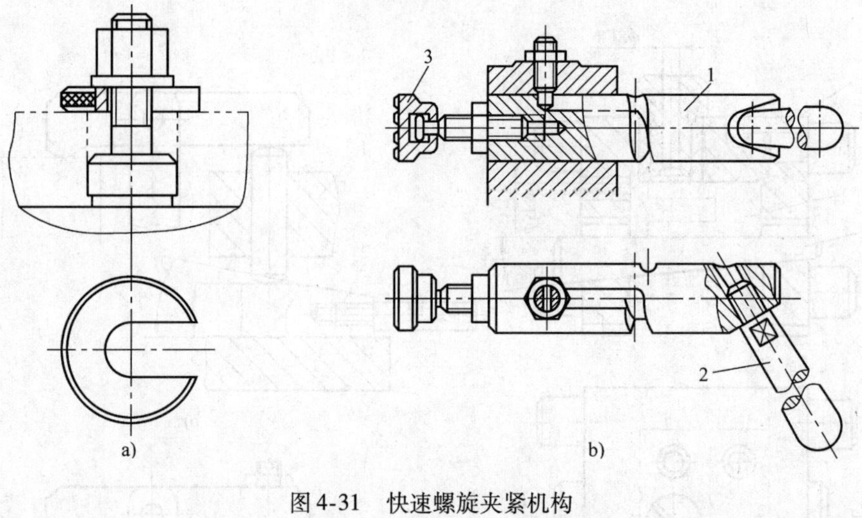

图 4-31 快速螺旋夹紧机构

1—夹紧轴 2—手柄 3—摆动压块

螺旋夹紧实现快速作用和撤离的机构很多，可查阅有关的夹具设计手册或夹紧装置（机构）图册。

3）偏心夹紧机构。用偏心件直接或间接夹紧工件的机构称为偏心夹紧机构。偏心件有圆偏心和曲线偏心两种类型。其中，圆偏心机构因结构简单、制造容易而得到广泛的应用。图 4-32 所示为几种常见偏心夹紧机构的应用实例：图 4-32a、b 用的是圆偏心轮，图 4-32c 用的是偏心轴，图 4-32d 用的是偏心叉。

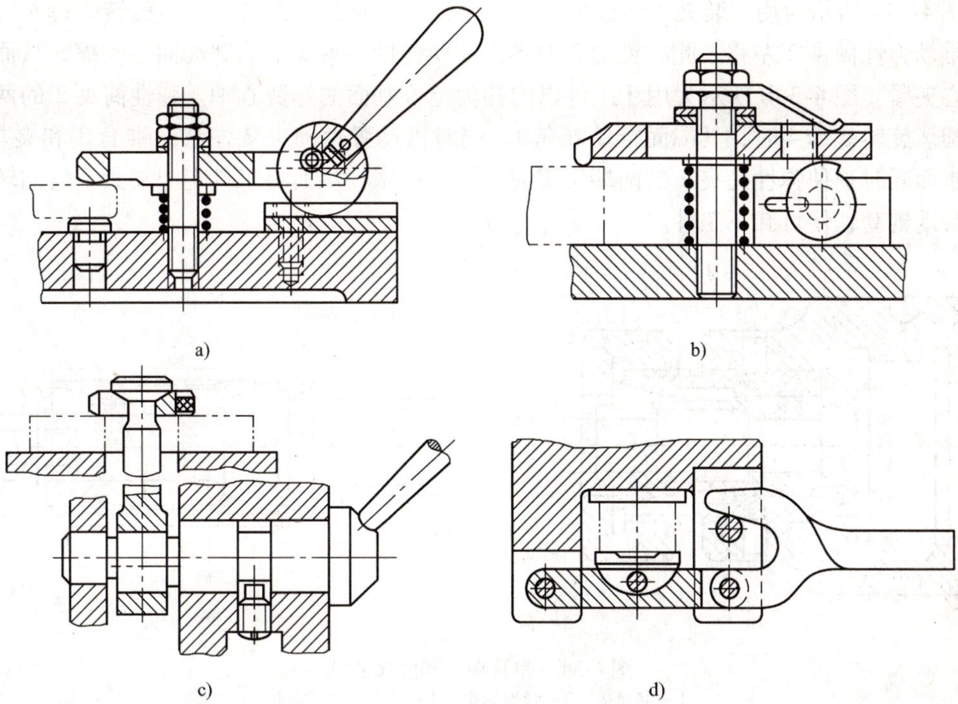

图 4-32　圆偏心夹紧机构

偏心夹紧机构操作方便、夹紧迅速，缺点是夹紧力和夹紧行程都较小，一般用于切削力不大、振动小、没有离心力影响的加工中。

2. 定心夹紧机构

定心夹紧机构具有定心（对中）和夹紧两种功能，如卧式车床的自定心卡盘即为定心夹紧机构的典型实例。

定心夹紧机构按其定心作用原理可分为两种类型：一种是依靠传动机构使定心夹紧元件等速移动，从而实现定心夹紧，如螺旋式、杠杆式、楔式机构等；另一种是利用薄壁弹性元件受力后产生的均匀弹性变形（收缩或扩张）来实现定心夹紧，如弹簧筒夹、膜片卡盘、波纹套、液性塑料等。

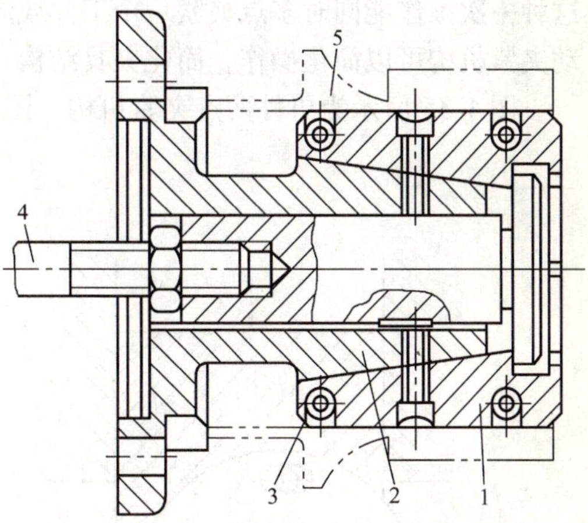

图 4-33　机动楔式夹爪自动定心机构

1—夹爪　2—本体　3—弹簧卡圈　4—拉杆　5—工件

图 4-33 所示为机动楔式夹爪自动定心机构。当工件以内孔及左端面在夹具上定位后，气缸通过拉杆 4 使六个夹爪 1 左移，由于本体 2 上斜面的作用，夹爪左移的同时向外胀开，将工件定心夹紧；反之，夹爪右移时，在弹簧卡圈 3 的作用下使夹爪收拢，将工件松开。

这种定心夹紧机构结构紧凑、定心精度较高，比较适用于工件以内孔作为定位基面的半精加工工序。

图 4-34a 所示为用于装夹工件以外圆柱面作为定位基面的弹簧夹头。旋转螺母 4 时，其端面推动弹性筒夹 2 左移，此时锥套 3 内锥面迫使弹性筒夹 2 上的簧瓣向心收缩，从而将工件定心夹紧。图 4-34b 所示为用于工件以内孔为定位基面的弹簧心轴。弹性筒夹 2 的两端各有簧瓣。旋转螺母 4 时，其端面推动锥套 3，同时推动弹性筒夹 2 左移。锥套 3 和夹具体 1 的外锥面同时迫使弹性筒夹 2 的两端簧瓣向外均匀扩张，从而将工件定心夹紧。反向转动螺母时带动锥套，便可卸下工件。

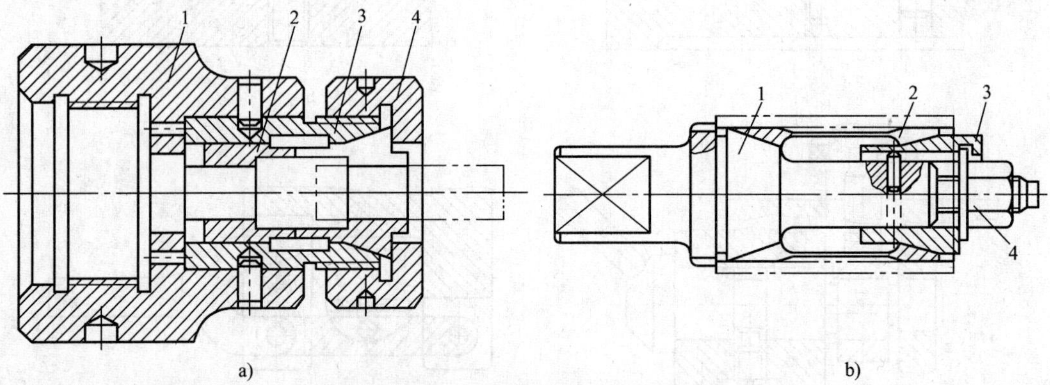

图 4-34 弹簧夹头和弹簧心轴
1—夹具体 2—弹性筒夹 3—锥套 4—螺母

弹簧筒夹定心夹紧机构的结构简单、体积小、操作方便迅速，因而应用十分广泛。其定心精度高、稳定，一般用于精加工或半精加工场合。

3. 联动夹紧机构

在工件夹紧要求中，有时需要对工件的几个点同时夹紧，有时需要同时夹紧几个工件。这种一次操作能同时多点夹紧一个工件或同时夹紧几个工件的机构，称为联动夹紧机构。联动夹紧机构可以简化操作，简化夹具结构，节省装夹时间，因此常用于机床夹具中。

图 4-35 所示为单件两点夹紧机构。图 4-36 所示为单件三点联动夹紧机构，拉杆 3 带动

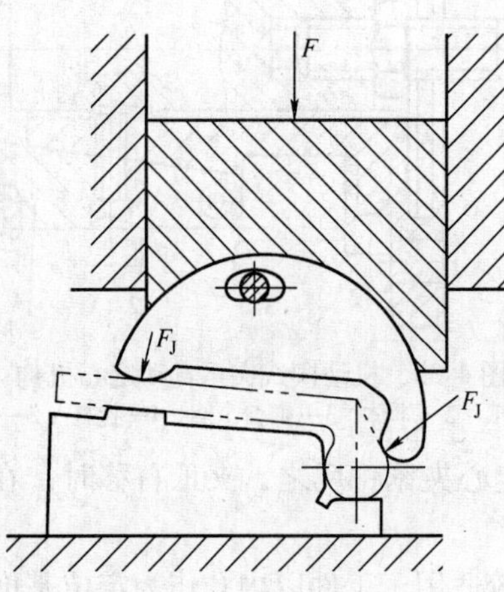

图 4-35 单件两点联动夹紧

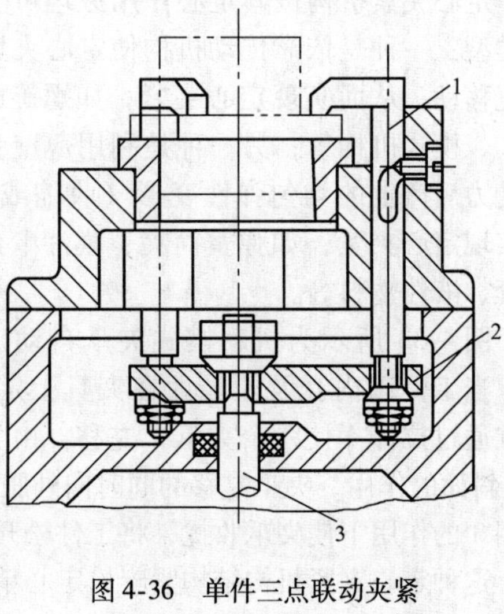

图 4-36 单件三点联动夹紧
1—钩形压板 2—浮动盘 3—拉杆

浮动盘2，从而使三个钩形压板1同时夹紧工件。由于其采用了能够自动回转的钩形压板，所以装卸工件很方便。

夹具的典型夹紧机构变化多样、形式很多，设计夹具时可参考相关夹具设计手册选择应用。

思考与练习题

1. 机床夹具一般由哪些部分组成？各部分有何作用？

2. 按照专门化程度分类，机床夹具有哪些类型？

3. 什么是辅助支承？使用辅助支承时应该注意什么问题？举例说明辅助支承的应用。

4. 工件以平面作为定位基准时，常用的定位支承有哪些？各起什么作用？各有何结构特点？

5. 工件以内孔、外圆、锥孔定位时，常用哪些形式的定位元件？各有何定位功能？使用时应分别注意哪些问题？

6. 什么叫基准不重合误差？其大小如何确定？什么叫基准位移误差？

7. 用如图4-37所示的定位方式，铣削连杆的两个侧面。试计算对工序尺寸$12^{+0.3}_{0}$mm的定位误差。

8. 用如图4-38所示的定位方式，采用调整法在阶梯轴上铣槽，V形块的V形角$\alpha=90°$，试计算对工序尺寸74±0.1mm的定位误差。

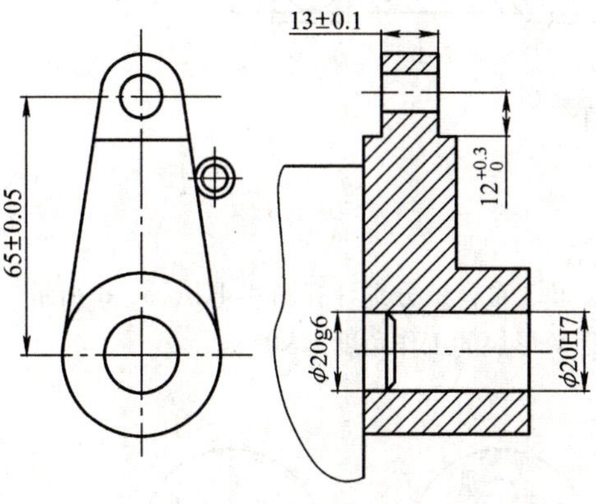

图4-37　题7图

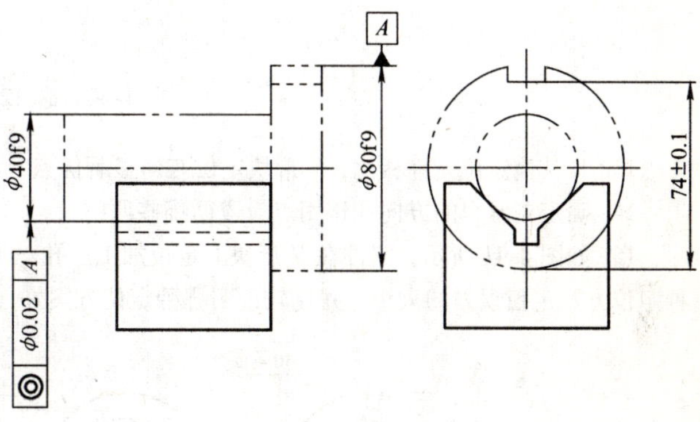

图4-38　题8图

9. 有一批工件，如图4-39a所示，采用钻模钻削工件上φ5mm和φ8mm两孔，除保证图样尺寸要求外，还要求保证两孔连心线通过$\phi60^{\ 0}_{-0.1}$mm的轴线，其偏移量公差为0.08mm。现采用如图4-39b、c、d三种定位方案，若定位误差不得大于工序尺寸公差的1/2。试问这三种定位方案是否都可行（$\alpha=90°$）。

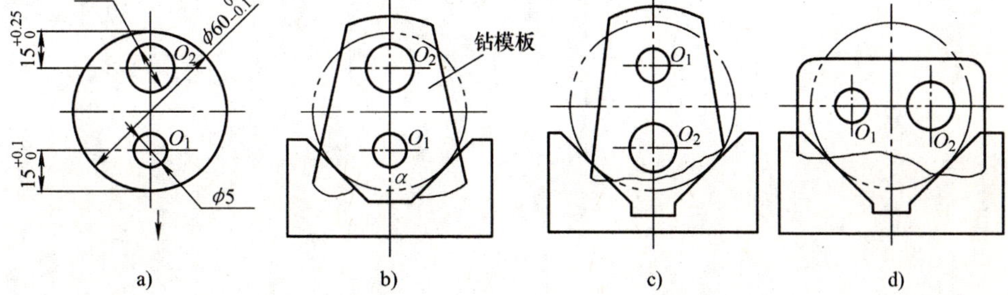

图4-39　题9图

10. 夹紧装置的作用是什么？不良夹紧装置将会产生什么后果？

11. 试说明偏心夹紧机构、螺旋夹紧机构和斜楔夹紧机构的优缺点。

12. 试分析图 4-40 所示各夹紧方案是否合理。若有不合理之处，则应如何改进？

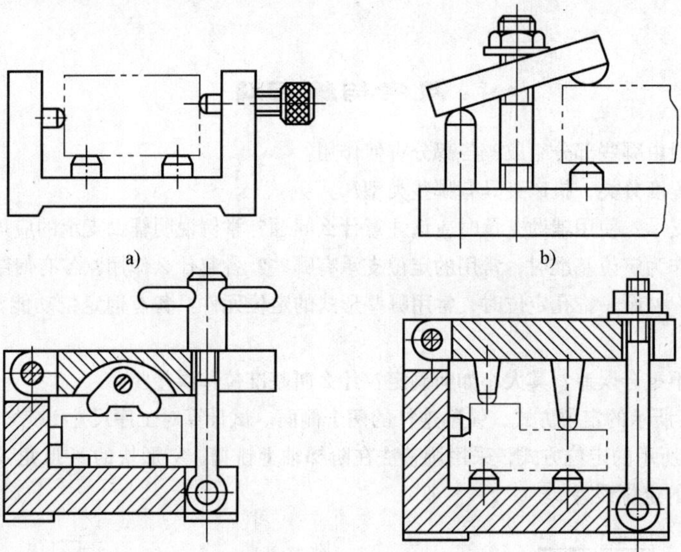

图 4-40　题 12 图

13. 与其他定位元件相比，V 形块定位有何显著优点？

14. 确定夹紧力的方向和作用点应遵循哪些原则？

15. 如图 4-41 所示，工件在 V 形块上定位加工三孔：Ⅰ、Ⅱ、Ⅲ，试分别计算图 4-41b、c、d 所示三种定位方案定位误差的大小，并比较说明哪种定位方案好（设 V 形块的工作角度为 90°）。

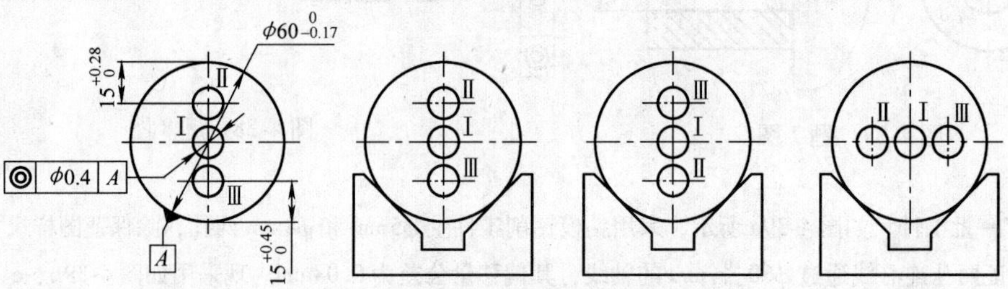

图 4-41　题 15 图

第五章　数控车削加工工艺

第一节　数控车削加工工艺分析

一、数控车床的加工范围

数控车床的加工范围包括数控车床加工的工艺范围和数控车床加工的尺寸范围。

1. 数控车床加工的工艺范围

数控车床加工的工艺范围是指适合作为数控车床车削加工的对象和加工内容等，图5-1所示即为数控车床所能实施的基本加工内容。由于数控车床具有加工精度高、能作直线和圆弧插补以及能在加工过程中自动变速等特点，因此其工艺范围较普通车床宽得多。数控车床适合于下列几种类型零件的加工。

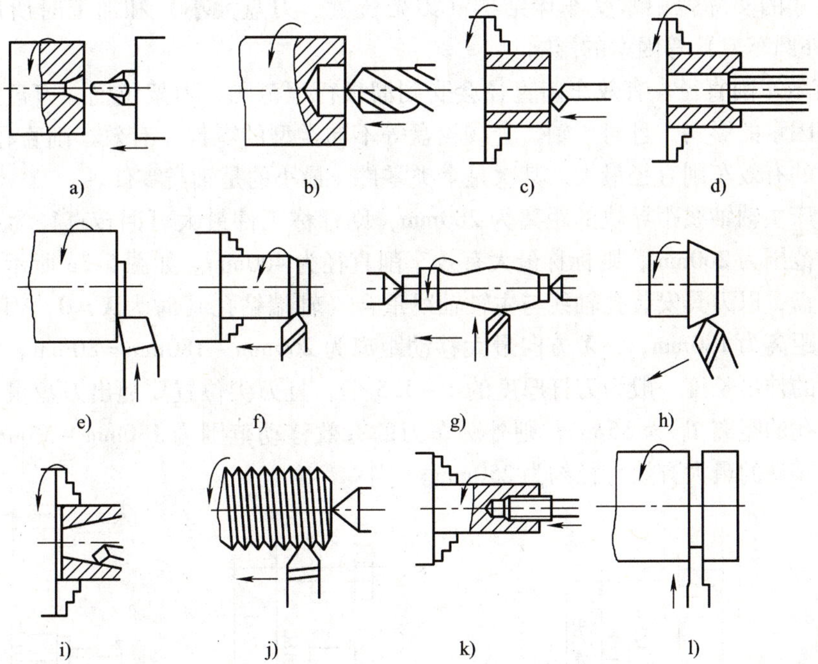

图5-1　数控车床所能实施的基本加工内容

a）钻中心孔　b）钻孔　c）镗孔　d）铰孔　e）车端面　f）车外圆　g）车成形面　h）车锥面　i）镗锥孔　j）车螺纹　k）攻螺纹　l）车槽与车断

（1）轮廓形状复杂或难于控制尺寸的回转体零件　数控车床较适合加工普通车床难以实现的由任意直线和平面曲线（圆弧和非圆曲线类）组成的形状复杂的回转体零件。零件图样上的斜线和圆弧均可直接由插补功能实现加工，非圆曲线可用数学手段将其转化为小段直线或小段圆弧后作插补加工得到。

对于一些具有封闭内成形面的壳体零件，如“口小肚大”的孔腔，在普通车床上是很难加工的，而在数控车床上则能较容易地加工出来。

（2）精度要求高的回转体零件　数控车床系统的控制分辨率一般为0.001～0.01mm，在特种精密数控车床上，还可加工出几何轮廓精度达0.0001mm、表面粗糙度 Ra 值达0.02μm的超精密零件（如复印机中的回转鼓及激光打印机上的多面反射体等）。数控车床通过恒线速度切削功能，可加工表面质量要求高的各种变直径截面零件。

（3）带特殊螺纹的回转体零件　普通车床只能车削等导程的米制或英制螺纹，且一台车床只能限定加工若干种导程的螺纹。数控车床则可以方便地车削变导程的螺纹、高精度的模数螺旋零件（如蜗杆）及端面盘形螺旋零件等。由于数控车床进行螺纹加工时不需要交换齿轮系统，因此可加工任意导程的螺纹，且加工多线螺纹比普通车床要方便得多。

2. 数控车床加工的尺寸范围

数控车床加工的尺寸范围是指其加工零件的有效车削直径和有效切削长度，而不是车床铭牌上标明的车削直径和加工长度。

车床铭牌上标明的车削直径是指主轴轴线（回转中心）到溜板导轨距离的两倍，加工长度是指主轴卡盘到尾座顶尖的最大装卡长度。但实际加工时往往不能真正达到上述尺寸，车床加工尺寸的实际范围常受车床结构（刀架位置、刀盘大小）和加工时所用刀具种类（镗刀或内外圆车刀）等因素的影响。

（1）有效车削直径　有效车削直径会受到溜板行程范围、刀架位置、刀盘大小和外圆车刀长短等因素的影响，且对于轴、套或轮盘等不同类型的零件，有效车削直径明显不同：轮盘类零件的有效车削直径最大，其次是套类零件，最小的是轴类零件。

如某车床主轴轴线距导轨的距离为280mm，则标称工件最大可回转直径为560mm；溜板最大移动范围为260mm，则标称最大有效车削直径为400mm。如图5-2a所示，该机床采用后置式刀盘，以刀具安装孔轴线与主轴轴线重合（轴端钻孔）时为 $X=0$，刀盘 $+X$ 方向的最大移动距离为180mm，$-X$ 方向最大移动距离为260mm－180mm＝80mm。安装外圆车刀时，刀杆的伸出长度一般为刀杆厚度的1～1.5倍，且刀尖位置要超出刀盘最大直径。若刀尖距安装孔的距离 T_L 为55mm，则外圆车刀的有效移动范围为180mm－55mm＝125mm，能加工轴类零件的最大有效直径约为250mm。

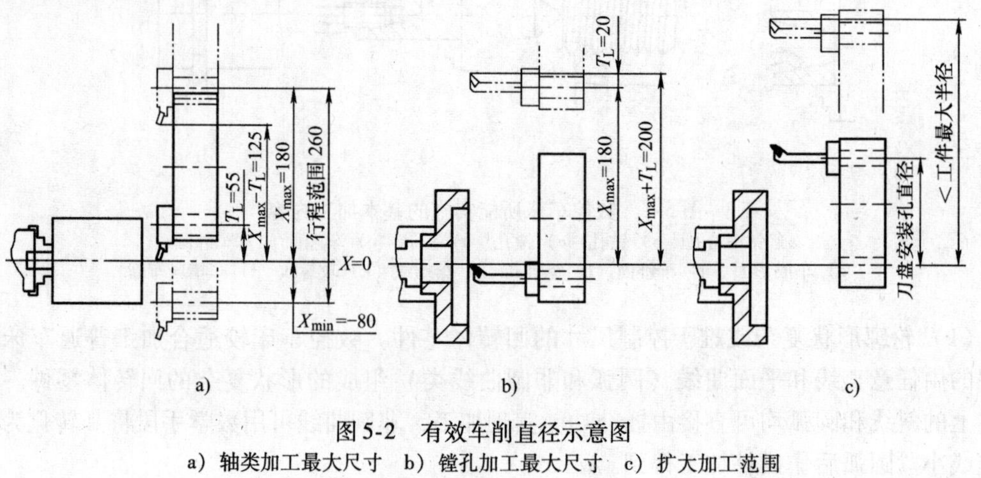

图5-2　有效车削直径示意图
a）轴类加工最大尺寸　b）镗孔加工最大尺寸　c）扩大加工范围

如图 5-2b 所示，套类零件镗孔时，由于镗孔刀具的安装与钻头相同，当刀具正装时，若刀尖距安装孔轴线的距离 T_L 为 20mm，则最大有效镗孔直径为：

$$D_{max} = 2 \times (180mm + 20mm) = 400mm。$$

由于刀盘通常按偶数个刀位设计，如果将刀具跳装到对面 180°的位置，如图 5-2c 所示，则利用刀盘直径可扩大轴套和轮盘类零件的有效加工直径，即可使其大于机床提供的最大切削直径 400mm。当然受结构限制，零件外径不能超过 560mm。

（2）有效切削长度　有效切削长度由机床说明书中的技术参数给出。有效切削长度同样受刀盘结构、所用刀具和加工工件等因素的影响。如图 5-3 所示，外圆加工时有效切削长度主要受 Z 向行程极限的制约；而内孔加工时，为确保刀具的退出，其有效切削长度大约为 Z 向行程范围的 1/2。

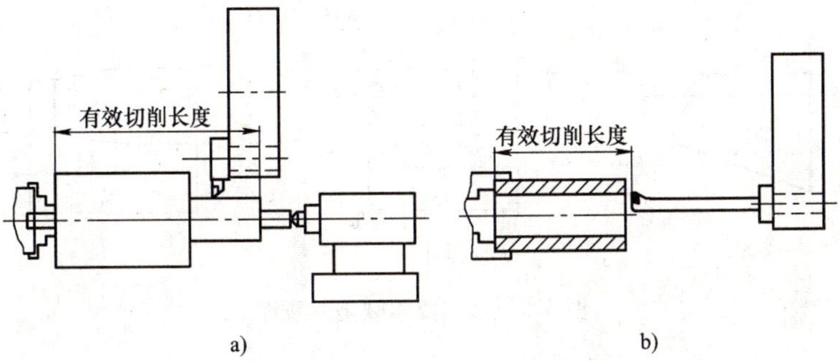

图 5-3　有效切削长度示意图
a）外圆加工　b）内孔加工

二、数控车削加工零件的工艺性

数控车削加工零件的工艺性，对工艺制订起着至关重要的作用。而工艺制订的合理性又对程序编制、机床的加工效率和零件的加工精度等都有重要影响。

数控车削加工零件的工艺性分析包括：零件结构形状的合理性、几何图素关系的确定性、精度及技术要求的可实现性、工件材料的切削加工性等。

1. 零件的结构形状和几何关系

首先，零件的主要结构形状应是可通过车削加工实现的回转体类；其次，零件的外形尺寸、可夹持尺寸、需加工的尺寸应在机床允许范围内。

对于如图 5-4a 所示的“口小肚大”的孔腔的加工，若其孔口直径为 ϕ20mm，最大孔腔直径为 ϕ60mm，所需刀具悬伸长度 L 已为 20mm，则刀杆直径为零，显然是无法实现的。对此类零件，刀具悬伸长度 L 和孔口直径 D、刀杆直径 $D_{杆}$ 之间应该满足以下关系：

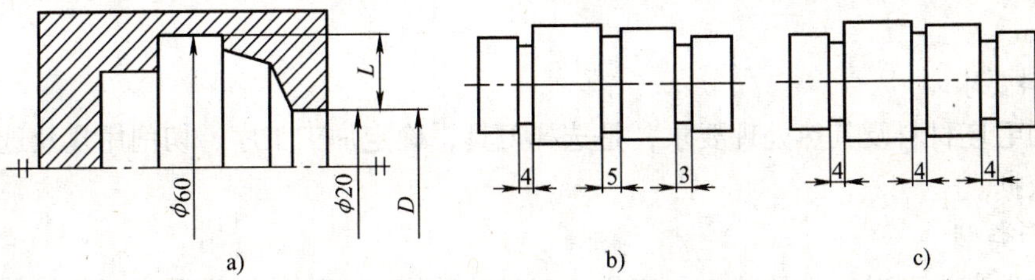

图 5-4　结构工艺性示例

$$L < D - D_{杆}$$

如图 5-4b 所示零件，槽宽尺寸分别为 4mm、5mm、3mm，需要用三把不同宽度的车槽刀车槽。从工艺性角度考虑，如无特殊需要，可将零件改成图 5-4c 所示结构，只需一把刀具即可。这样既减少了刀具数量，从而减少了刀架刀位的占用，又节省了换刀时间。

由于设计等各种原因，在图样上可能出现加工轮廓的尺寸不充分、尺寸模糊不清及尺寸封闭等缺陷，从而增加了编程的难度，有时甚至无法编写程序，如图 5-5 所示。

在图 5-5a 中，圆弧与斜线的关系要求为相切，但经计算却为相交的关系；在图 5-5b 中，标注的各段长度之和不等于其总长尺寸，而且漏掉了倒角尺寸；在图 5-5c 中，圆锥体的各尺寸标注已经封闭。这些图样上的缺陷会给编程计算造成困难，产生不必要的误差，甚至会使编程工作无从下手。只有给定的尺寸完整正确，才能正确制订零件的加工工艺。

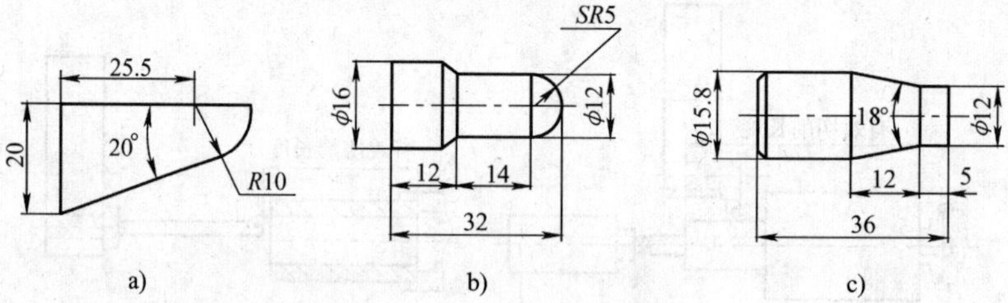

图 5-5　几何要素缺陷示意图

2. 精度及技术要求

（1）尺寸公差要求　在确定零件的加工工艺时，必须分析零件图的尺寸公差要求，才能合理安排车削工艺、正确选择刀具及确定合理的切削用量等。对于尺寸精度要求较高的零件，若采用一般车削工艺达不到精度要求时，可采取其他措施（如磨削）弥补，并注意给后续工序留有余量。一般来说，粗车后的尺寸公差等级为 IT12 ~ IT11，半精车后为 IT10 ~ IT9，精车后为 IT8 ~ IT6。

（2）几何公差要求　零件的几何公差是零件精度的重要指标。在工艺准备过程中，除了按要求确定零件的定位基准和测量基准，还可以根据机床的特殊需要进行一些技术性处理，以便有效地控制其几何误差。例如，对于有较高位置精度要求的表面，应在一次装夹中完成这些表面的加工。

（3）表面粗糙度要求　表面粗糙度是零件表面质量的重要技术要求，也是合理安排车削工艺，选择机床、刀具及确定切削用量的重要依据。例如，对于表面质量要求较高的表面，应选择刚性好的机床并用恒线速度切削。一般地，粗车后表面粗糙度 *Ra* 值可达 25 ~ 12.5μm，半精车后表面粗糙度 *Ra* 值可达 6.3 ~ 3.2μm，精车后表面粗糙度 *Ra* 值可达 1.6 ~ 0.8μm。

3. 材料要求

零件的毛坯材料及其热处理要求，是选择刀具，确定加工工序、切削用量及选择机床设备的重要依据。

4. 生产类型

零件的生产类型对工件的装夹与定位、刀具的选择、工序的安排及走刀路线的确定等都是不可忽视的因素。批量生产时，应在保证加工质量的前提下突出加工效率和加工过程的稳定性，其加工工艺涉及的夹具的选择、走刀路线的安排、刀具的排列位置和使用顺序等都要仔细斟酌；单件生产时，要保证一次合格率，特别对于形状复杂的高精度零件，且单件生产要避免过长的生产准备时间，尽可能采用通用夹具或简单夹具、标准机夹刀具或可刃磨焊接刀具，加工顺序、工艺方案也应灵活安排。

三、切削加工通用工艺守则　车削（JB/T 9168.2—1998）

本标准规定了车削加工应遵守的基本规则，适用于各企业的车削加工。车削加工还应遵守 JB/T 9168.1（见附录 A）的规定。

1. 车刀的装夹

1）车刀刀杆伸出刀架不宜太长，一般长度不应超过刀杆高度的 1.5 倍（车孔、槽等除外）。

2）车刀刀杆中心线应与走刀方向垂直或平行。

3）刀尖高度的调整。

① 在下列情况下，刀尖一般应与工件中心线等高：车端面、车圆锥面、车螺纹、成形车削、切断实心工件。

② 在下列情况下，刀尖一般应比工件中心线稍高或等高：粗车一般外圆、精车孔。

③ 在下列情况下，刀尖一般应比工件中心线稍低：粗车孔、切断空心工件。

4）螺纹车刀刀尖角的平分线应与工件中心线垂直。

5）装夹车刀时，刀杆下面的垫片要少而平，压紧车刀的螺钉要拧紧。

2. 工件的装夹

1）用自定心卡盘装夹工件进行粗车或精车时，若工件直径小于或等于 30mm，其悬伸长度应不大于直径 5 倍；若工件直径大于 30mm，其悬伸长度应不大于直径 3 倍。

2）用单动卡盘、花盘、角铁（弯板）等装夹不规则偏重工件时，必须加配重。

3）在顶尖间加工轴类工件时，车削前要调整尾座顶尖中心，使其与车床主轴中心线重合。

4）在两顶尖间加工细长轴时，应使用跟刀架或中心架。在加工过程中要注意调整顶尖的顶紧力，固定顶尖和中心架应注意润滑。

5）使用尾座时，套筒尽量伸出短些，以减小振动。

6）在立车上装夹支承面小、高度大的工件时，应使用加高的卡爪，并在适当的部位加拉杆或压板压紧工件。

7）车削轮类、套类铸锻件时，应按不加工的表面找正，以保证加工后工件壁厚均匀。

3. 车削加工

1）车削台阶轴时，为了保证车削时的刚性，一般应先车直径较大的部分，后车直径较小的部分。

2）在轴类工件上切槽时，应在精车之前进行，以防止工件变形。

3）精车带螺纹的轴时，一般应在螺纹加工之后再精车无螺纹部分。

4）钻孔前应将工件端面车平，必要时应先打中心孔。

5）钻深孔时，一般先钻导向孔。

6）车削 $\phi10 \sim \phi20$mm 的孔时，刀杆的直径应为被加工孔径的 0.6 ~ 0.7 倍；加工直径大于 $\phi20$mm 的孔时，一般应采用装夹刀头的刀杆。

7）车削多线螺纹或多头蜗杆时，调整好挂轮后要进行试切。

8）使用自动车床时，要按机床调整卡片进行刀具与工件相对位置的调整，调好后要进行试车削，首件合格后方可加工。在加工过程中要随时注意刀具的磨损及工件尺寸与表面粗糙度。

9）在立车上车削时，当刀架调整好后不得随意移动横梁。

10）当工件的有关表面有位置公差要求时，尽量在一次装夹中完成车削。

11）车削圆柱齿轮齿坯时，孔与基准端面必须在一次装夹中加工，必要时应在该端面的齿轮分度圆附近车出标记线。

第二节 数控车削刀具及其选用

与传统的车削方法相比，数控车削对刀具的要求更高：不仅要求刀具的精度高、刚度好、总寿命长，而且要求其尺寸稳定、寿命长、断屑和排屑性能好，同时要求其安装调整方便，以满足数控机床高效率的要求。

一、数控车刀的类型

1. 按被加工表面的特征分类

按照被加工表面的特征，数控车削常用的车刀一般分尖形车刀、圆弧形车刀和成形车刀三类。

（1）尖形车刀　以直线形切削刃为特征的车刀一般称为尖形车刀。这类车刀的刀尖（刀位点）由直线形的主、副切削刃构成，如90°内外圆车刀、左右端面车刀、车槽刀及刀尖倒棱很小的各种外圆和内孔车刀。

（2）圆弧形车刀　圆弧形车刀主切削刃的形状为一圆度或线轮廓度误差很小的圆弧。该车刀圆弧刃上的每一点都是该车刀的刀尖。因此，其刀位点不在圆弧上，而在该圆弧的圆心上。

圆弧形车刀可以用于车削内、外表面，特别适合车削各种光滑连接（凹形）的成形面。如图5-6a所示，若用尖形车刀，当车刀主切削刃靠近圆弧段终点时，其背吃刀量 a_{p1} 将大大超过圆弧起点位置处的背吃刀量 a_p，使得切削阻力增大，可能产生较大的轮廓度误差，且表面粗糙度值将增大；若如图5-6b所示采用圆弧形车刀，则背吃刀量变化不会太大，加工质量可有效保证。如图5-6c所示，使用圆弧形车刀还可一刀连续加工出圆心角超过180°的外圆弧面，避免了换刀的麻烦并可确保成形面的连贯。

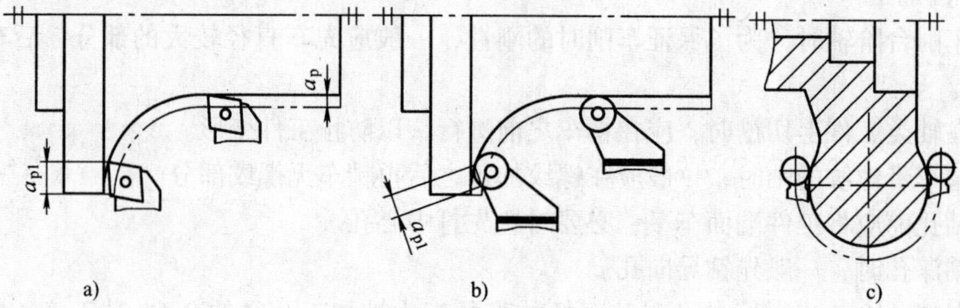

图5-6　圆弧形车刀的使用

刀尖圆弧半径的大小会直接影响刀尖的强度及被加工零件的表面粗糙度。刀尖圆弧半径大，则切削力增大，易产生振动，刀具的切削性能变差，但切削刃强度增加，前后刀面磨损量减少。通常在背吃刀量较小的精加工、细长轴加工，机床刚度较差的情况下，选用较小的刀尖圆弧半径；而在需要切削刃强度高、工件直径大的粗加工中，选用的刀尖圆弧半径应大些。

选择刀尖圆弧半径时应考虑两点：一是刀尖圆弧半径应小于或等于零件凹形轮廓上的最小曲率半径，以免发生干涉；二是该半径不宜太小，否则不但制造困难，还会因刀具强度太弱或刀体散热能力差而导致车刀过快损坏。

（3）成形车刀　成形车刀俗称样板车刀，其加工零件的轮廓形状完全由车刀切削刃的形状和尺寸决定。在数控车削加工中，常见的成形车刀有小半径圆弧车刀、非矩形车槽刀和螺纹车刀等。由于成形车刀为非标准刀具，通常都需要定制，因此在数控加工中，应尽量少用或不用成形车刀。

2. 按车刀结构分类

（1）高速工具钢整体式车刀　其刀头和刀体的结构形式为整体式，常用韧性好的高速工具钢制成，但硬度和耐磨性差，不适于切削硬度较高的材料和进行高速切削。高速工具钢刀具使用前需自行刃磨，且刃磨方便，适于各种特殊需要的非标准刀具，属于可重磨的刀具。

（2）硬质合金焊接式车刀　将硬质合金刀片用焊接的方法固定在刀体上形成的车刀，称为焊接式车刀。这种车刀的优点是结构简单、制造方便、刚性较好；缺点是由于存在焊接应力，刀具材料的使用性能会受到影响，甚至会出现裂纹。

根据工件加工表面及用途的不同，焊接式车刀又可分为车断刀、外圆车刀、端面车刀、内孔车刀、螺纹车刀以及成形车刀等，如图 5-7 所示。焊接式车刀同样需要在使用前自行刃磨。

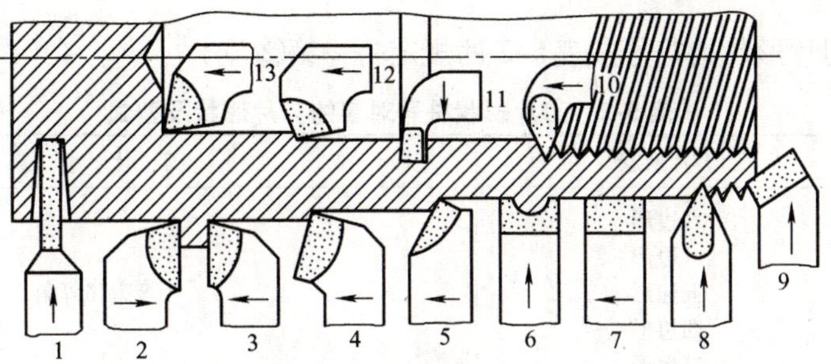

图 5-7　焊接式车刀

1—车断刀　2—右偏刀　3—左偏刀　4—弯头车刀　5—直头车刀　6—成形车刀　7—宽刃精车刀　8—外螺纹车刀　9—端面车刀　10—内螺纹车刀　11—内槽车刀　12—通孔车刀　13—不通孔车刀

（3）机械夹固式可转位车刀　如图 5-8 所示，机械夹固式可转位车刀由刀杆、刀片、刀垫及夹紧元件组成。刀片的每边都有切削刃。当某切削刃磨钝后，只需松开夹紧元件，将刀片转动一个位置便可继续使用，有些刀片甚至翻面后还可继续使用。机械夹固式可转位车刀使用标准刀片，不需刃磨。刀片寿命结束后，只需更换刀片即可。根据刀片的结构，刀片具有多种夹压固定方式。

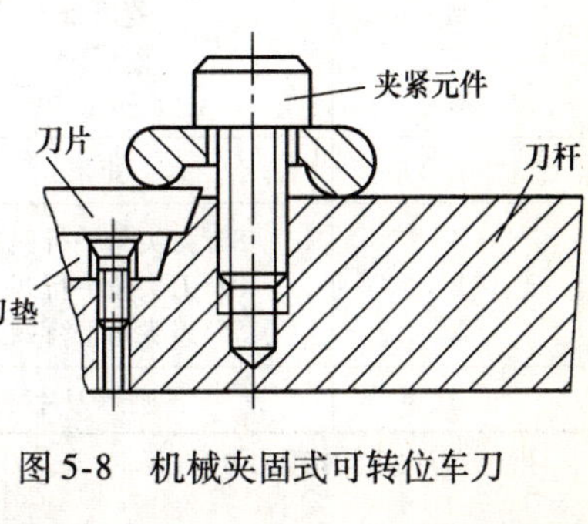

图 5-8　机械夹固式可转位车刀

二、可转位车刀的标志

1. 标准车刀系列

可转位车刀或刀夹的代号由代表给定意义的字母或数字符合按一定的规则排列所组成，共有10位符号，任何一种车刀或刀夹都应使用前9位符号，最后一位符号在必要时才使用。在10位符号之后，制造厂可以最多再加3个字母（或）3位数字表达刀杆的参数特征，但应用破折号与标准符号隔开，并不得使用第（10）位规定的字母。

9个应使用的符号和一位任意符号的规定如下：①表示刀片夹紧方式的字母符号；②表示刀片形状的字母符号；③表示刀具头部型式的字母符号；④表示刀片法后角的字母符号；⑤表示刀具切削方向的字母符号；⑥表示刀具高度（刀杆和切削刃高度）的数字符号；⑦表示刀具宽度的数字符号或识别刀夹类型的字母符号；⑧表示刀具长度的字母符号；⑨表示可转位刀片尺寸的数字符号；⑩表示特殊公差的字母符号。

示例：

①	②	③	④	⑤	⑥	⑦	⑧	⑨	⑩
C	T	G	N	R	32	25	M	16	Q

（1）表示刀片夹紧方式的符号按表5-1的规定——第①位

表5-1　刀片夹紧方式符号对应的夹紧方式

字母符号	夹　紧　方　式
C	顶面夹紧（无孔刀片）
M	顶面和孔夹紧（有孔刀片）
P	孔夹紧（有孔刀片）
S	螺钉通孔夹紧（有孔刀片）

（2）表示刀片形状的符号按表5-2的规定——第②位

表5-2　刀片形状符号对应的刀片形状及型式

字母符号	刀片形状	刀　片　型　式
H O P S T	六边形 八边形 五边形 四边形 三角形	等边和等角
C D E M V W	菱形80° 菱形55° 菱形75° 菱形86° 菱形35° 六边形80°	等边但不等角
L	矩形	不等边但等角
A B K	85°刀尖角平行四边形 82°刀尖角平行四边形 55°刀尖角平行四边形	不等边和不等角
R	圆形刀片	圆形

注：刀尖角均指较小的角度。

（3）表示刀具头部型式的符号按表 5-3 的规定——第③位

表 5-3　刀具头部型式符号对应的刀具头部型式

符号	型　式	
A	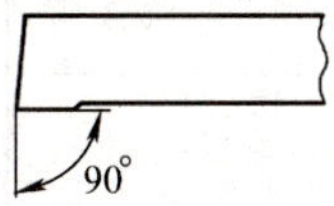	90°直头侧切
B	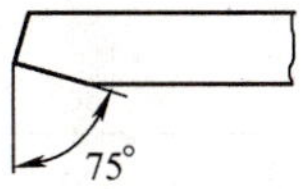	75°直头侧切
C	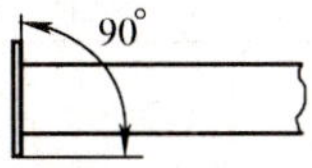	90°直头端切
D①	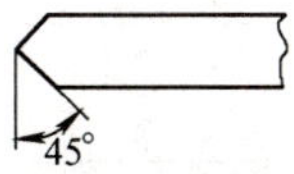	45°直头侧切
E	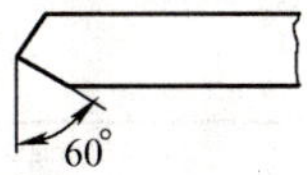	60°直头侧切
F		90°偏头端切
G	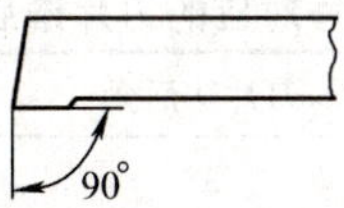	90°偏头侧切
H	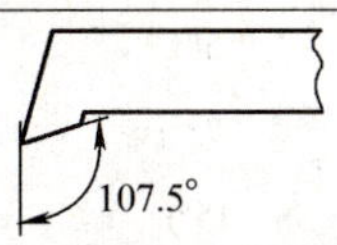	107. 5°偏头侧切
J	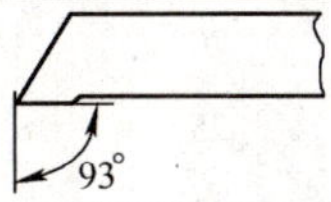	93°偏头侧切
K	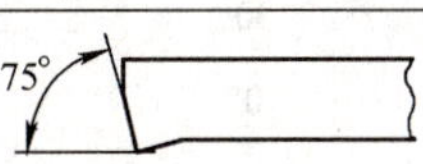	75°偏头端切
L	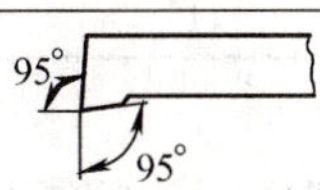	95°偏头侧切和端切
M	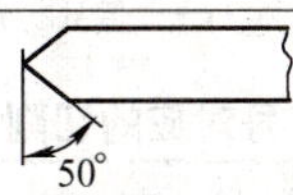	50°直头侧切
N	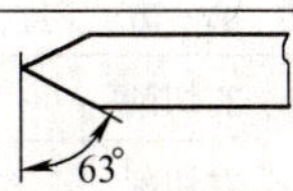	63°直头侧切
P	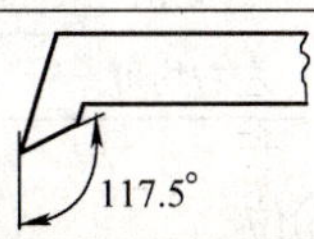	117. 5°偏头侧切

（续）

符号	型　式	
R	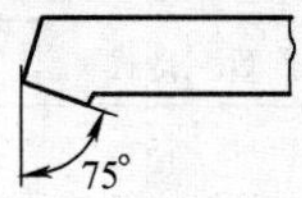	75°偏头侧切
S①	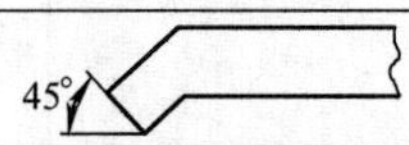	45°偏头端切
T	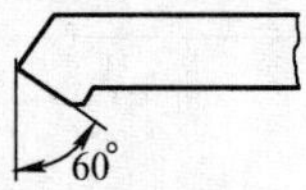	60°偏头侧切
U		93°偏头端切
V	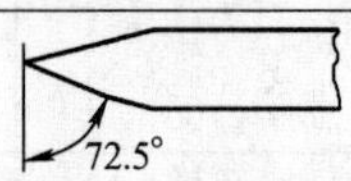	72.5°直头侧切
W	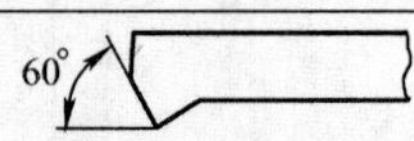	60°偏头端切
Y	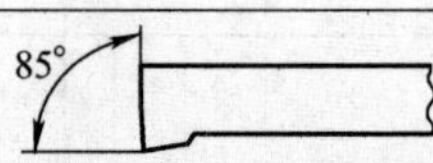	85°偏头端切

① D 型和 S 型车刀和刀夹也可以安装圆形（R 型）刀片。

（4）表示刀片法后角的符号按表 5-4 的规定——第④位

表 5-4　刀片法后角符号对应的刀片法后角

字母符号	刀片法后角
A	3°
B	5°
C	7°
D	15°
E	20°
F	25°
G	30°
N	0°
P	11°

注：对于不等边刀片，符号用于表示较长边的法后角。

（5）表示刀具切削方向的符号按表 5-5 的规定——第⑤位

表 5-5　刀具切削方向符号对应的切削方向

字母符号	切　削　方　向
R	右切削
L	左切削
N	左右均可

（6）表示刀具高度的符号规定如下——第⑥位

1）对于刀尖高度 h_1 等于刀杆高度 h 的矩形柄车刀（见图 5-9）。

用刀杆高度 h 表示，毫米作单位，如果高度的数值不足两位时，在该数前加“0”。

例：$h=32$mm，符号为 32；$h=8$mm，符号为 08。

2）对于刀尖高度 h_1 不等于刀杆高度 h 的刀夹（见图 5-10）。

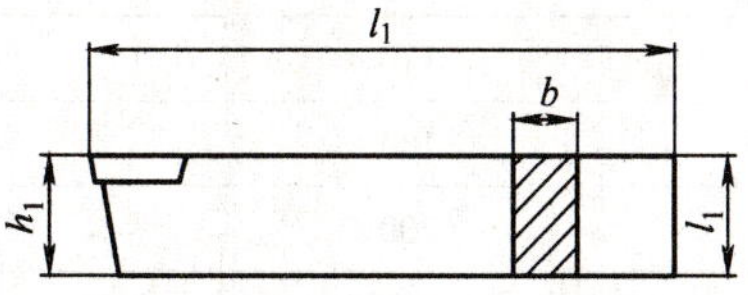

图 5-9 刀尖高度 h_1 等于刀杆高度 h 的矩形柄车刀

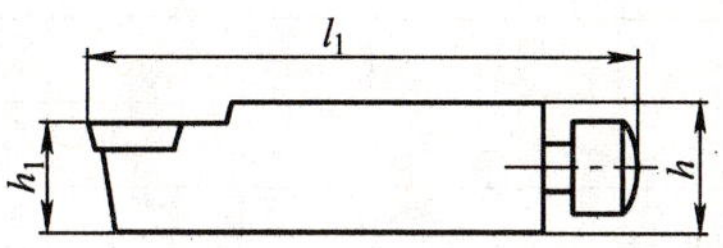

图 5-10 刀尖高度 h_1 不等于刀杆高度 h 的刀夹

用刀尖高度 h_1 表示，毫米作单位，如果高度的数值不足两位时，在该数前加“0”。

例：$h_1=12$mm，符号为 12；$h_1=8$mm，符号为 08。

（7）表示刀具宽度的符号按以下的规定——第⑦位

1）对于矩形柄车刀（见图 5-9）。

用刀杆宽度 b 表示，毫米作单位。如果宽度的数值不足两位时，在该数前加“0”。

例：$b=25$mm，符号为 25；$b=8$mm，符号为 08。

2）对于刀夹（见图 5-10）。

当宽度没有给出时，用两个字母组成的符号表示类型，第一个字母总是 C（刀夹），第二个字母表示刀夹的类型。例如：对于符合 GB/T 14461 规定的刀夹，第二个字母为 A。

（8）表示刀具长度的符合见表 5-6——第⑧位

对于符合 GB/T 5343.2 的标准车刀，一种刀具对应的长度尺寸只规定一个，因此，该位符号用一个破折号“——”表示。

对于符合 GB/T 14461 的标准刀夹，如果表 5-6 中没有对应的 l_1 符号（例如：$l_1=44$mm），则该位符号用破折号“——”来表示。

表 5-6 刀具长度符号对应的刀具长度

字母符号	长度/mm（图 5-9 和图 5-10 中的 l_1）
A	32
B	40
C	50
D	60
E	70
F	80
G	90
H	100
J	110
K	125

（续）

字母符号	长度/mm（图5-9和图5-10中的 l_1）
L	140
M	150
N	160
P	170
Q	180
R	200
S	250
T	300
U	350
V	400
W	450
X	特殊长度，待定
Y	500

（9）表示可转位刀片尺寸的数字符号按表5-7的规定——第⑨位

表5-7　对可转位刀片尺寸数字符号的规定

刀片型式	数字符号
等边并等角（H、O、P、S、T）和等边但不等角（C、D、E、M、V、W）	符号用刀片的边长表示，忽略小数 例：长度：16.5mm 符号为：16
不等边但等角（L） 不等边不等角（A、B、K）	符号用主切削刃长度或较长的切削刃表示，忽略小数 例如：主切削刃的长度：19.5mm 符号为：19
圆形（R）	符号用直径表示，忽略小数 例如：直径：15.874mm 符号为：15

注：如果米制尺寸的保留只有一位数字时，则符号前面应加0。
例如：边长为：9.525mm，则符号为：09。

（10）可选符号：特殊公差符号——第⑩位

对于 f_1、f_2 和 l_1 带有 ±0.08mm 公差的不同测量基准刀具的符号按表5-8的规定。

表5-8　对于 f_1、f_2 和 l_1 带有 ±0.08mm 公差的不同测量基准刀具符号的规定　　（单位：毫米）

符号	测量基准面	简　图
Q	基准外侧面和基准后端面	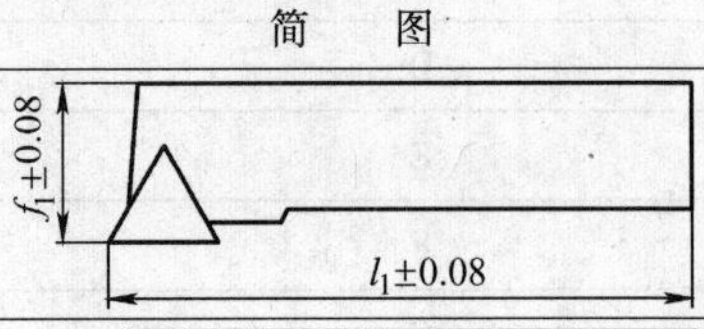
F	基准内侧面和基准后端面	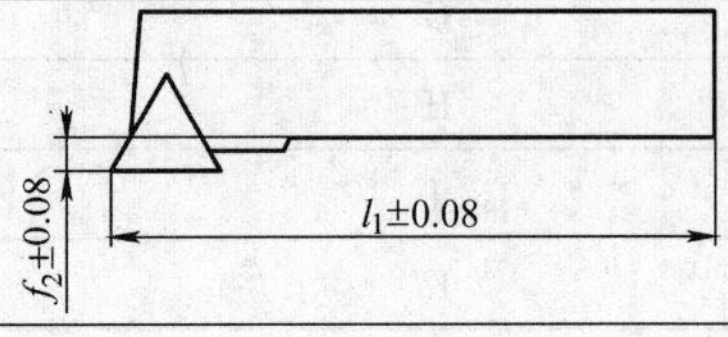

（续）

符号	测量基准面	简　图
B	基准内外侧面和基准后端面	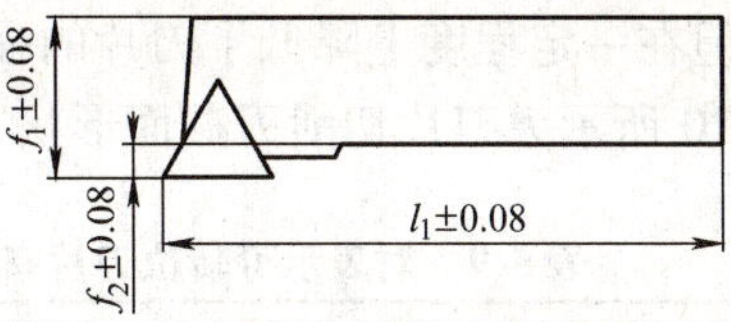

2. 刀片规格系列

刀片形状多种多样，按照 GB/T 2076—2007《切削刀具用可转位刀片型号表示规则》，每种刀片形状都有其对应的代号。图 5-11a 所示为 16 种刀片形状及其对应代码，图 5-11b 所示为几种常见可转位刀片的结构形状。国家标准中刀片是按照刀片形状、法后角、刀片尺寸精度、切削刃倒棱形式等参数项用一组字母及数字进行表示的。例如，刀片 SPAN150408TR 代表的含义是：

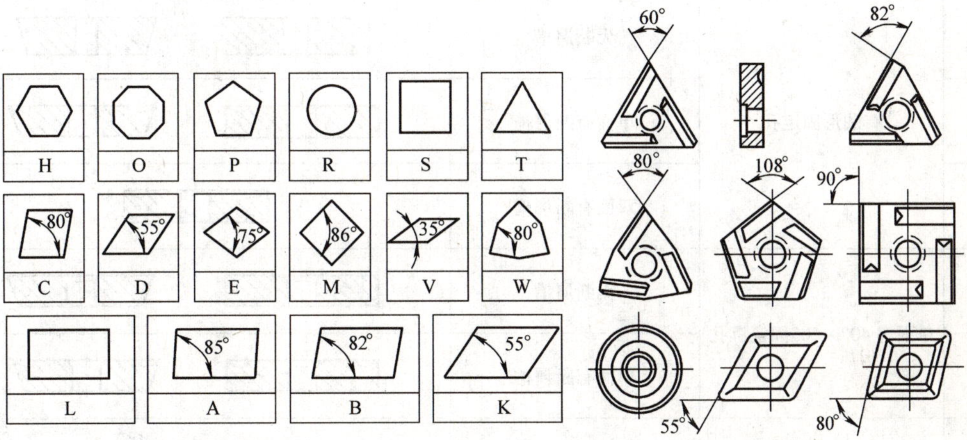

a)　　b)

图 5-11　可转位刀片形状及其代码、常见刀片结构

a）刀片形状及其代码　b）常见刀片结构

S　P　A　N　15　04　08　T　R

- R — 刀片切削方向为右切
- T — 刀片切削刃截面形状为倒棱
- 08 — 刀尖圆弧半径 0.8mm
- 04 — 刀片厚度为 4.76mm
- 15 — 刀片边长 15.875mm
- N — 刀片无断屑槽，无固定孔
- A — 刀片允许偏差等级：A 级
- P — 刀片法后角：11°
- S — 刀片形状：正方形

表示可转位刀片有、无断屑槽和中心固定孔的字母代号应符合表5-9的规定。双面均开有断屑槽的刀片是可翻面继续使用的。这种可转位和翻面多次使用的结构形式可有效降低刀片成本，但在一定程度上降低了刀片的强度。

表5-10所示为刀片切削刃截面形状及其对应的字母代号。

表5-9 对表示可转位刀片有、无断屑槽和中心固定孔字母代号的规定

代号	固定方式	断屑槽①	示 意 图
N	无固定孔	无断屑槽	
R		单面有断屑槽	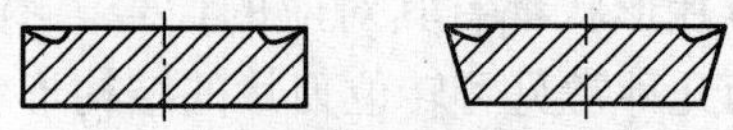
F		双面有断屑槽	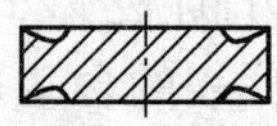
A	有圆形固定孔	无断屑槽	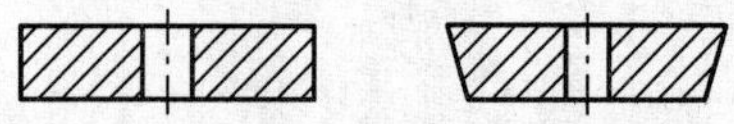
M		单面有断屑槽	
G		双面有断屑槽	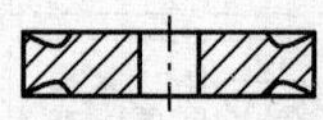
W	单面有40°~60°固定沉孔	无断屑槽	
T		单面有断屑槽	
Q	双面有40°~60°固定沉孔	无断屑槽	
U		双面有断屑槽	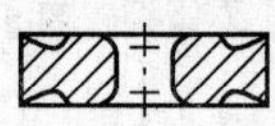
B	单面有70°~90°固定沉孔	无断屑槽	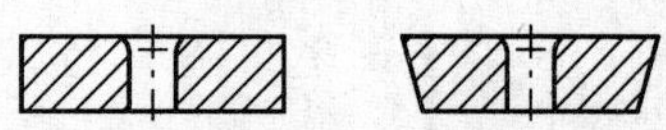
H		单面有断屑槽	
C	双面有70°~90°固定沉孔	无断屑槽	
J		双面有断屑槽	
X②	其他固定方式和断屑槽形式，需附图形或加以说明		—

① 断屑槽的说明见GB/T 12204。

② 不等边刀片通常在④号位用X表示，刀片宽度的测定（垂直于主切削刃或垂直于较长的边）以及刀片结构的特征需要予以说明。如果刀片形状没有列入①号位的表示范围，则此处不能用代号X表示。

表 5-10　刀片切削刃截面形状及其对应的字母代号

代号	刀片切削刃截面形状	示意图
F	尖锐刀刃	
E	倒圆刀刃	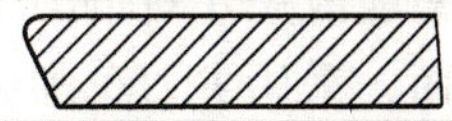
T	倒棱刀刃	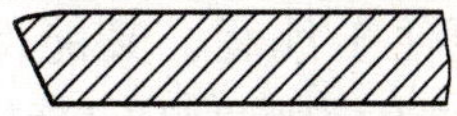
S	既倒棱又倒圆刀刃	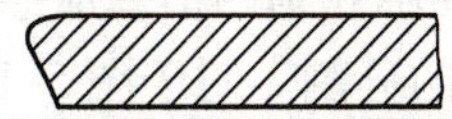
Q	双倒棱刀刃	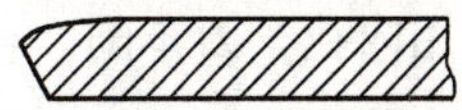
P	既双倒棱又倒圆刀刃	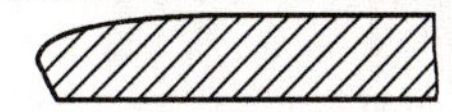

三、刀具的选择

刀具的选择是数控加工工艺设计中的重要内容之一。刀具选择得合理与否不仅会影响机床的加工效率，还会直接影响零件的加工质量。选择刀具时通常要综合考虑机床的加工能力、工序内容、工件材质等因素。选择的刀具应该满足如下几个方面的要求：

1）一次能实现的连续加工表面应尽可能多。

2）在切削过程中，刀具不能与工件轮廓发生干涉。

3）有利于提高加工效率和表面加工质量。

4）有合理的刀具强度和寿命。

1. 车刀结构形式的选择

车削外圆、端面和成形面适用的刀杆结构形式及刀片如表 5-11 所示。

表 5-11　车削外圆、端面和成形面适用的刀杆结构形式及刀片

车外圆	主偏角	45°	45°	60°	75°	95°
	刀杆结构形式及加工示意图	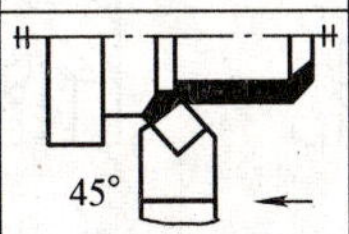	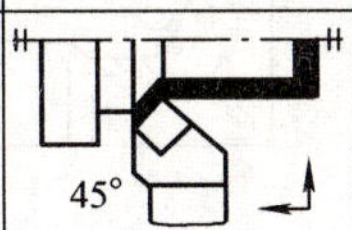	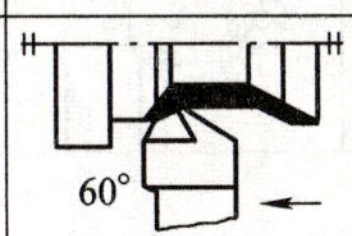	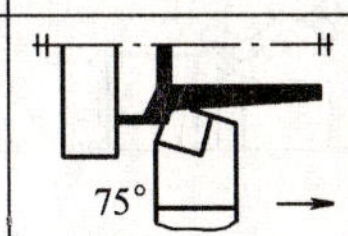	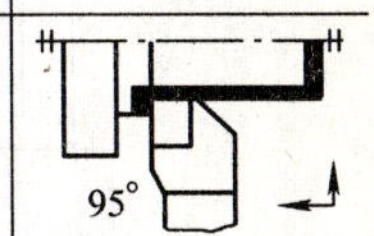
	推荐刀片	SCMA SPMR SCMM SNMM	SCMA SPMR SCMM SNMG	TCMA TNMM TCMM	SCMA SPMR SCMM SNMA	CCMA CCMM CNMM
车端面	主偏角	75°	90°	90°	95°	
	刀杆结构形式及加工示意图	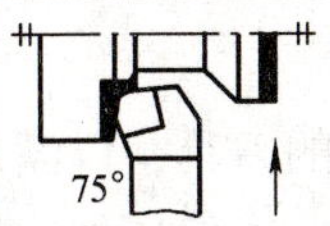	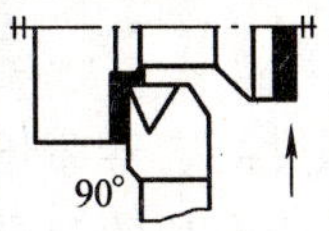	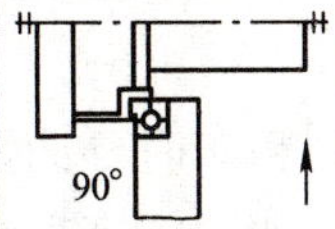	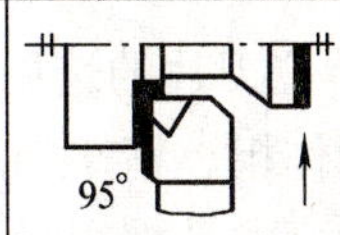	
	推荐刀片	SCMA SPMR SCMM CNMG	TCMA TNMA TCMM TPMR	CCMA	TPUN TPMR	
车成形面	主偏角	15°	45°	60°	90°	
	刀杆结构形式及加工示意图	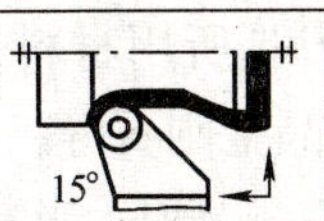	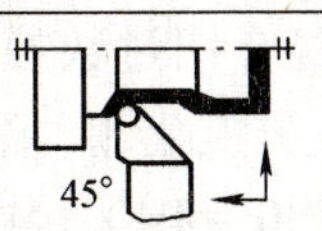	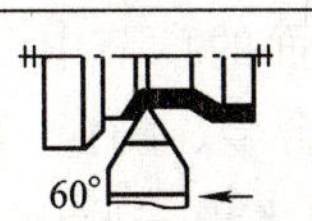	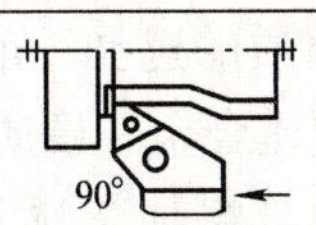	
	推荐刀片	RCMM	RNNG	TNMM	TNMG	

对于一些特殊的加工部位，刀杆形式可参考图5-12进行选用。图5-12a、b所示为对外圆上的凹槽进行精修时刀具的选用情况。当要求槽形表面不能有接刀痕迹时，应考虑使用一把刀具连续切削。此时刀具的主偏角和副偏角应根据凹槽两侧的角度来确定。若没有合适角度的刀具，则只能改用左右偏刀或直槽刀分别用不同的刀位点对接加工。对于图5-12c、d所示的大圆弧面，采用尖刀车削会导致背吃刀量的不均匀，选用圆弧车刀并以刀尖圆弧中心为刀位点，既便于编程，又能保证背吃刀量的均匀，从而得到光滑连接的表面。对于图5-12e所示的不规则凹槽，应结合CAD/CAM软件进行分析后，选用合适的刀具结构以及进行走刀路线的分割。对于图5-12f所示的浅端部曲面，可直接用尖形车刀车削加工，内形至孔口曲面则用内孔车刀车削。若端部曲面较深，则必须选用端面槽刀或自行刃磨出合适的刀具。

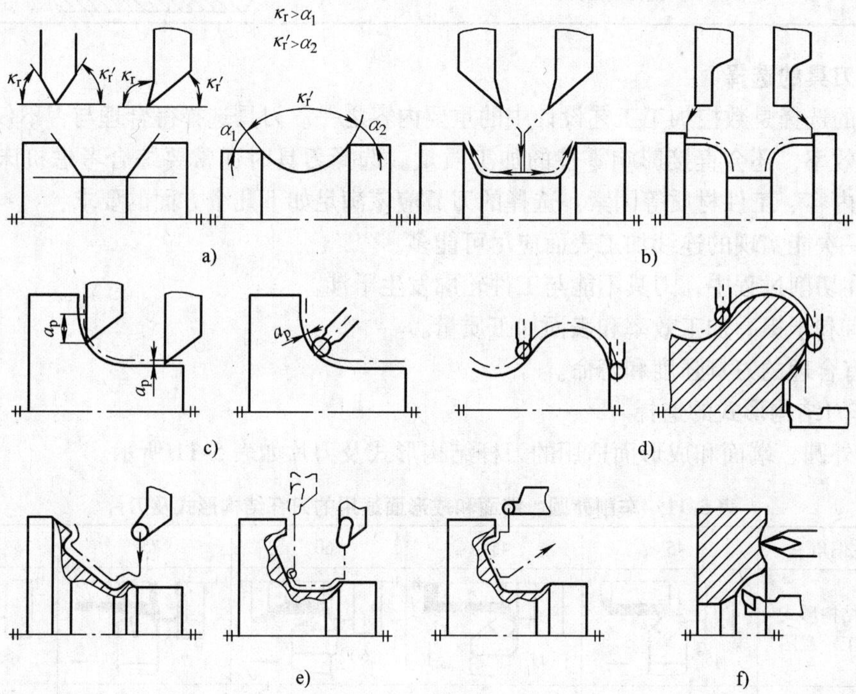

图5-12　刀杆结构形式的选择

2. 机夹可转位刀片的选用

数控车床能作粗、精车削。粗车时要选强度高、寿命长的刀具，以满足粗车时大背吃刀量、大进给量的要求；精车时，要选精度高、寿命长的刀具，以保证加工精度的要求。为减少换刀时间、方便对刀、便于实现标准化，数控车削加工中广泛采用机夹可转位刀片，所以刀具的选择主要是机夹可转位刀片的选择。

（1）刀片材质的选择　前面的章节中已经介绍过数控刀具所用材料，机夹可转位刀片的材质有涂层硬质合金、硬质合金、陶瓷、立方氮化硼、聚晶金刚石等，以硬质合金刀片应用最广。一般地，粗加工选用K30 ~ K40、P30 ~ P40、M30 ~ M40，半精加工选用K10 ~ K30、P10 ~ P30、M10 ~ M30，精加工选用K01 ~ K10、P01 ~ P10、M05 ~ M10。其中K类适用于加工短切屑脆性材料，如铸铁、有色金属及其合金；P类适用于加工长切屑塑性好的黑色金属，如钢料；M类硬质合金既适用于加工铸铁，又适用于切削钢料，可参见表1-3。

（2）刀片尺寸的选择　刀片尺寸的大小取决于必要的有效切削刃长度 L。有效切削刃长度 L 与背吃刀量 a_p 和车刀的主偏角 κ_r 有关（见图5-13）。使用时可查阅有关刀具手册选取。

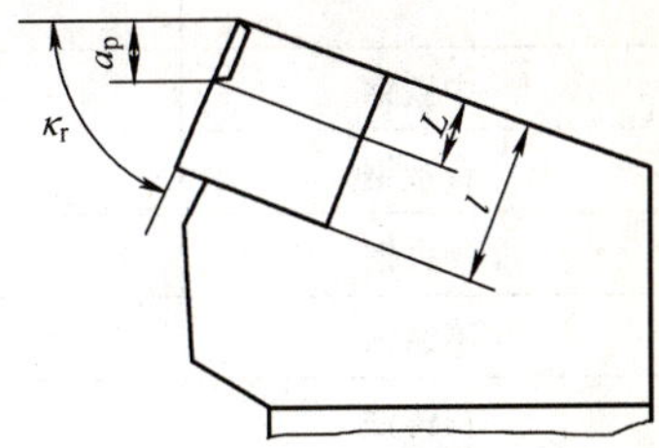

图5-13　刀片尺寸关系

（3）刀片形状的选择　刀片形状主要依据被加工工件的表面形状、切削方法、刀具总寿命和刀片的可转位次数等因素选择。图5-14所示为不同形状刀片刀尖强度的变化趋势。粗车时应选用刀尖强度高的刀片形状，精车时应选择刀尖强度低、振动小的刀片形状。

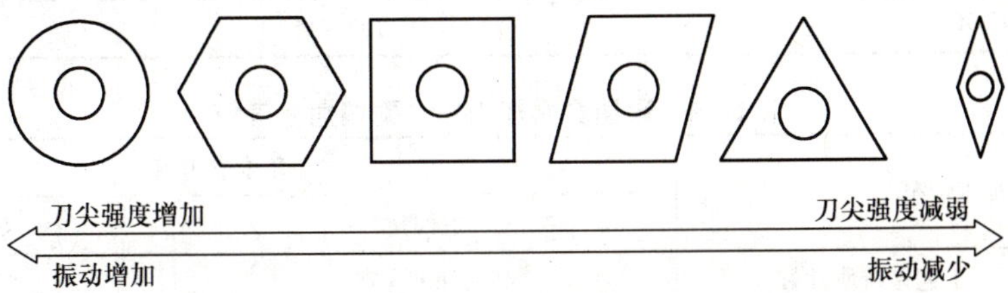

图5-14　不同形状刀片刀尖强度的变化趋势

（4）刀片几何角度的选择　刀具几何角度对加工的影响在第一章中已经作了介绍。表5-12、表5-13、表5-14、表5-15分别为选择硬质合金车刀前角、后角、主偏角和副偏角、刃倾角时的参考值。

表5-12　硬质合金车刀前角参考值

工件材料	前角		工件材料	前角	
	粗车	精车		粗车	精车
低碳钢、Q235	18°～20°	20°～25°	40Cr（正火）	13°～18°	15°～20°
45钢（正火）	15°～18°	18°～20°	40Cr（调质）	10°～15°	13°～18°
45钢（调质）	10°～15°	13°～18°	40钢、40Cr锻件	10°～15°	
45钢、40Cr、铸钢、钢锻件断续切削	10°～15°	5°～10°	淬硬钢（40～50HRC）	－15°～－5°	
			灰铸铁断续切削	5°～10°	0°～5°
灰铸铁、青铜、脆黄铜	10°～15°	5°～10°	高强度钢（R_m＜180MPa）	－5°	
铝及铝合金	30°～35°	35°～40°	高强度钢（R_m≥180MPa）	－10°	
纯铜	25°～30°	30°～35°	锻造高温合金	5°～10°	
奥氏体不锈钢（＜185HBW）	15°～25°		铸造高温合金	0°～5°	
马氏体不锈钢（＜250HBW）	15°～25°		钛与钛合金	5°～10°	
马氏体不锈钢（＞250HBW）	－5°		铸造碳化钨	－10°～－15°	

表5-13　硬质合金车刀后角参考值

工件材料	后角参考值	
	粗车	精车
低碳钢	8°～10°	10°～12°

（续）

工件材料	后角参考值	
	粗车	精车
中碳钢	5°~7°	6°~8°
合金钢	5°~7°	6°~8°
淬火钢	8°~10°	
不锈钢	6°~8°	8°~10°
灰铸铁	4°~6°	6°~8°
铜及铜合金（脆）	4°~6°	6°~8°
铝及铝合金	8°~10°	10°~12°
钛合金 $R_m \leqslant 1.17$GPa	10°~15°	

表 5-14 硬质合金车刀主、副偏角参考值

加工情况		角度参考值	
		主偏角	副偏角
粗车	工艺系统刚性好	45°，60°，75°	5°~10°
	工艺系统刚性差	60°，75°，90°	10°~15°
车细长轴、薄壁零件		90°，93°	6°~10°
精车	工艺系统刚性好	45°	0°~5°
	工艺系统刚性差	60°，75°	0°~5°
车冷硬铸铁、淬火钢		10°~30°	4°~10°
从工件中间切入		45°~60°	30°~45°
切断刀、车槽刀		60°~90°	1°~2°

表 5-15 硬质合金车刀刃倾角参考值

应用范围	角度值
精车钢和细长轴	0°~5°
精车非铁金属	5°~10°
精车钢和灰铸铁	0°~5°
精车余量不均匀的钢	−10°~−5°
断续车削钢和灰铸铁	−15°~−10°
带冲击切削淬硬钢	−45°~−10°

四、车刀的装夹

1. 前置式四方可转位刀架

前置式刀架大多是四方可转位刀架，对安装使用的标准刀方尺寸有限制。若采用与刀架标称刀方尺寸一致的标准机夹外圆车刀，可不加垫片直接用螺钉夹紧。此时刀尖将与主轴中心等高，如图 5-15a 所示。若采用的刀方尺寸比标称尺寸小，则在其底部加对应差值厚度的垫片后可保证刀尖与主轴中心等高。内孔车刀的刀杆截面一般为圆形，仅靠削平面夹紧是非常不可靠的。由于内孔车刀刀尖与刀杆圆截面中心等高，因此可像图 5-15b 那样制作一个简单的内孔车刀夹具，将装刀孔中心到刀架装刀基面的高度按标称刀方高度设计即可。

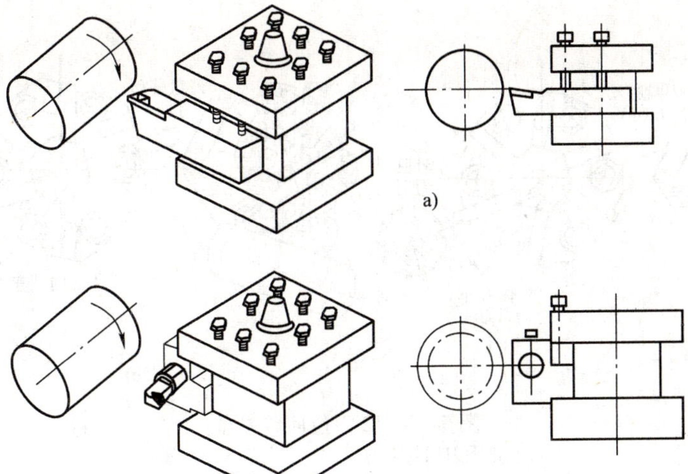

a）

b）

图 5-15 四方刀架上车刀的装夹
a）外圆车刀的安装 b）内孔车刀的安装

厂家在设定 $-Z$ 向软行程极限时，通常是按标称刀方的外圆车刀平装时贴靠三爪端面的位置而设定的。若使用小刀方刀具，应注意装刀位置和极限行程之间的关系，以确保有理想的 Z 向行程。

从原理上讲，采用反手内孔车刀时，令刀架移过主轴中心后，在主轴反转的情形下，前置式刀架可当作后置式刀架使用。但大多机床在过主轴中心后 $-X$ 方向的行程都设计得很小，因此进行工艺安排时不作此考虑。对于排刀架式的数控车床，如图 5-16 所示，其刀具左右偏向的选用及车削时主轴对应的旋向都应作周全考虑。

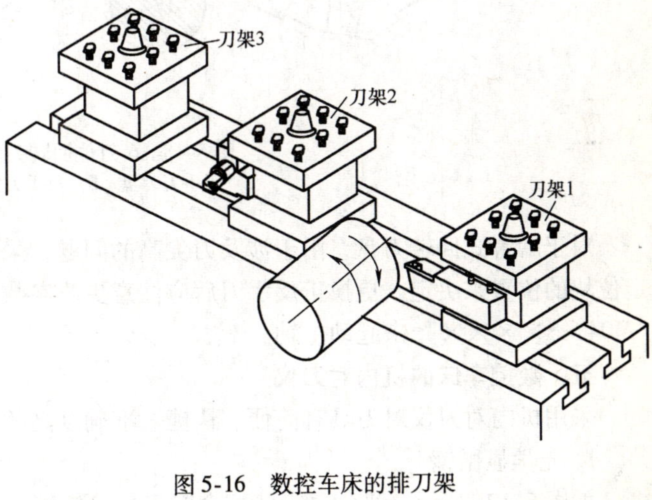

图 5-16 数控车床的排刀架

2. 后置式回转刀盘

数控车削是自动按程序设计的路线完成整个加工过程的，加工过程中切削状态不需要像普通车床那样人为观察、控制，所以大多数控车床采用后置式回转刀盘。同时为了实现排屑的便利，横向滑板的运动方向与地面倾斜成一定角度。

回转刀盘上车刀的安装如图 5-17 所示。外圆车刀装在径向，内孔车刀装在轴向。外圆车刀夹固槽应与刀盘运动方向平行且应保证刀尖的中心高要求；内孔车刀刀尖面应在装刀座孔中心上，且应与刀盘运动方向平行。12 刀位刀盘的外圆车刀和内孔车刀分别装在不同刀位上，可使用不同刀号及刀补号。如图 5-18 所示，6 刀位刀盘的外圆车刀和内孔车刀在某一刀位通常只能安装其中一个刀具来使用。若两个刀具同时安装，则使用同一刀号，此时应注意刀具间的相互干涉问题。在不干涉的情况下，可通过使用不同刀补号来分别构建坐标系。

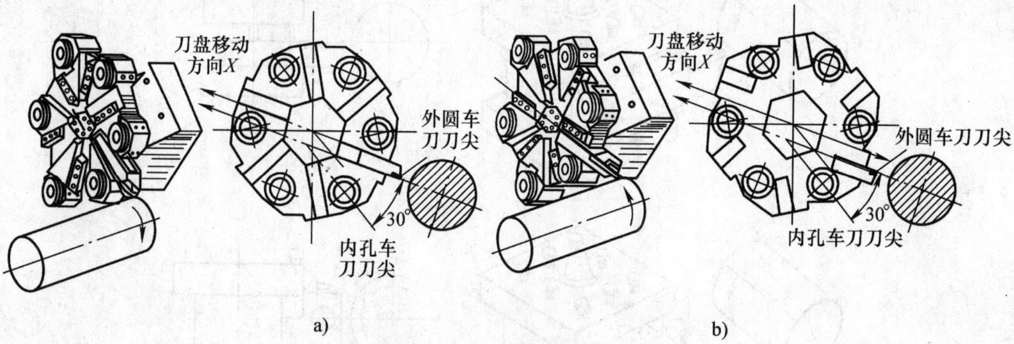

图 5-17　12 刀位回转刀盘

a）正手刀回转刀盘　b）反手刀回转刀盘

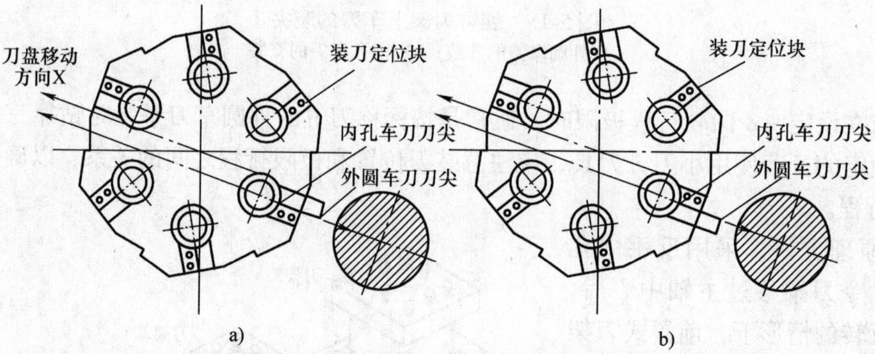

图 5-18　6 刀位回转刀盘

a）正手刀刀盘　b）反手刀刀盘

对于后置式回转刀盘，由于涉及刀尖高的问题，采用正手刀还是反手刀可通过改变装刀定位块的位置来决定。更换正反手刀后应注意更改参数设定主轴正转的旋向，或在程序中用“M04　S××××”来起动主轴。

五、数控车床的机内对刀仪

采用机内对刀仪对刀具有简便、快捷、准确度高的优点，在条件允许下应尽可能采用。

1. 光学显微镜

如图 5-19a 所示，光学显微镜配合对刀试棒使用。对刀试棒前端为 1/4 扇形块，以便于各种刀尖接近轴心；采用光学显微镜可精确测定刀尖与轴心的接触情况。设定试切直径为 0、试切长度 L，即可实现以卡爪端面中心位置为坐标原点的各刀具的对刀。

2. 电子传感器

如图 5-19b 所示，电子传感器有四个测头，分别用于左、右偏刀的 Z 向，外圆、内孔车刀的 X 向相对刀偏的测定。该对刀仪主要用于测定各刀具相对基准刀具的相对刀偏，基准刀具需要对工件进行试切以对刀。若已知测头与机床或工件坐标系的相对位置关系，也可换算后将其设置成绝对刀偏的对刀数据。

3. 标准电子对刀试棒

图 5-19c 所示为使用具有标准尺寸 D、L 的电子对刀试棒对刀的情况。当刀尖接触电子对刀试棒标准外圆面和右端面至指示灯亮后，按 D、L 设定试切直径和试切长度，即可实现以卡爪端面中心位置为坐标原点的各刀具的对刀。

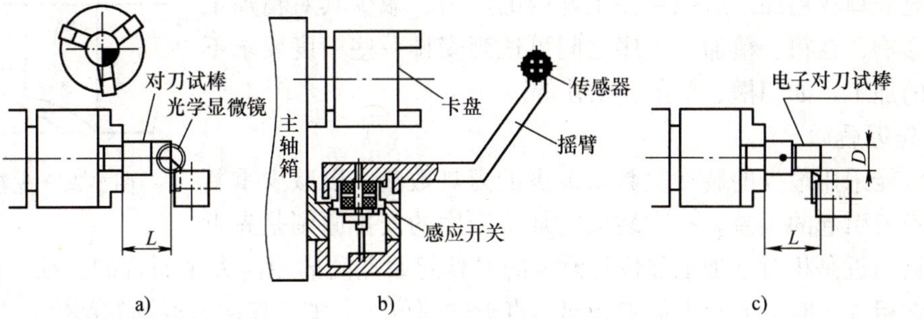

图 5-19　车床机内对刀仪
a）光学显微镜　b）电子传感器　c）标准电子对刀试棒

采用机夹可转位车刀进行批量加工时，其刀尖磨损后通过测定车削后零件的尺寸误差，并将差值设置到对应刀号的磨损补偿中的方法，可自动修正尺寸误差从而获得合格的加工尺寸。当刀具达到寿命需更换刀片（刀片转位安装或更换新刀片）时，不需要重新对刀，但必须将磨损补偿中的数据清零。采用设置磨损补偿微调尺寸的方法比直接修改刀偏数据以调整尺寸更便于对刀具数据的管理。对整体式车刀和焊接式车刀而言，刀具磨损后需要重新装卸刀具，因此必须重新对刀。这也正是批量加工时使用机夹可转位车刀的优势所在。

第三节　数控车削加工的工艺设计

一、加工顺序的确定

在数控车削加工过程中，由于加工对象复杂多样，特别是轮廓曲线的形状及位置千变万化，以及受材料、批量等多方面因素的影响，在制订具体零件的加工顺序时，应该进行具体分析和区别对待，灵活处理。只有这样，才能使制订的加工顺序合理，从而达到质量优、效率高和成本低的目的。数控车削的加工顺序一般按照下述原则确定。

1. 基面先行

用作定位基准的表面应优先加工出来，因为用作定位基准的表面越精确，工件装夹时定位误差就越小。故工件加工的第一道工序一般是进行定位面的粗加工和半精加工（有时包括精加工），然后以精基准加工其他表面。例如，加工轴类零件时，总是先加工中心孔，再以中心孔为精基准加工外圆表面和端面。安排加工顺序遵循的原则是上道工序的加工能为后面的工序提供精基准和合适的夹紧表面。

2. 先粗后精

为了提高生产效率并保证零件的精加工质量，在切削加工时应先安排粗加工工序，以在较短的时间内将精加工前的大量加工余量（如图 5-20 中细双点画线内所示部分）去掉，同时尽量满足精加工余量的均匀性要求。

当粗加工后所留余量的均匀性满足不了精加工的要求时，则可安排半精加工作为过渡性工序，以使精加工余量小而均匀。

在安排可以一刀或多刀进行的精加工工序时，其零件的最终轮廓应由最后一刀连续加工而成。

为充分释放粗加工后残存在工件内的应力，减少其对精加工的不良影响，在粗、精加工工序之间可适当安排一些精度要求不高部位的加工，如切槽、倒角、钻孔等。

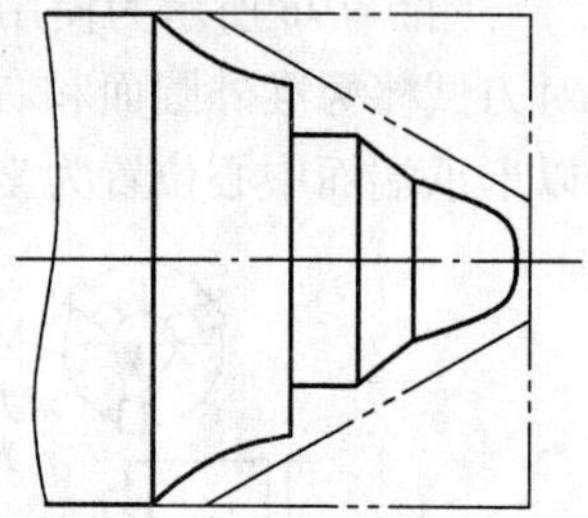

图 5-20 先粗后精

3. 先近后远

尽可能采用最少的装夹次数和最少的刀具数量，以减少重新定位或换刀引起的误差。一次装夹时加工顺序的安排原则是先近后远。远与近是相对于加工部位与设定的刀具起始点间的距离大小而言的。在一般情况下，特别是在粗加工时，通常先加工离起刀点近的部位，后加工离起刀点远的部位，以缩短刀具移动距离、减少空行程时间。对于车削加工，先近后远有利于保持毛坯件或半成品件的刚性，改善其切削条件。

4. 先内后外，内外交叉

对于既有内表面（内型、腔）又有外表面需加工的零件，安排其加工顺序时，应先安排内、外表面的粗加工，后安排内、外表面的精加工。切不可将零件的一部分表面（外表面或内表面）加工完毕后，再加工其他表面（内表面或外表面）。

上述原则并不是一成不变的，对于某些特殊情况，需要采取灵活可变的方案。这有赖于编程者实际加工经验的不断积累。

二、走刀路线的确定

走刀路线包括刀具进行切削加工时的路线及刀具切入、切出等非切削加工时的空刀行程路线。走刀路线与零件的加工精度和表面粗糙度是密切相关的，因此编程之前合理选择走刀路线是非常重要的。

走刀路线的确定原则是在保证加工质量的前提下使加工程序具有最短的走刀路线。这样不仅可以节省整个加工过程的时间，还能减少一些不必要的刀具消耗及机床进给运动部件的磨损等。

1. 粗车走刀路线

现代数控车床控制系统按照传统外圆粗车和端面粗车的车削加工走刀方式，已提供了简单方便的编程指令 G71、G72，另外还有适于数控加工特点的环状粗车指令 G73。这些由系统预定义的粗切方式具有编程计算简单快捷的特点，是目前数控车削加工中广泛采用的几种粗车走刀路线。

图 5-21a 所示为以外圆车削为主、从大到小（孔加工时是从小到大）层层切削的走刀路线安排方式。对切削区域轴向余量较大的细长轴套类零件进行粗车时，使用该方式加工可减少分层次数，使走刀路线变短。图 5-21b 所示为以端面车削为主、从右往左（或从左往右）层层切削的走刀路线安排方式。其主要用于切削区域径向余量较大的轮盘类零件的粗车加工，可使走刀路线变短。图 5-21c 所示为针对数控系统控制特点而采用的固定轮廓从外向里（或从里向外）层层切削的走刀路线安排方式。这种方式较适合周边余量相对均匀的铸、锻坯料的粗车加工，不适合从棒料开始粗车加工，那样走刀路线中会产生很多空行程。

上述粗车走刀路线是从编程简便角度考虑，并利用了系统提供的快捷编程手段，对于批量不大、准备周期短的产品是比较适合的。当产品批量较大时，就需要优化走刀路线，以进一步缩短粗车加工时间。图 5-21d 所示的自定义走刀路线，就比 G71、G72、G73 的走刀路线更短，即使需要计算节点、编程调试复杂、准备时间较长，也应坚持采用。

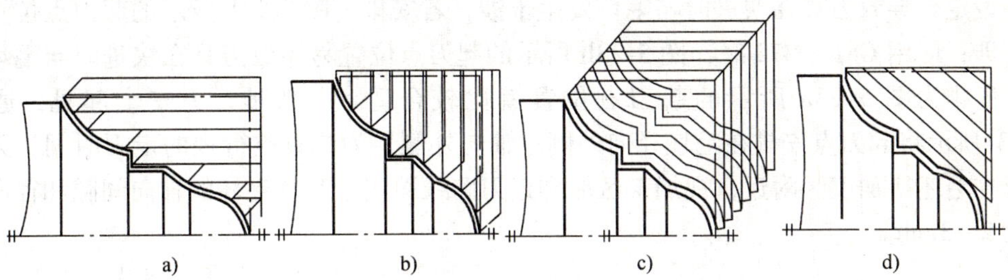

图 5-21　粗车进给路线示例
a）外圆粗车指令 G71　b）端面粗车指令 G72　c）环状粗车指令 G73　d）自定义路线

如图 5-22 所示，粗车或半精车铸锻毛坯零件时，使用外圆车刀作矩形循环安排走刀路线的情况下，若按图 5-22a 所示从右往左由小到大逐次车削，由于受背吃刀量不能过大的限制，所剩的余量就必然过多；若按图 5-22b 所示从大到小依次车削，则在保证同样背吃刀量的条件下，可使每次切削所留余量比较均匀，是正确的阶梯切削路线。由于数控机床的控制特点，可不受矩形路线的限制，采用图 5-22c 所示走刀路线，但同样要考虑避免背吃刀量过大的情况。为此，需采用双向进给切削的走刀路线，所选用刀片应能主、副切削刃交替使用进行双向切削。

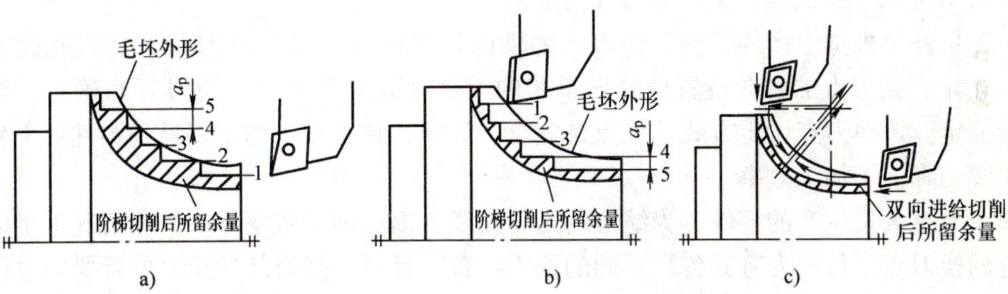

图 5-22　大余量毛坯的阶梯切削路线

2. 精车走刀路线

在安排一刀或多刀进行的精加工进给路线时，零件的最终轮廓应由最后一刀连续加工而成，并且加工刀具的进、退刀位置要考虑妥当，尽量不要在连续的轮廓中安排切入、切出、换刀及停顿。切入、切出及接刀点的位置应选在有退刀槽或表面间有拐点、转角的位置，不能选在轮廓曲线要求相切或光滑连接的部位，以免因切削力的突然变化造成弹性变形，致使光滑连接轮廓上产生表面划伤、形状突变或滞留刀痕等缺陷。

对各部位精度要求不一致的精车走刀路线，当各部位精度要求相差不是很大时，应以最严格的精度要求为准，连续走刀加工所有部位；若各部位精度相差很大，则精度要求接近的表面应安排在同一把刀具的走刀路线内加工，并应先加工精度要求较低的部位，再单独安排精度要求高的部位的走刀路线。

3. 空行程走刀路线

（1）起刀点的设定　粗加工或半精加工时毛坯余量较大。如前所述，可采用系统提供的简单或复合车削循环指令加工。使用固定循环指令时，循环起点通常应设在毛坯外面。

从固定循环走刀路线分析，使用G80、G71作外圆车削类加工时，图5-23a所示起刀点位置的设定会导致刀具在快进时与毛坯发生干涉，若安排为图5-23b所示的起刀点位置则可避开干涉；使用G81、G72时，图5-23b所示的起刀点位置易导致刀具在快进时与毛坯发生干涉，安排为图5-23a所示的起刀点位置就比较合适。一般地，为安全起见，通常如图5-23c所示将起刀点安排在毛坯径向外侧、轴向外侧。为节省空行程的走刀时间，刀具起刀点应在毛坯待加工区附近，视加工区域和走刀路线而定。其与毛坯的轴向间隙和径向间隙通常为2～3mm。

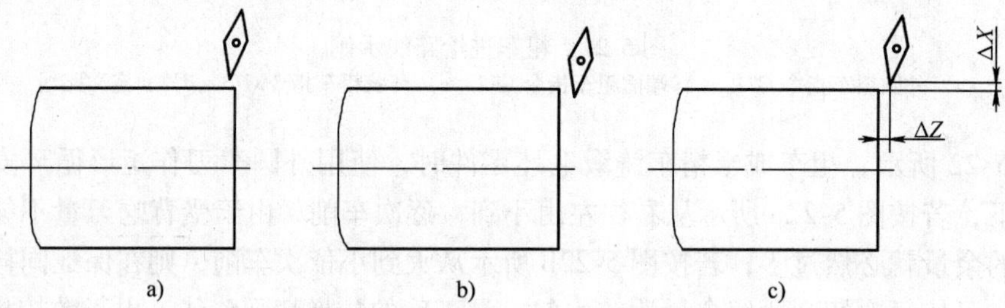

图5-23　起刀点的设定

（2）换刀点的设定　换刀点是指转动刀架换刀时的位置，应设在工件及夹具的外部，以换刀时不碰工件及机床、夹具等部件为准。

对于单件小批量生产的零件，换刀点的轴向位置由轴向最长的刀具（如内孔镗刀、钻头等）确定，换刀点的径向位置由径向最长的刀具（如外圆车刀、切刀等）确定，换刀点的位置固定。该换刀点设定方式的优点是安全、简便，缺点是增加了刀具到零件加工表面的运动距离，降低了加工效率。

对于大批大量生产的零件，为缩短空走刀路线、提高加工效率，在某些情况下可以不设定固定的换刀点。每把刀有其各自不同的换刀位置，且每一把刀具的换刀位置要经过仔细计算。其应遵循的原则是：一是确保换刀时刀具不与工件发生碰撞，二是力求最短的换刀路线。

（3）退刀路线的设定　数控车削中，刀具加工的零件部位不同，退刀路线也不相同。

1）斜线退刀方式。斜线退刀方式路线最短，适用于加工外圆表面的偏刀的退刀，如图5-23a所示。

2）径－轴向退刀方式。这种退刀方式是刀具先径向垂直退刀，到达指定位置后再轴向退刀，图5-24b所示为切槽加工时的退刀。

3）轴－径向退刀方式。轴－径向退刀方式的顺序与径－轴向退刀方式恰好相反，图5-24c所示为镗孔时的退刀。

4. 特殊的走刀路线

在数控车削加工中，一般情况下，Z坐标轴方向的进给运动都是沿着负坐标轴方向进给的。但有时按常规的负坐标轴方向进给并不合理，甚至可能车坏工件。

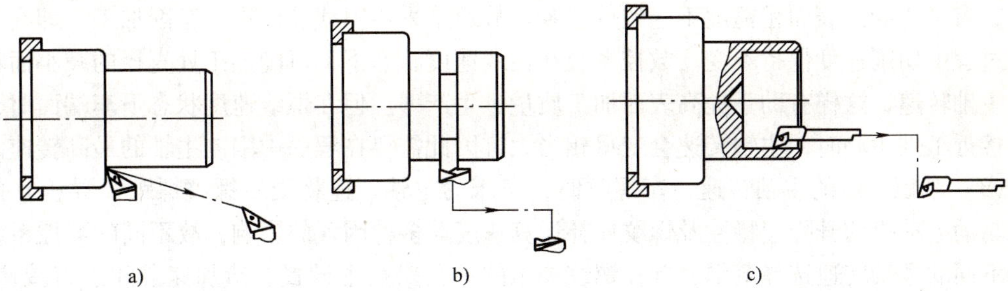

图 5-24　几种退刀方式

例如，当采用尖形车刀加工大圆弧内表面零件时，两种不同的进给方法的车削结果也不相同，如图 5-25 所示。图 5-25a 所示为第一种进给方法（$-Z$ 走向）。因尖形车刀的主偏角为 100°~150°，故此时切削力在 X 向的较大分力 F_p 会沿着图 5-25a 所示的 $+X$ 方向作用。当刀尖运动到圆弧的换象限处，即由 $-Z$、$-X$ 向 $-Z$、$+X$ 变换时，背向力 F_p 与传动横向滑板的传动力方向由原来的相反变为相同。若螺旋副间有机械传动间隙，就可能会使刀尖嵌入零件表面（即扎刀），其嵌入量在理论上等于机械传动间隙。即使该间隙量很小，由于刀尖在 X 方向换向时，横向滑板进给过程的位移量变化也很小，加上滑板与导轨处于动、静摩擦的过渡状态，仍会导致横向滑板产生严重的爬行现象，从而大大降低零件的表面质量。

对于图 5-25b 所示的进给方法，因为刀尖运动到圆弧的换象限处，即由 $+Z$、$-X$ 向 $+Z$、$+X$ 方向变换时，背向力 F_p 与丝杠传动横向滑板的传动力方向相反，故不会受到螺旋副机械传动间隙的影响而产生扎刀现象。此进给方案是较合理的。

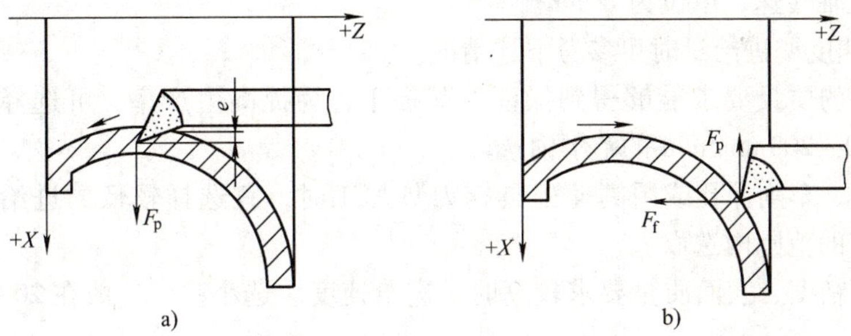

图 5-25　特殊的走刀路线

三、切削用量的选择

数控车削切削用量包括背吃刀量 a_p、主轴转速 n 和进给速度 v_f（或进给量 f）等。这些参数均应在机床技术参数允许的范围内选取。

1. 选择切削用量时应注意的问题

（1）粗车时的主轴转速　粗车时的主轴转速应根据零件上被加工部位的直径，并按零件和刀具的材料及加工性质等条件所允许的切削速度来确定。切削速度除了采用计算和查表的方法选取外，还可根据实践经验确定。需要注意的是，采用交流变频调速的数控车床低速时主轴输出力矩小，因而切削速度不能太低。

（2）恒线速度切削　车削时如果主轴转速固定，切削速度会随加工表面直径的变化而变化，有可能导致表面粗糙度不一致等现象。故通常采用恒线速度进行车削加工，即在工件切削过程中切削速度保持不变。数控系统在恒线速度状态下，可随加工处直径的减小而相应增加主轴转速，这样有助于提高表面加工质量、生产率。但在恒线速度状态下车端面时，当刀具接近工件中心时，主轴转速会变得相当大，因此需要在程序中限制主轴的最高转速。

(3) 车螺纹时的主轴转速　车螺纹时，车床的主轴转速将受到螺纹螺距（导程）的大小、驱动电动机的升降速特性及螺纹插补运算速度等多种因素的影响，故不同的数控系统会推荐不同的主轴转速选择范围，并在螺纹加工的刀具路径中设置进给加速段和退刀减速段。如大多数普通型车床数控系统推荐的车螺纹时的主轴转速按下式选定：

$$n \leqslant \frac{1200}{P} - k$$

式中　P——螺纹的螺距（导程），单位为 mm；

k——保险系数，一般取为 80r/min；

n——主轴转速，单位为 r/min。

(4) 进给速度的确定　进给速度的单位一般为 mm/min，但有些数控车床系统也选用进给量（单位为 mm/r）来表示进给速度，所以在制订加工工艺时既可以确定进给速度 v_f，也可以选定进给量 f。

进给速度 v_f 与进给量 f 可按下式进行换算：

$$v_f = nf$$

式中　v_f——进给速度，单位为 mm/min；

f——进给量，单位为 mm/r；

n——主轴转速，单位为 r/min。

选取进给速度或进给量时可参考下述情况。

1) 在工件的质量要求能够得到保证的前提下，为提高生产率，可选择较高的进给速度，一般在 100 ~ 200mm/min 的范围内选取。

2) 在切断、车削深孔或用高速工具钢刀具加工时，宜选择较低的进给速度，一般在 20 ~ 50mm/min 的范围内选取。

3) 当加工精度、表面质量要求较高时，进给速度应选小些，一般在 20 ~ 50mm/min 的范围内选取。

4) 对于刀具空行程，特别是需机床作远距离“回零”时，可以选用该机床数控系统设定的最高进给速度。

5) 进给速度应与主轴转速和背吃刀量相适应。

2. 数控车削加工时切削用量的确定

数控车削加工时背吃刀量 a_p、主轴转速 n 和进给速度 v_f（进给量 f）等切削用量的确定，可以先根据是粗加工、半精加工还是精加工以及工件加工余量等情况，确定背吃刀量，然后根据选用的刀具和工件的材质状况，查阅相关的机械加工工艺手册或刀具商提供的技术参数来查取，也可参考附录 D 的常用切削用量表来选定。

对查取的切削速度，应根据具体情况进行适当的修正，并应用式（1-1）计算出车削加工时的主轴转速。由于数控机床均具有主轴修调功能，故对计算出的主轴转速应取整。

精加工时进给量的选择，应综合考虑进给量、刀尖圆弧半径与表面粗糙度间的关系，以确保表面加工质量。

3. 螺纹加工时走刀次数与进给量的确定

螺纹加工时走刀分恒定切削面积和恒定进给量两种方式。采用恒定切削面积走刀方式时，进给量连续递减，以保证不变的切削面积。这种方式是数控机床上最常用的走刀方式，其进给量的分布按下式计算

$$\Delta_{api}=\frac{a_p}{\sqrt{n_{ap}-1}}\times\sqrt{\varphi_i}^{㊀}$$

式中 Δ_{api}——横向进给总量；

a_p——螺纹的牙深，参见附录D的表D-5；

n_{ap}——走刀次数，参见附录D的表D-5；

例如：对于螺距为1.5mm的ISO米制外螺纹，计算得Δ_{api}分别为0.23mm、0.42mm、0.59mm、0.73mm、0.84mm和0.94mm，则每次走刀的进给量分别为0.23mm、0.19mm、0.17mm、0.14mm、0.11mm和0.1mm。

恒定进刀量的走刀方式可获得最佳的切屑控制和保证刀具的寿命，在数控机床的加工中被越来越多地采用。初始值大约为0.18~0.12mm，且需保证最后一次走刀的进给量不小于0.08mm。

例如：螺距为2.0mm的ISO米制外螺纹，查表（见附录表5-5）知其牙深为1.28mm，进刀次数为8次，则：

$$1.28\text{mm}=0.17\text{mm}\times7+0.09\text{mm}$$

即：最后一次的进给量为0.09mm，其余7次的进给量为0.17mm。

第四节 典型零件的数控车削工艺

一、轴套类零件的数控车削工艺

图5-26所示轴套零件为一典型轴套类零件，该零件在进行数控加工前已在普通车床上按图5-27所示图样进行过粗车。下面详细介绍其数控车削工艺设计过程。

1. 零件工艺分析

从图5-26中可以看出，轴套类零件主要由内外圆柱面、内外圆锥面、平面及圆弧等组成，结构形状较复杂；加工的部位多，零件的$\phi24.4_{-0.03}^{0}$mm和$6.1_{-0.06}^{0}$mm两处尺寸精度要求较高，加工精度要求高；外圆锥面上有几处$R2$mm的圆弧面；工件壁薄，加工中极易变形，加工难度较大，因此适合数控车削加工。

该零件的轮廓描述清晰，尺寸标注完整。材料为45钢，其切削加工性能较好，无热处理技术要求。

通过上述分析，数控车削中可以采取以下几点工艺措施。

1）工件外圆锥面上$R2$mm的圆弧面，由于半径较小，直接用成形车刀比用圆弧插补切削效率高、编程工作量小。

2）用端面A和外圆柱面B分别作为轴向和径向定位基准，可实现基准重合，减小定位

㊀ 当$i=1$时，$\varphi_1=0.3$；当$i=2\sim n$时，$\varphi_i=i-1$。

误差，对保证加工精度有利。同时，应在加工中仔细对刀并认真调整机床。

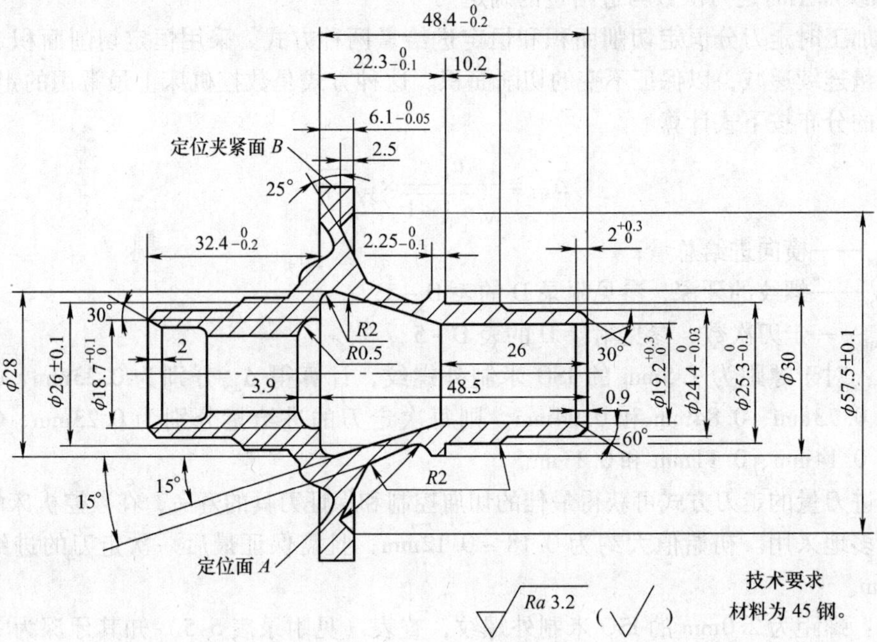

图 5-26 典型轴套类零件车削图

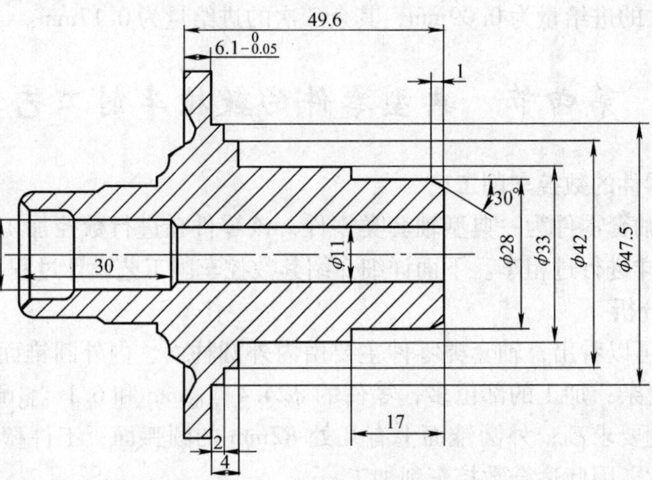

图 5-27 轴套类零件粗车图

3）工件壁薄、易变形，装夹工件、选择刀具、确定进给路线和切削用量时都需要认真考虑。可选择刚性较好的端面 *A* 和大外圆柱面 *B* 分别作为轴向和径向的定位基准，以减少夹紧变形的影响。

4）该零件比较复杂，加工部位较多，需采用多把刀具来完成加工。

2. 确定装夹方案

由于该工件壁薄、易变形，为减少夹紧变形，采用如图 5-28 所示的包容式软爪进行装夹。该软爪底部的端齿在卡盘上定位，能保持较高的重复安装精度。为了便于在加工中对刀和测量，可以在软爪上设定一个对刀基准面。为准确控制对刀基准面至轴向支承面的距离，在数控车床上加工软爪的径向夹持表面时要一并将轴向定位支承表面加工出来。

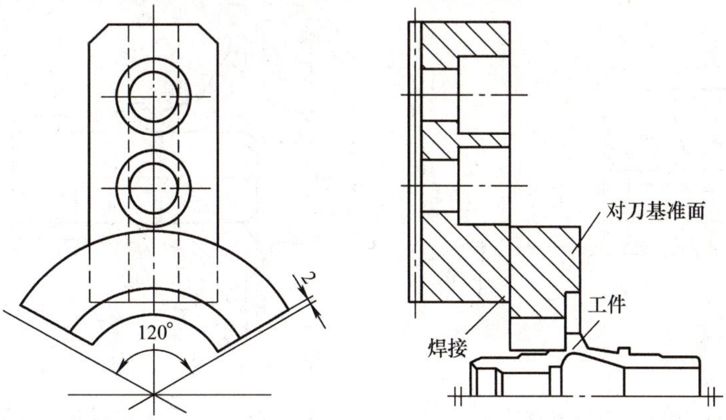

图 5-28　包容式软爪

3. 确定加工顺序、进给路线及刀具

根据先粗后精、先近后远、内外交叉的原则确定加工顺序和进给路线。所选刀具除成形车刀外，都是机夹可转位车刀。具体的加工顺序和进给路线如下。

1）粗车外圆表面。选用 80°菱形刀片将整个外圆表面粗车成形，其进给路线如图 5-29 所示。图中细单点画线所示路线为对刀时的进给路线，软爪上的对刀基准面与对刀点刀尖之间的距离（10mm）用塞尺校准。

2）半精车外锥面及过渡圆弧。选用圆弧半径为 R3mm 的圆弧形车刀车 25°、15°两外锥面及三处 R2mm 过渡圆弧，进给路线如图 5-30 所示。

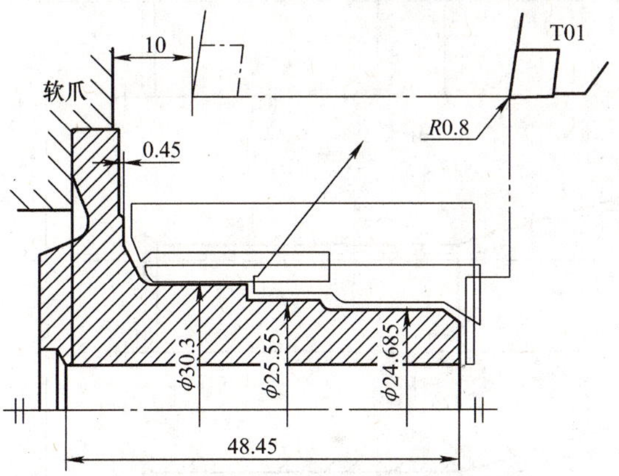

图 5-29　粗车外圆表面时的进给路线

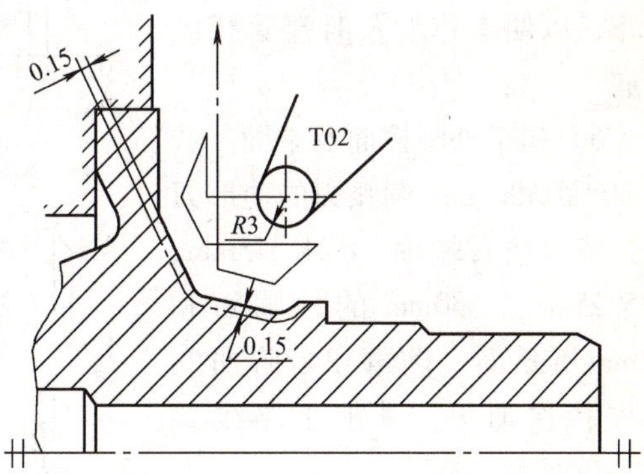

图 5-30　半精车外锥面及 R2mm 过渡圆弧

3）粗车内孔端部。内孔端部距离夹持部位较远，由于车削加工 $\phi19.2^{+0.3}_{0}$mm 内圆柱面的切削力远比钻削扩孔的切削力小，有利于减小切削变形，故内孔端部采用 60°带 R0.4mm 圆弧刃的三角形刀片车削加工，其进给路线如图 5-31 所示。

4）扩内孔深部。因为扩孔效率比车削高，内孔深部采用钻削扩孔的办法不仅可提高加工效率，而且切屑易于排出，故内孔深部采用 ϕ18mm 的麻花钻扩孔，其进给路线见图 5-32。

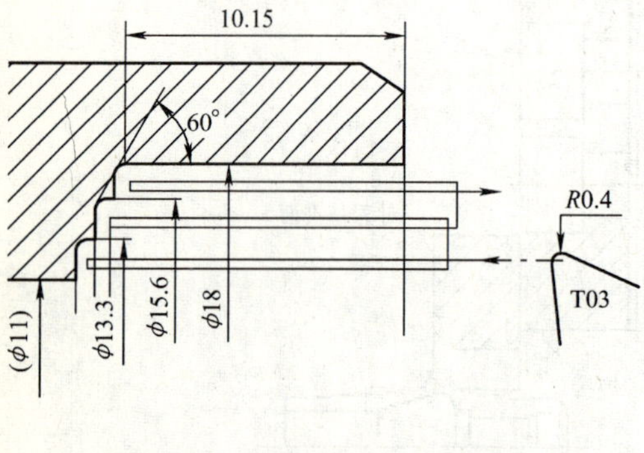

图 5-31　内孔端部粗车进给路线

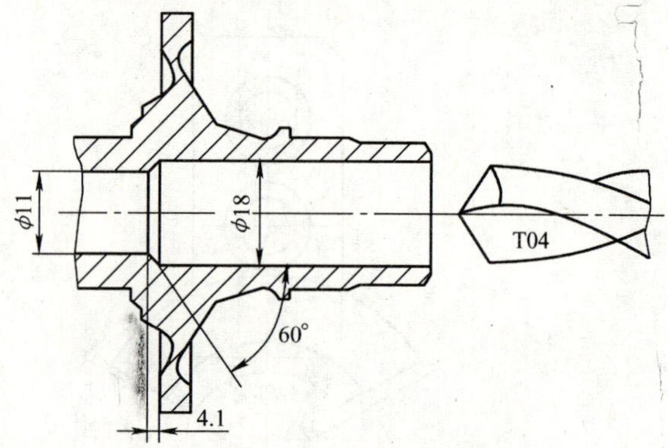

图 5-32　内孔深部钻削进给路线

需要说明的是，内孔端部和内孔深部的加工也可以不分工步，直接由一个车削工步或一个扩孔的工步加工完成。

5）粗车内锥面、半精车其余内表面。选用 55°带 R0.4mm 圆弧刃的菱形刀片半精车 $\phi19.2^{+0.3}_{0}$mm 内圆柱面、R2mm 圆弧面及左侧内表面，粗车 15°内圆锥面。由于内圆锥面需切余量较多，可分四次进给，进给路线如图 5-33 所示。每两次进给之间都安排一次退刀停车，以便操作者及时清除孔内切屑。

6）精车外圆柱面及端面。选用 80°带 R0.4mm 圆弧刃的菱形刀片，依次按右端面、ϕ24.385mm、ϕ25.25mm、ϕ30mm 的外圆面和 R2mm 圆弧面、倒角和台阶面的顺序依次加工，其加工路线如图 5-34所示。

7）精车外锥面及过渡圆弧。用 R2mm 的圆弧车刀精车 25°外圆锥面及 R2mm 圆弧面，其进给路线如图 5-35 所示。

8）精车 15°外锥面及 R2mm

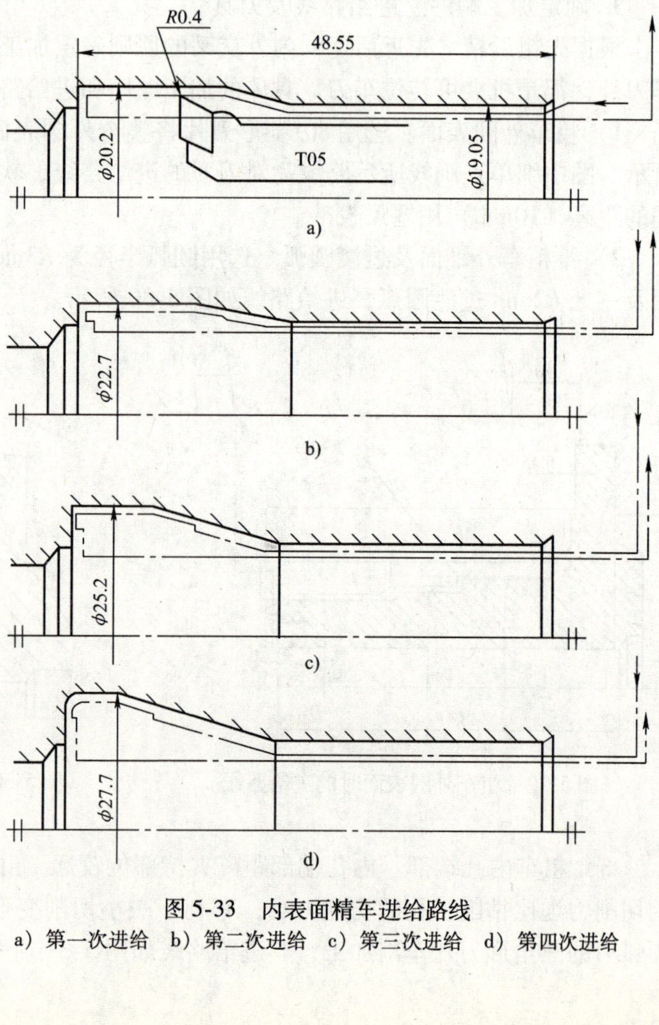

图 5-33　内表面精车进给路线

a）第一次进给　b）第二次进给　c）第三次进给　d）第四次进给

圆弧面。用 $R2$mm 的圆弧车刀精车 15°外圆锥面及 $R2$mm 圆弧面，其进给路线如图 5-36 所示。

9）精车内表面。用 55°带 $R0.4$mm 圆弧刃的菱形刀片精车 $\phi 19.2^{+0.3}_{0}$mm 内孔、15°内锥面、$R2$mm 圆弧面及锥孔端面，其精车进给路线如图 5-37 所示。

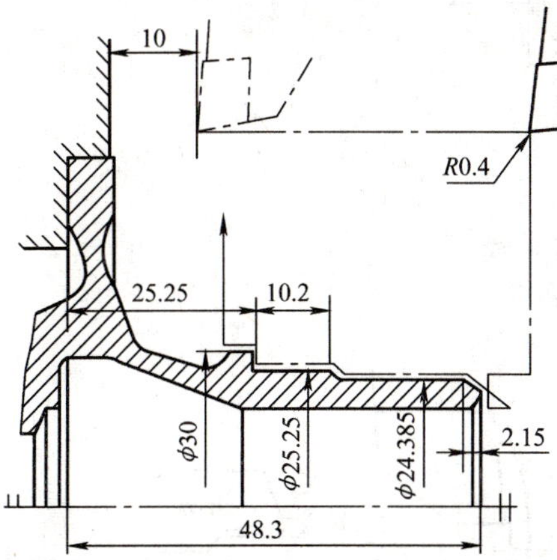

图 5-34　精车外圆柱面及端面进给路线

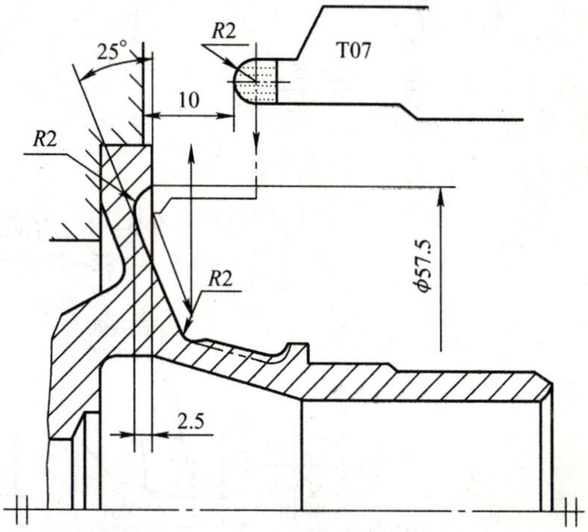

图 5-35　精车 25°外圆锥面及 $R2$mm 圆弧面

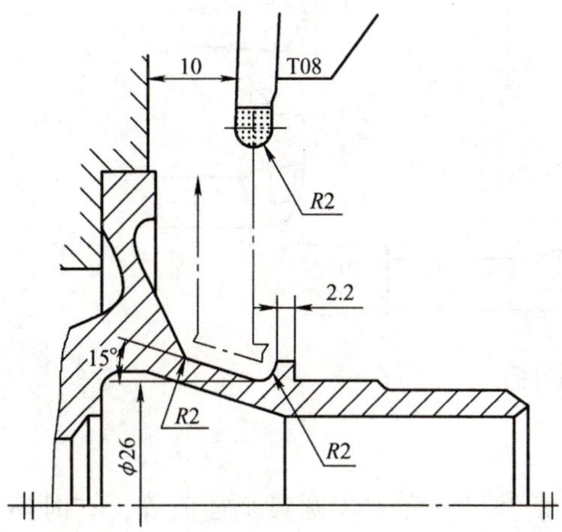

图 5-36　精车 15°外圆锥面及 $R2$mm 圆弧面

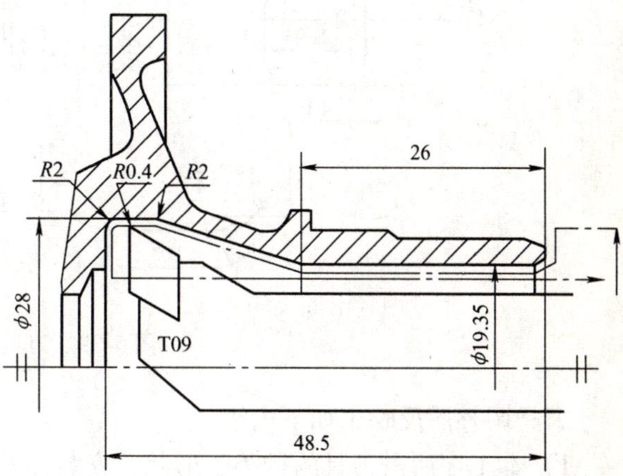

图 5-37　精车内表面进给路线

10）加工最深处 $\phi 18.7^{+0.1}_{0}$mm 内孔及端面。选用 80°带 $R0.4$mm 圆弧刃的菱形刀片，分两次进给，加工最深处 $\phi 18.7^{+0.1}_{0}$mm 内孔及端面。为便于钩除切屑，中间需退刀一次，其进给路线如图 5-38 所示。

图 5-38 中车内孔根部端面与倒角所采用的进给方向，是为了防止因刀具伸入长、刚性差而可能引起的振动。

在确认了零件的进给路线、选择了切削刀具之后，计算所用刀具数量。若使用刀具较多，为直观起见，可结合零件定位和编程加工的具体情况绘制刀具调整图，以指导加工时的装刀和对刀调整。图 5-39 所示为本例的刀具调整图。

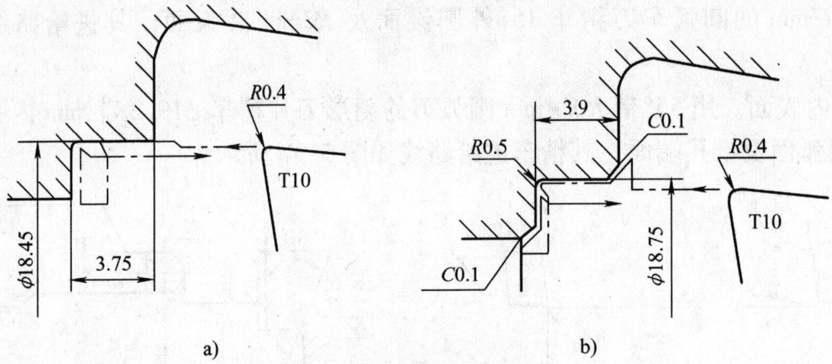

图 5-38　内部深孔钻削进给路线
a）第一次进给　b）第二次进给

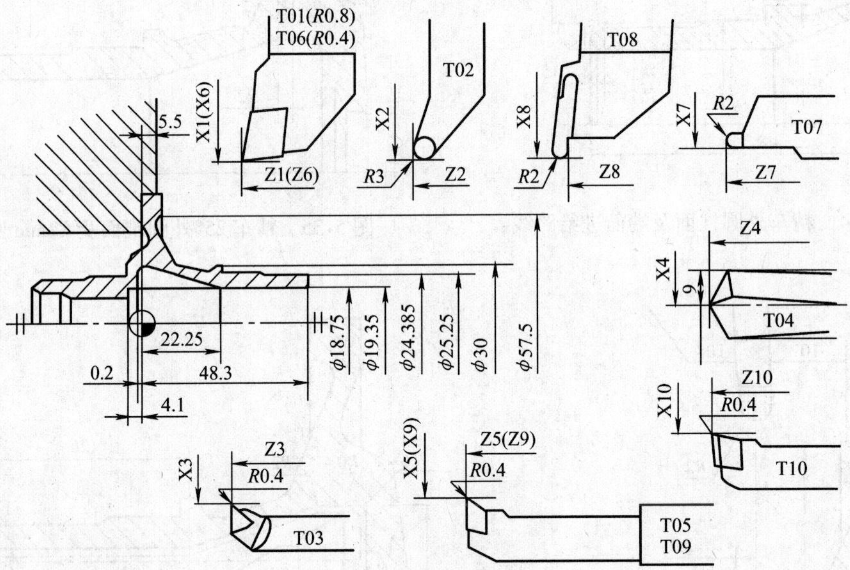

图 5-39　刀具调整图

刀具调整图反映了如下内容。

1）本工序所需刀具的种类、形状、安装位置、预调尺寸和刀尖圆弧半径值等，有时还包括刀补组号。

2）刀位点。若以刀具端点为刀位点，则刀具调整图中 X 向和 Z 向的刀偏尺寸终止线的交点即为该刀具的刀位点。

3）工件的安装方式及待加工部位。

4）工件的坐标原点。

5）工件主要尺寸的程序设定值（一般取为工作尺寸的中值）。

4. 选择切削用量

根据加工要求和各工步加工表面的形状选择切削用量，具体如下。

1）粗车外圆表面：车削端面时主轴转速 $n=1400\text{r/min}$，其余部位 $n=1000\text{r/min}$；端部倒角时进给量 $f=0.15\text{mm/r}$，其余部位 $f=0.2\sim0.25\text{mm/r}$。

2）半精车外锥面及过渡圆弧：主轴转速 $n=1000\text{r/min}$；切入时进给量 $f=0.1\text{mm/r}$，进给时 $f=0.2\text{mm/r}$。

3）粗车内孔端部：主轴转速 $n=1000\text{r/min}$，进给量 $f=0.1\text{mm/r}$。

4）扩内孔深部：主轴转速 $n=550\text{r/min}$，进给量 $f=0.15\text{mm/r}$。

5）粗车内锥面及半精车其余内表面：主轴转速 $n=700\text{r/min}$；车削 $\phi19.05\text{mm}$ 内孔时进给量 $f=0.2\text{mm/r}$，车削其余部分时 $f=0.1\text{mm/r}$。

6）精车外圆柱面及端面：主轴转速 $n=1400\text{r/min}$，进给量 $f=0.15\text{mm/r}$。

7）精车25°外锥面及 $R2\text{mm}$ 圆弧面：主轴转速 $n=700\text{r/min}$，进给量 $f=0.1\text{mm/r}$。

8）精车15°外锥面及 $R2\text{mm}$ 圆弧面：切削用量与精车25°外锥面及 $R2\text{mm}$ 圆弧面时相同。

9）精车内表面：主轴转速 $n=1000\text{r/min}$，进给量 $f=0.1\text{mm/r}$。

10）车削最深处 $\phi18.7^{+0.1}_{0}\text{mm}$ 内孔及端面：主轴转速 $n=1000\text{r/min}$，进给量 $f=0.1\text{mm/r}$。

5. 填写工艺文件

1）按加工顺序将各工步的加工内容、所用刀具及切削用量等填入数控加工工序卡片中，见表5-16。

表5-16　数控加工工序卡片

<table>
<tr><td colspan="2" rowspan="2">工厂名称</td><td colspan="2">产品名称或代号</td><td colspan="2">零件名称</td><td colspan="2">零件图号</td></tr>
<tr><td colspan="2"></td><td colspan="2">轴套</td><td colspan="2"></td></tr>
<tr><td>工序</td><td>程序编号</td><td colspan="2">夹具名称</td><td colspan="2">使用设备</td><td colspan="2">车间</td></tr>
<tr><td></td><td></td><td colspan="2">包容式软爪</td><td colspan="2">T6 数控车床</td><td colspan="2"></td></tr>
<tr><td>工步</td><td>工步内容</td><td>刀具号</td><td>刀具规格</td><td>主轴转速/(r/min)</td><td>进给量/(mm/r)</td><td>背吃刀量/mm</td><td>备注</td></tr>
<tr><td>1</td><td>① 粗车端面
② 粗车外表面分别至尺寸 φ24.68mm、φ25.55mm、φ30.3mm</td><td>T01</td><td>SCLCR 2020K09</td><td>1400
1000</td><td>0.15
0.2～0.25</td><td></td><td></td></tr>
<tr><td>2</td><td>半精车外锥面，留余量0.15mm</td><td>T02</td><td>SRGCR 2020K06</td><td>1000</td><td>0.1
0.2</td><td></td><td></td></tr>
<tr><td>3</td><td>粗车深度为10.15mm的φ18mm内孔</td><td>T03</td><td>S08K-STF CR09</td><td>1000</td><td>0.1</td><td></td><td></td></tr>
<tr><td>4</td><td>扩φ18mm内孔深部</td><td>T04</td><td></td><td>550</td><td>0.15</td><td></td><td></td></tr>
<tr><td>5</td><td>粗车内锥面、半精车内表面分别至尺寸φ27.7mm和φ19.05mm</td><td>T05</td><td>S16N-SDU CR07</td><td>700</td><td>0.2
0.1</td><td></td><td></td></tr>
<tr><td>6</td><td>精车外圆柱面及端面至尺寸</td><td>T06</td><td>SCLCR 2020K09</td><td>1400</td><td>0.15</td><td></td><td></td></tr>
<tr><td>7</td><td>精车25°外锥面及R2mm圆弧面至尺寸</td><td>T07</td><td></td><td>700</td><td>0.1</td><td></td><td></td></tr>
<tr><td>8</td><td>精车15°外锥面及R2mm圆弧面至尺寸</td><td>T08</td><td></td><td>700</td><td>0.1</td><td></td><td></td></tr>
<tr><td>9</td><td>精车内表面至尺寸</td><td>T09</td><td>S16N-SDU CR07</td><td>1000</td><td>0.1</td><td></td><td></td></tr>
<tr><td>10</td><td>精车 $\phi18.7^{+0.1}_{0}$mm 内表面及端面至尺寸</td><td>T10</td><td>S12M-SCL CR06</td><td>1000</td><td>0.1</td><td></td><td></td></tr>
<tr><td>编制</td><td></td><td>审核</td><td></td><td>批准</td><td></td><td>共　页</td><td>第　页</td></tr>
</table>

2）将选定的各工步所用刀具的刀具型号、刀片型号及刀尖圆弧半径等填入数控加工刀具卡片中，见表5-17。

表5-17 轴套零件数控加工刀具卡

产品名称或代号			零件名称	轴套	零件图号	
序号	刀具号	刀具规格名称	数量	刀片型号	刀尖圆弧半径/mm	备注
1	T01	机夹可转位车刀	1	CCMT097308	0.8	
2	T02	机夹可转位车刀	1	RCMT060220	2	
3	T03	机夹可转位车刀	1	TCMT090204	0.4	
4	T04	φ18mm 麻花钻	1			
5	T05	机夹可转位车刀	1	DCMA070204	0.4	
6	T06	机夹可转位车刀	1	CCMW080304	0.4	
7	T07	成形车刀	1		2	
8	T08	成形车刀	1		2	
9	T09	机夹可转位车刀	1	DCMA070204	0.4	
10	T10	机夹可转位车刀	1	CCMW060204	0.4	
编制		审核		批准		共 页 第 页

上述两卡片和零件图是编制数控加工程序的主要依据。

3）将各工步的进给路线绘成进给路线图（见图5-29～图5-38）。

二、活塞缸的车削加工工艺

下面以大批大量生产的图5-40所示的活塞缸零件为例，介绍其数控车削加工工艺。

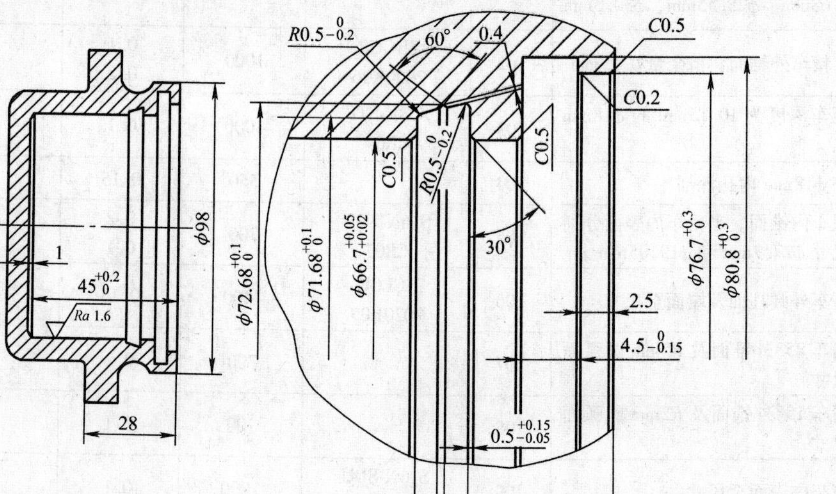

图5-40 活塞缸零件图

1. 零件工艺分析

该零件采用铸造毛坯，外形由铸造保证，机械制造时主要进行缸孔的加工。缸孔的轮廓形状虽然并不复杂，但两处密封槽的结构比较复杂，槽窄而转角圆弧半径小，不便于作直线及圆弧插补切削，宜采用成形刀具加工，以方便编程、提高切削效率。缸孔及密封槽的径向和轴向尺寸均有一定的精度要求，其中缸孔内径 $\phi66.7^{+0.05}_{+0.02}$mm 精度要求最高，达 IT7 级，且有较高的表面质量要求，需通过精车来保证；$\phi72.68^{+0.1}_{0}$mm、$\phi71.68^{+0.1}_{0}$mm 成形槽的公差等级为 IT10，需预切后再作精切；其余尺寸的公差等级为 IT11 ~ IT12，一次切削即可。缸孔成形部分结构清晰、尺寸标注完整、基准明确。另外，为保证槽的密封性能，槽壁不允许有振纹，因此要求切削刀具的切削刃锋利且刚性好。

零件材料为球墨铸铁 QT500 - 7，为短切屑脆性材料，应选用合适材料的切削刀片。

2. 确定装夹方案

该零件铸造毛坯的形状、主要尺寸如图 5-41a 所示。*A* 面为零件的装配基准，也是缸孔加工时的装夹定位基准，必须首先安排加工该面的工序。此时可由外圆 ϕ98mm 和 *C* 面作粗定位，以 ϕ98mm 外圆表面为夹紧表面，直接用自定心卡盘夹紧，将 *A* 面带白即可。加工缸孔时，将 *A* 面作为轴向定位基准，保证孔口与 *A* 面的距离尺寸 28mm；径向可直接以铸造毛坯表面 *B* 作为定位基准，同时以 *B* 面为夹紧表面，直接用自定心卡盘夹紧加工。这样能保证缸孔与毛坯各处壁厚的均匀程度。夹紧变形可通过调整夹紧力的大小进行控制。

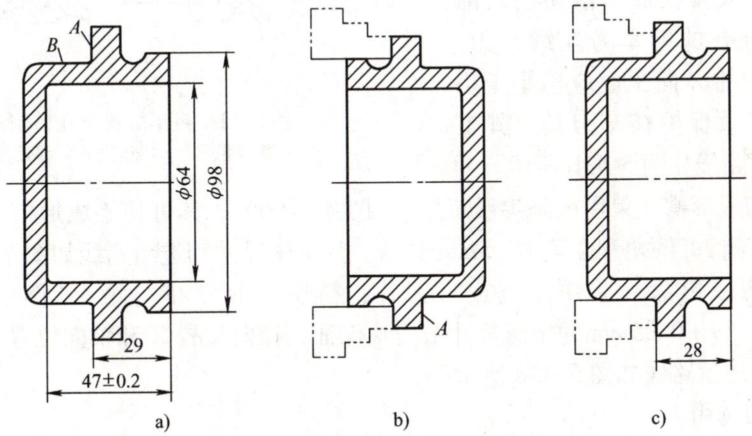

图 5-41　缸体加工顺序安排

a）铸造毛坯图　b）A 面普通车削　c）缸孔数控车削

3. 确定加工顺序及进给路线

当装夹定位基面 *A* 加工完成后，按图 5-41c 所示一次装夹即可实现缸孔所有表面的数控加工。其具体加工顺序和进给路线安排如下。

（1）车削孔口端面　由于孔口端面车削范围不大，故可使用一把外圆车刀进行车削。为获得较高的表面加工质量，可考虑使用车床的恒线速度控制功能，并进行主轴转速的限制。

（2）粗车缸孔　采用定制的双刃镗孔刀具粗车（镗）缸孔。其刀杆粗、刚性好，切削效率高。车孔尺寸直接由两刀片外刃间距保证，试切对刀时使刀杆对称中心与主轴回转中心重合即可。粗车缸孔直径到 ϕ66.4mm，*Z* 向缸孔深度加工到 45.3mm，以确保足够的精车余量。工序尺寸和进给路线如图5-42a所示。

(3) 扩缸孔口部带倒角　采用定制的复合刀具，当扩孔深度加工到位时，口部C0.5mm倒角也刚好加工到位。$\phi76.7^{+0.3}_{0}$mm尺寸由双刀片外刃间距保证，试切对刀时使刀杆对称中心与主轴回转中心重合即可；Z向深度$7^{0}_{-0.15}$mm由程序保证。其工序尺寸和进给路线如图5-42b所示。

(4) 车防尘槽　采用定制的成形刀片，切槽到位时也可将两侧的C0.2mm和C0.5mm的倒角加工出。$\phi80.8^{+0.3}_{0}$mm尺寸、Z向深度$7^{0}_{-0.15}$mm由程序保证，以试切到位为X0；槽宽尺寸$4.5^{0}_{-0.15}$mm由刀片宽度保证。工序尺寸和进给路线如图5-43a所示。

(5) 精车缸孔　采用定制刀杆、标准刀片。$\phi66.7^{+0.05}_{+0.02}$mm尺寸、Z向深度$45^{+0.2}_{0}$mm由程序保证，以试切到位为X0。为避免断续切削的冲击损伤刀具，精车应安排在成形槽切削之前进行。整个缸孔的精车为连续走刀，同时精车缸孔的Z向深度应稍小于粗车深度，以有效保护精车刀具。其工序尺寸和进给路线如图5-43b所示。

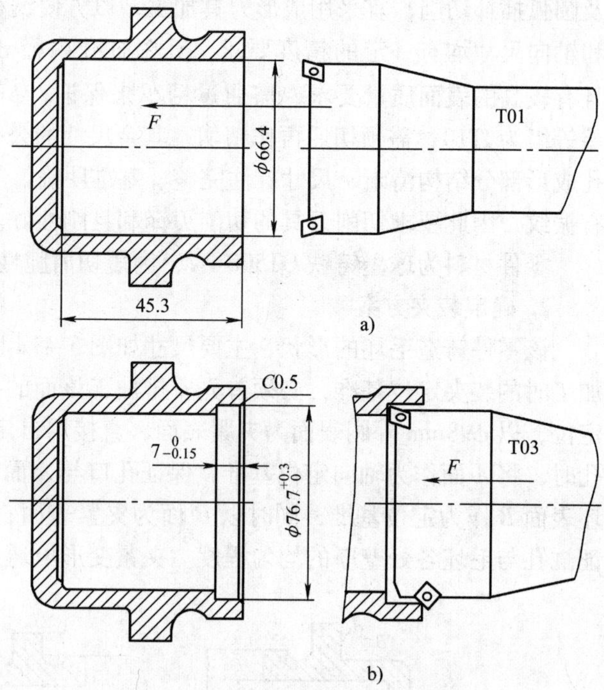

图5-42　粗车缸孔及孔口倒角
a) 粗车缸孔　b) 扩缸孔口部带倒角

(6) 预切成形槽　采用定制尖形刀片，刀尖角为60°。其可加工成形槽内60°油槽，预切成形槽、右侧30°倒角和左侧C0.5mm倒角。其工序尺寸和进给路线如图5-43c所示。

(7) 精切成形槽　采用定制成形刀片，精切成形槽和左侧45°倒角。$\phi72.68$mm、$\phi71.68$mm、4.19±0.05mm的槽形尺寸由刀片保证，径向位置X和轴向位置Z由程序保证。其工序尺寸和进给路线如图5-43d所示。

4. 刀具的选用

由于产品生产批量大且缸孔内各槽形的要求特殊，故各刀具均采用刚性好的定制粗刀杆作为刀体，以为高效切削提供条件；各切槽刀具根据槽形定制，工步通过采用复合刀具作适当组合，可减少刀具数目，节省对刀、换刀时间，简化走刀路线；扩口、倒角采用复合刀具，其刀片装固位置和角度按加工尺寸位置关系设计，和粗、精车缸孔一样，由于结构形状简单，可选用标准刀片，便于更换且节约刀具成本。各刀具的结构及其调整如图5-44所示。

5. 切削用量的选用

1) 粗车缸孔：主轴转速$n=500$r/min，背吃刀量1.5~2mm，进给量$f=0.18$mm/r。

2) 扩缸孔口部、倒角：主轴转速$n=300$r/min，背吃刀量5mm，进给量$f=0.1$mm/r。

3) 车防尘槽：主轴转速$n=280$r/min，背吃刀量2mm，进给量$f=0.05$mm/r。

4) 精车缸孔：主轴转速$n=600$r/min，背吃刀量0.15mm，进给量$f=0.18$mm/r。

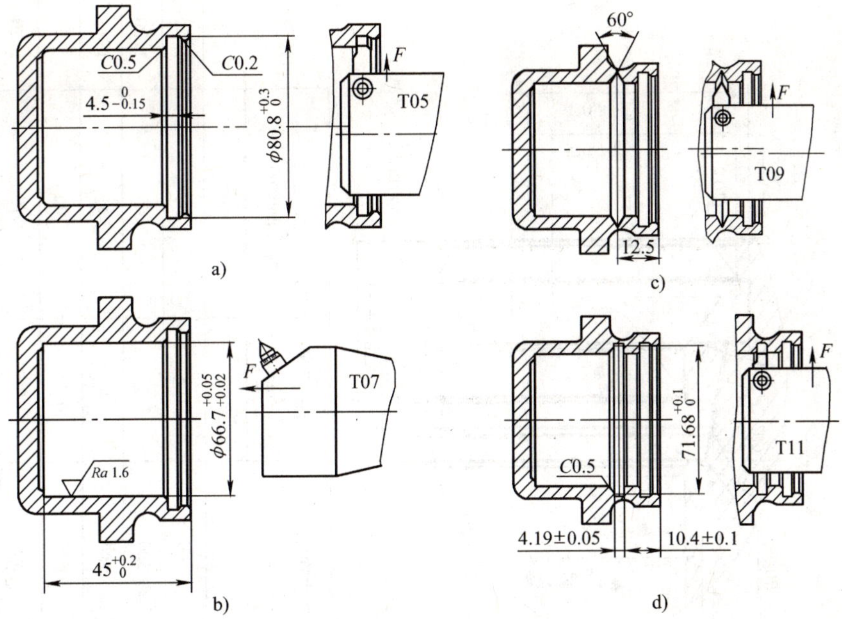

图 5-43 车槽及精镗

a）车防尘槽 b）精车缸孔 c）预切成形槽 d）精切成形槽

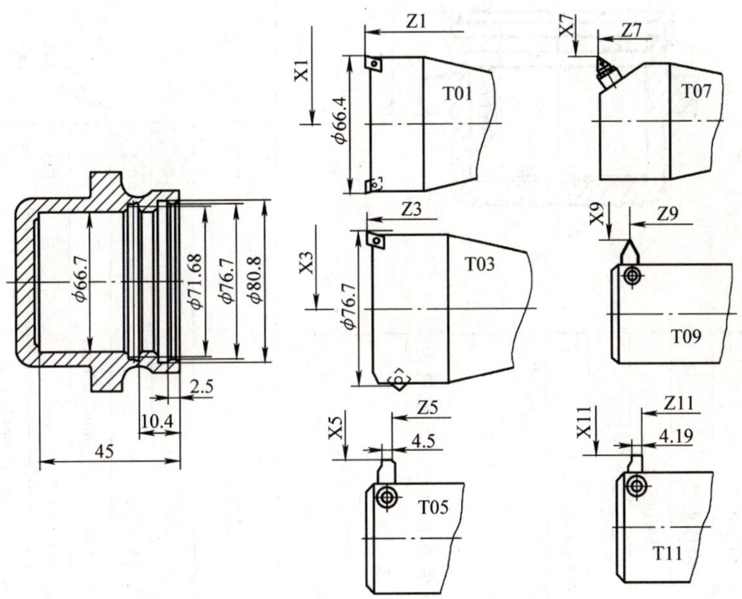

图 5-44 各刀具的结构及其调整

5）预切成形槽：主轴转速 $n=300$r/min，背吃刀量 2～3mm，进给量 $f=0.08$mm/r。

6）精切成形槽：主轴转速 $n=200$r/min，背吃刀量 1.2～1.5mm，进给量 $f=0.1$mm/r。

6. 填写工艺文件

填写的工艺文件包括表 5-18 所示的工序 2 的工序加工卡片和表 5-19 所示的工序 2 的工序检验卡片。

表 5-18　工序 2 的工序加工卡片

产品代号	数控加工工序卡片	零（部）件代号	零（部）件代号	工序名称	工序号
SG1020		101/201	卡钳体	缸孔加工	2

材料名称	材料牌号
球墨铸铁	QT500-7
机床名称	机床型号
数控车削中心	CH6145
夹具名称	夹具编号
车床夹具	SY6480-101-J02

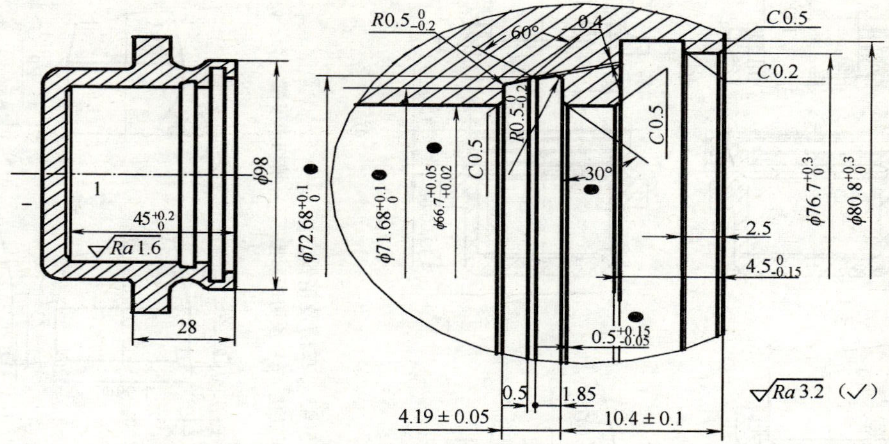

备注　ϕ72.8mm 为矩形槽直径对表尺寸，测量值为 ϕ72.8 ±0.05mm
标•为关键控制尺寸

工步	工作内容	刀具	量具	主轴转速 n/(r/min)	背吃刀量 /mm	进给速度 v_f/(mm/min)	自检频次
1	装夹工件		0～125mm 游标卡尺专用游标卡尺 内径千分尺 成形槽专用内卡钳 3501QA-015-L02				
2	粗车缸孔 ϕ66.4mm，深 45.3mm	T01		500	1.8	90	1/20
3	口部扩孔，倒角 $\phi 76.7^{+0.3}_{0}$mm、$7^{0}_{-0.15}$mm$C$0.5mm	T03		300	5	45	1/20
4	车防尘槽 $\phi 80.8^{+0.3}_{0}$mm 至宽度 $4.5^{0}_{-0.15}$mm	T05		280	5	42	1/15
5	精车缸孔 $\phi 66.7^{+0.05}_{+0.02}$mm，$Z$ 深 $45^{+0.2}_{0}$mm	T07		600	0.15	90	1/5
6	预切矩形槽	T09		300	2	75	1/20
7	精切矩形槽 $\phi 71.68^{+0.1}_{0}$mm、4.19 ±0.05mm	T11		200	1.2	28	1/5

更改标记	数量	文件号	签字	日期	编制	审核	批准	日期	共　页
									第　页

表 5-19 工序 2 的工序检验卡片

产品代号	数控加工检验卡片	零（部）件代号	零（部）件代号	工序名称	工序号
SG1020		101	卡钳体	缸孔加工	2

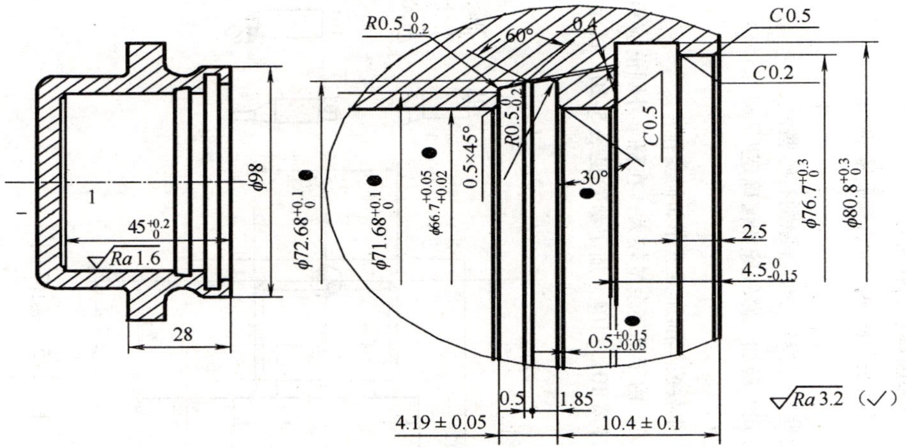

编制	
校对	
审核	
共 页	第 页

编号	技术要求	检测工艺	重要性	自检频次
1	$\phi 66.7^{+0.05}_{+0.02}$mm，$Ra1.6\mu m$	内径千分尺，$Ra1.6\mu m$ 采用目测法，$\phi 66.7^{+0.05}_{+0.02}$mm 内孔表面不允许有铸造缺陷		10%
2	$\phi 80.8^{+0.3}_{0}$mm，$4.5^{0}_{-0.15}$mm	专用游标卡尺检 $\phi 80.8^{+0.3}_{0}$mm，专用通止卡板检 $4.5^{0}_{-0.15}$mm		5%
3	$\phi 76.7^{+0.3}_{0}$mm	0～125mm 游标卡尺		5%
4、5	$\phi 72.68^{+0.1}_{0}$mm，$\phi 71.68^{+0.1}_{0}$mm，4.19±0.05mm	成形槽专用量具检验尺寸 $\phi 72.8\pm 0.05$mm，用专用宽度工具检 4.19±0.05mm		20%
6	$45^{+0.2}_{0}$mm	深度游标卡尺		5%
7	其余	各倒角：目测，$Ra3.2\mu m$：目测		

思考与练习题

1. 数控车削的主要加工对象有哪些？数控车削有何特点？
2. 数控车削对刀具有哪些要求？如何合理选择数控车床刀具？
3. 在数控车床上加工零件，分析零件图样时主要应该考虑哪些方面的问题？
4. 在数控车床上加工时，选择粗车、精车切削用量的原则分别是什么？
5. 数控车床适合加工具有哪些特点的回转体零件？为什么？
6. 数控车床常用的车刀有哪些类型？车刀的安装有哪些要求？
7. 在数控车床上常可采用哪些对刀方法？
8. 粗车与精车的工艺特点各是什么？
9. 轴类与套类零件数控车削加工工艺的特点是什么？
10. 数控车床加工的尺寸范围指的是加工零件的有效车削直径和有效切削长度，车床铭牌上标明的车削直径和加工长度就是该设备车削零件的尺寸范围吗？为什么？
11. 数控车床有哪些常用的装夹方式？刀具是如何进行定位和夹紧的？
12. 试解释刀片 TCMT090204 的含义。
13. 数控车削工序顺序的安排原则有哪些？工步顺序安排原则有哪些？
14. 常用数控粗加工进给路线有哪些方式？精加工路线应如何确定？
15. 数控车削加工的进给速度如何确定？
16. 数控车削的常用工艺文件有哪些？非数控车削加工工序如何安排？
17. 图 5-45 所示零件采用棒料毛坯加工，由于毛坯余量较大，在精车外圆前应粗车去除大部分毛坯余量，粗车后留 0.2mm 余量（单边）。使用刀具 T01 ~ T04，加工参数见表 5-20，试编制该零件的数控车削工艺。

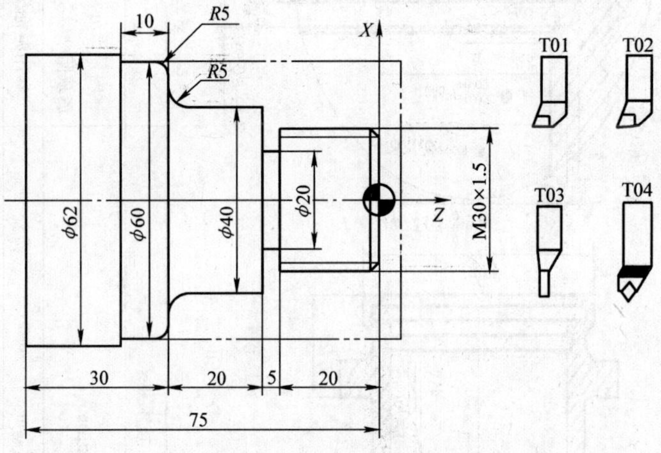

图 5-45 题 17 图

表 5-20 主要切削参数

刀具及工序	主轴转速 $S/(\mathrm{r/min})$	进给量 $f/(\mathrm{mm/r})$
T01 外圆粗车	630	0.15
T02 外圆精车	315	0.15
T03 切槽	315	0.16
T04 车螺纹	200	1.5

18. 拟定图 5-46 所示轴类零件的机械加工工艺，并填写相应的工艺卡片。

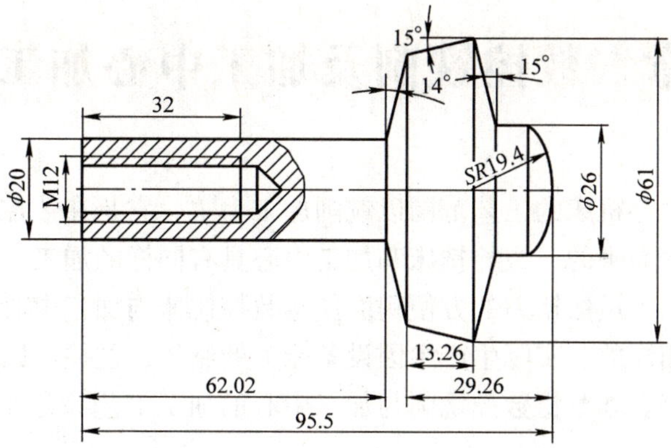

图 5-46　题 18 图

19. 拟定图 5-47 所示轴类零件的机械加工工艺，并填写相应的工艺卡片。

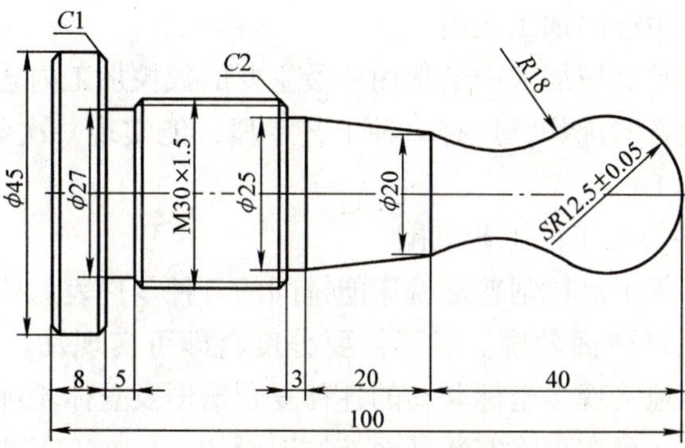

图 5-47　题 19 图

20. 拟定图 5-48 所示套类零件的机械加工工艺，并填写相应的工艺卡片。

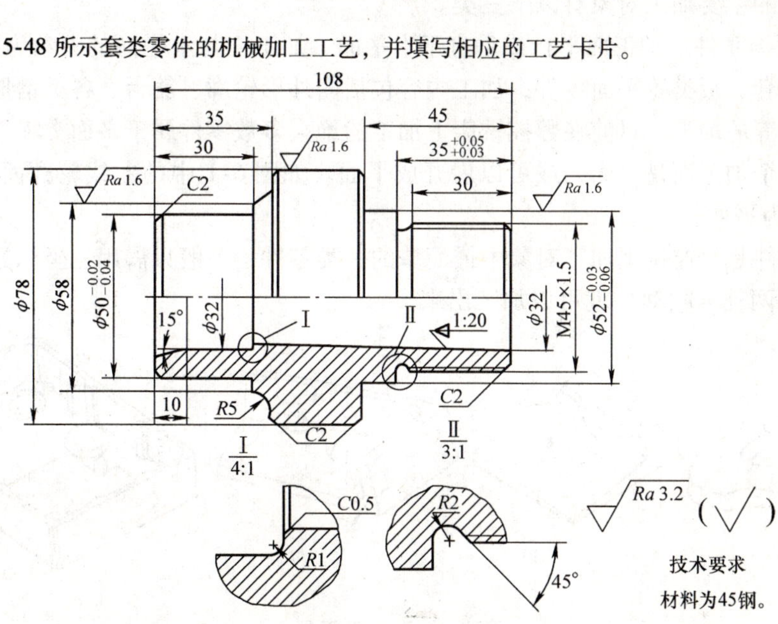

图 5-48　题 20 图

第六章　数控铣削及加工中心加工工艺

一般来说，加工中心机床的工艺范围以铣削加工为主，它是在数控铣床的基础上增加刀库和自动换刀装置演变而来的。数控铣床和加工中心具有同样的加工工艺范围，可实现铣削加工和钻、镗孔类加工。虽然换刀的方便程度使得数控铣床与加工中心在加工工艺安排上有所差别，但其本质是相同的。实际生产中因设备能力的制约，往往可以采用工序分散的策略安排数控铣床进行加工。本章将数控铣削与加工中心的加工工艺综合在一起进行介绍。

第一节　数控铣削及加工中心加工工艺分析

一、数控铣削及加工中心的加工范围

数控铣削及孔系加工是机械加工中最常用和最主要的数控加工内容之一。数控铣床和加工中心集中了金属切削设备的优势，具有多种工艺手段，能实现一次装夹后的铣、镗、钻、铰、锪、攻螺纹等综合加工。

1. 数控铣削及加工中心加工的工艺范围

数控铣床和加工中心除了能铣削普通铣床能铣削的各种零件表面外，还能铣削普通铣床不能铣削的复杂轮廓及三维曲面轮廓。其不需要分度盘即可实现钻、镗、攻螺纹等孔系加工，添加附加轴后可方便地实现多坐标联动的各种复杂槽形及立体轮廓的加工，采用回转工作台和立卧转换的主轴头还可实现除安装基面外的五面加工，加工工艺范围相当宽。数控铣削及加工中心的主要加工对象有以下三类。

（1）平面类零件　加工面平行或垂直于水平面、加工面与水平面的夹角为定角的零件，如箱体、盘、套、板类等平面零件，加工内容包括内外形轮廓、筋台、各类槽形及台肩、孔系、花纹图案等的加工。目前在数控铣床上加工的绝大多数零件属于平面类零件。平面类零件的特点是各个加工面是平面，或可以展开成平面。如图 6-1 中的曲线轮廓面 M 和锥台面 N，展开后均为平面。

平面类零件是数控铣削加工对象中最简单的一类零件，一般只需用三坐标数控铣床的两坐标联动（即两轴半联动）就可以加工出来。

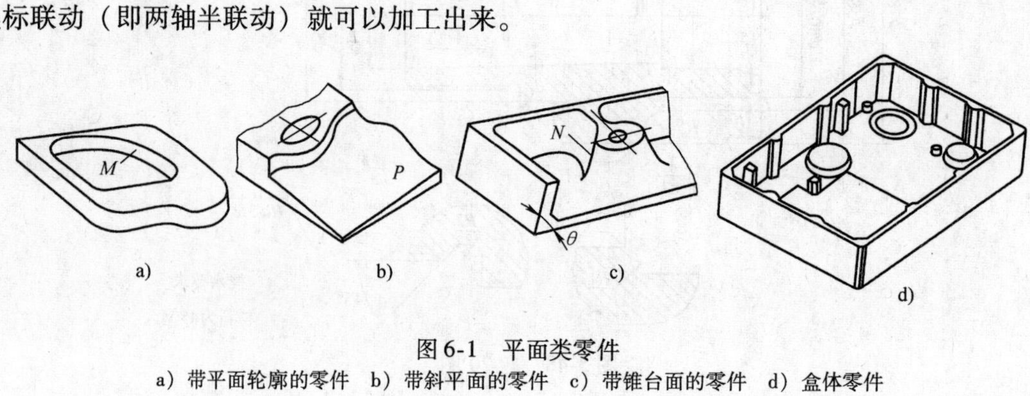

图 6-1　平面类零件
a）带平面轮廓的零件　b）带斜平面的零件　c）带锥台面的零件　d）盒体零件

对于图 6-2 所示的盒盖零件和基座零件，一次装夹加工涉及的刀具较多，工序较为集中，应纳入加工中心的加工工艺范围。

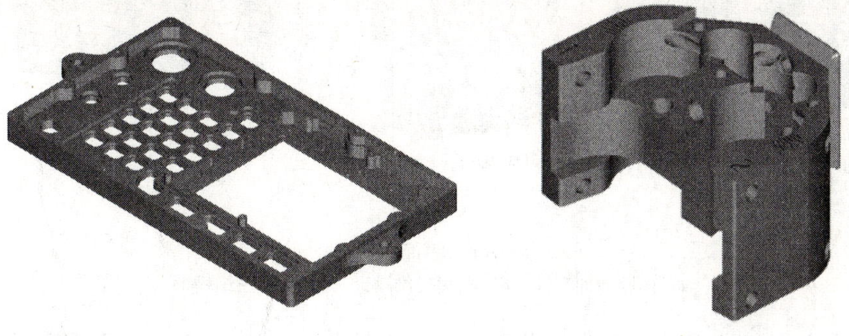

图 6-2　适合加工中心作工序集中加工的平面类零件
a）盒盖零件　b）基座零件

（2）变斜角类零件　加工面与水平面的夹角呈连续变化的零件称为变斜角类零件，如飞机上的整体梁、框、缘条与肋等，此外检验夹具与装配型架等也属于变斜角类零件。图 6-3所示为飞机上的一种变斜角梁椽条。该零件上表面第 2 肋至第 5 肋的斜角 α 从 3°10′均匀变化为 2°32′，第 5 肋至第 9 肋再均匀变化为 1°20′，第 9 肋至第 12 肋又均匀变化为 0°。

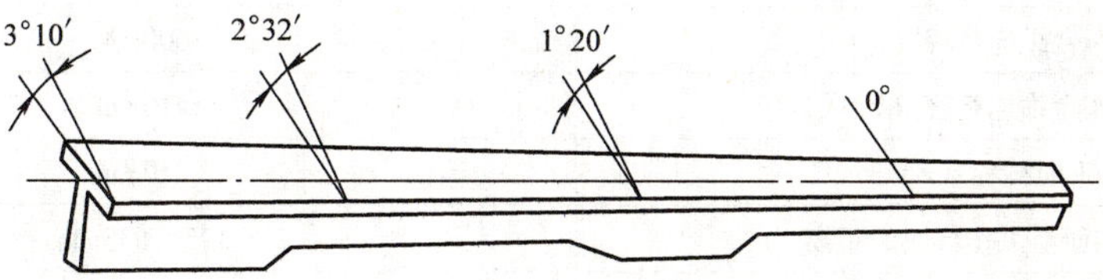

图 6-3　变斜角类零件

变斜角类零件的变斜角加工面不能展开为平面。但在加工中，加工面与铣刀圆周接触的瞬间为一条线，最好采用四坐标或五坐标数控铣床摆角加工。在没有上述机床时，可采用三坐标数控铣床，进行两轴半联动作近似加工。

（3）空间曲面类零件　图 6-4 所示的加工面为空间曲面的零件称为曲面类零件，如模具、叶片、螺旋桨等。空间曲面类零件的加工面不能展开为平面，加工时，加工面与铣刀始终为点接触。加工空间曲面类零件一般采用三坐标数控铣床或加工中心。当曲面较复杂、通道较狭窄、加工会伤及毗邻表面及需刀具摆动时，要采用四坐标或五坐标数控铣床及加工中心。对于回转曲面上的二维槽形，虽然其可展开为平面，但需要换算成回转轴的运动来实现，也需要采用四轴数控铣床或加工中心。对于回转曲面上的三维槽形，采用三坐标数控铣削加工需要多次装夹，使用四轴或者五轴数控铣床则可以简化加工工艺。

2. 数控铣削及加工中心加工的尺寸范围

对于尺寸较小零件的加工，通常采用仪表机床、数控雕铣机床、数控工具铣床等；中小尺寸零件可用床身式数控铣床及加工中心加工；大尺寸零件则需要使用龙门式数控镗铣床及加工中心加工。

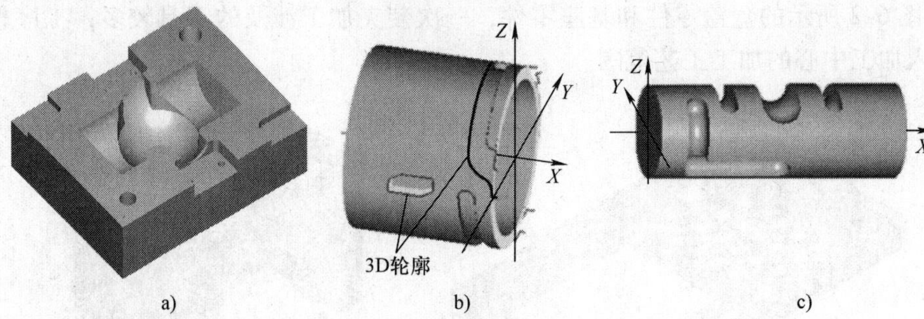

图 6-4 曲面类零件
a）模腔曲面零件 b）曲面二维槽形 c）曲面三维槽形

数控铣削及加工中心加工的尺寸范围，理论上受各轴（$X/Y/Z$）行程范围的影响，实际上还要考虑工作台面的装夹尺寸、工作台允许的最大承重、刀库预留的活动空间等诸多因素。表 6-1 列出的是某 XH713A 立式加工中心机床的尺寸规格参数，其位置关系如图 6-5 所示。

表 6-1 某 XH713A 立式加工中心机床的尺寸规格参数

名　　称	规 格 参 数
工作台面积	800mm × 350mm
工作台允许最大承重	500kg
工作台纵向行程（X）	600mm
工作台横向行程（Y）	410mm
垂向行程（Z）	510mm
主轴端面至工作台面的距离	125 ~ 635mm
主轴中心至立柱导轨面的距离	420mm
工作台中心至立柱导轨面的距离	215 ~ 625mm
换刀所需行程	127mm

由以上数据可推算出，该机床最大可加工尺寸范围为（600mm + D）×（410mm + D）× 510mm。若采用内装夹固定，其最大可装夹箱体零件的尺寸为：900mm × 430mm ×（510mm − H_{max}），但工作台最大允许承重为 500kg。上述内容中，D 为最大使用刀具直径，H_{max} 为最大使用刀具长度（切削刃至刀柄与主轴接合面间的距离）。该机床可安装使用的刀具长度范围为：125 ~ 510mm。

二、数控铣削加工零件的工艺性

制订零件的数控铣削加工工艺时，首先要对零件图进行工艺分析，其主要内容是数控铣削加工内容的选择。数控铣床的工艺范围比普通铣床大，但其价格较普通铣床高得多。因此，选择数控铣削加工内容时，应从实际需要和经济性两个方面进行考虑。通常选择下列加工部位为其加工内容：

1）零件上的曲线轮廓，特别是由数学表达式描绘的非圆曲线和列表曲线等曲线轮廓以及已给出数学模型的空间曲面。

2）形状复杂、尺寸繁多、划线与检测困难的部位。

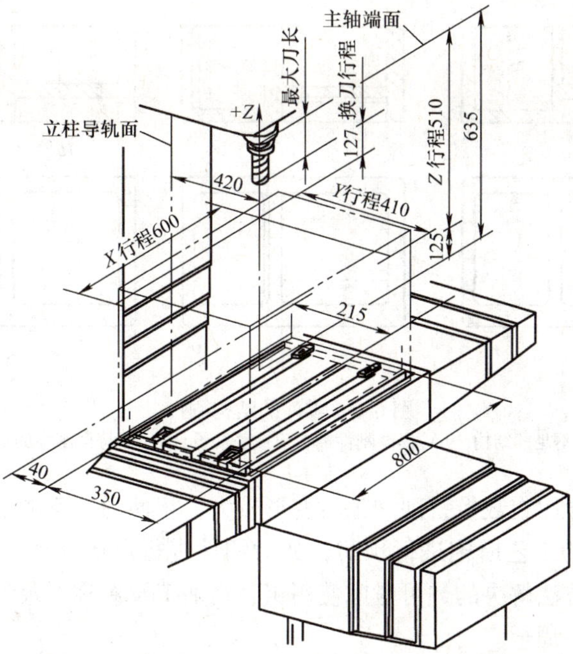

图 6-5 某 XH713A 立式加工中心加工尺寸的位置关系

3）需频繁换刀作集中工序加工的孔系。

4）用通用铣床加工难以观察、测量和控制进给的内外凹槽。

5）尺寸精度、几何精度要求较高的孔及表面。

6）能在一次安装中顺带铣出来的简单表面为数控铣削可选内容。

7）采用数控铣削能成倍提高生产率、大大减轻体力劳动强度的一般加工内容。

1. 零件的结构工艺性

零件的结构工艺性是指根据加工工艺特点对零件的结构设计提出的要求，也就是说零件的结构设计会影响或决定结构工艺性的好坏。可从以下几方面来考虑结构工艺性特点。

1）零件图样尺寸应标注得完整、正确。由于数控加工程序是以准确的坐标点来编制的，因此各图形几何要素间的相互关系（如圆弧与直线、圆弧与圆弧间的相切、相交、垂直和平行等）应明确无歧义；各图形几何要素的条件要充分，应无引起矛盾的多余尺寸或影响工序安排的封闭尺寸等。通过零件图样，还应分析其最大形状尺寸及最大加工尺寸是否超出了现有机床允许的装夹范围和加工范围，零件的最大重量是否超出了工作台的最大允许承重等。

2）应充分考虑零件因结构刚性不足而产生加工变形的可能，以确保获得要求的加工精度。

虽然数控机床的加工精度很高，但对于一些特殊情况，如图 6-6a 所示的过薄的底板与肋板，因加工时产生的切削力及薄板的弹性退让极易产生切削面的振动，从而使薄板厚度尺寸公差难以保证、表面粗糙度值也将增大，甚至有将薄壁铣穿的可能。根据实践经验，对于面积较大的薄板，当其厚度小于 3mm 时，应在工艺上充分重视这一问题。可通过如图 6-6b 所示的增设台肩或筋肋的设计来提高刚性，或采用如图 6-6c 所示的满足刚性的壁厚尺寸设计。

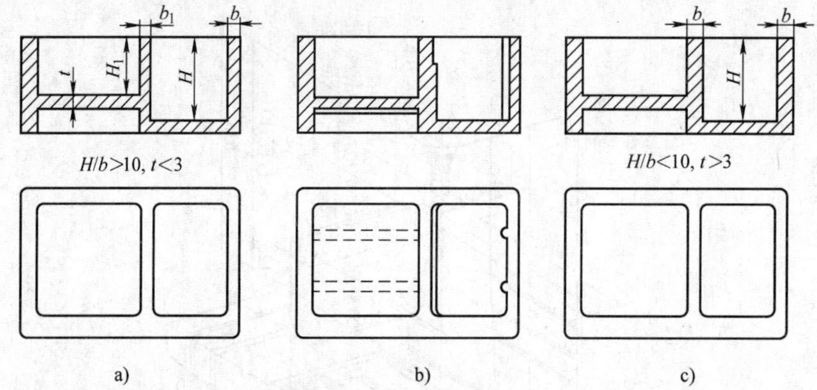

图 6-6　零件的结构刚性
a）刚性不足的结构　b）提高刚性的台肩或筋肋设计　c）符合刚性的壁厚设计

有些零件因结构原因在数控铣削加工时变形较大，将使加工不能继续进行下去。这时应当考虑采取一些必要的工艺措施进行预防，如对钢件进行调质处理、对铸铝件进行退火处理。对不能用热处理方法解决的，可考虑使用粗、精加工及对称去余量等常规方法。这都应该在工艺性分析时考虑周全。

3）尽量统一零件轮廓中内圆弧的有关尺寸，光孔和螺纹孔的尺寸规格应尽可能少且尽量标准化，以便于采用标准刀具，减少使用刀具的规格和换刀次数。

轮廓内圆弧半径 R 常常限制刀具的直径。如图 6-7 所示，工件侧壁间的转接圆弧半径大时可以采用较大直径的铣刀来加工。刀具刚性好、加工效率高且有利于获得较好的表面质量，因此工艺性较好。一般来说，当 $R<0.2H$（H 为被加工轮廓面的最大高度）时，可以判定零件上该部位的工艺性不好。侧壁与底平面相交处的圆角半径 r 则越小越好：r 越大，铣刀端刃铣削平面的能力越差，效率越低；当 r 大到一定程度时甚至必须用球头铣刀加工，这是应当避免的。因为铣刀与铣削平面接触的最大直径 $d=D-2r$（D 为铣刀直径），当 D 越大而 r 越小时，铣刀端刃铣削平面的面积越大，加工平面的能力越强，铣削工艺性当然也越好。有时，当铣削的底面面积较大、底部圆弧 r 也较大时，我们只能用两把直径不同的铣刀（一把铣刀的直径小些，另一把的直径符合零件图样的要求）分成两次进行切削。

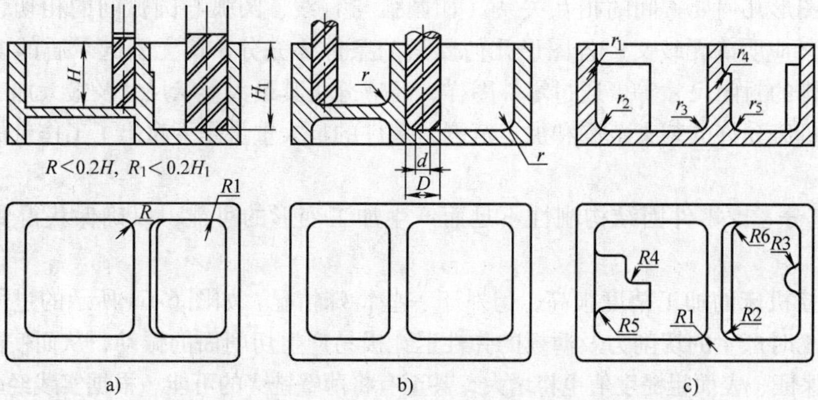

图 6-7　转接圆弧半径的工艺要求
a）转接圆弧半径要求　b）底部圆角的工艺要求　c）内圆弧半径的统一

零件上凹圆弧半径在数值上的一致性对数控铣削的工艺性显得相当重要，特别是对于侧壁和底平面处的交接圆弧，只有用与圆弧半径大小对应的圆角刀才可获得满意的加工质量。一般来说，即使不能寻求完全统一，也要力求将半径数值相近的圆弧分组靠拢，达到局部统一，以尽量减少铣刀的规格与换刀次数、节省工时、降低成本，并可避免因频繁换刀而增加的零件加工面上的接刀痕，提高表面加工质量。对于侧壁间半径不同的转接圆弧，虽然使用较小半径的刀具可以加工较大半径的部位，但加工将受到刀具刚性和加工效率的制约，因此在不影响零件使用性能时应尽可能统一。

零件上的结构型孔系应按标准钻头系列尺寸设计，且孔径大小应尽可能分类统一；沉孔可考虑按照趋近标准铣刀系列的尺寸规格设计，以便采用标准铣刀锪孔；配合孔、螺纹孔应尽量按标准铰刀、丝锥的尺寸规格设计，以避免因定制非标准刀具而增加成本。

4）零件上的凸台之间及凸台与侧壁之间、孔与深壁之间的间距应保证使切入的刀具具有足够刚性。

如图6-8所示，零件上凸台之间及凸台与侧壁之间的间距按 $a>2R$ 设计，以便于半径为 R 的铣刀进入，使所需的刀具少、加工效率高。若一定需要使用小于 R 的铣刀，则应充分考虑其深径比（H/D），使其符合刚性要求。如图6-9所示，深壁附近应尽量避免设计小孔 d。由于小孔钻头长度的限制，深壁附近的小孔需用接长杆，接长杆直径 $D \geqslant d+5$mm。在壁深 $H \leqslant 10D$ 时，孔与边壁之间的距离应按 $a>D$ 设计。

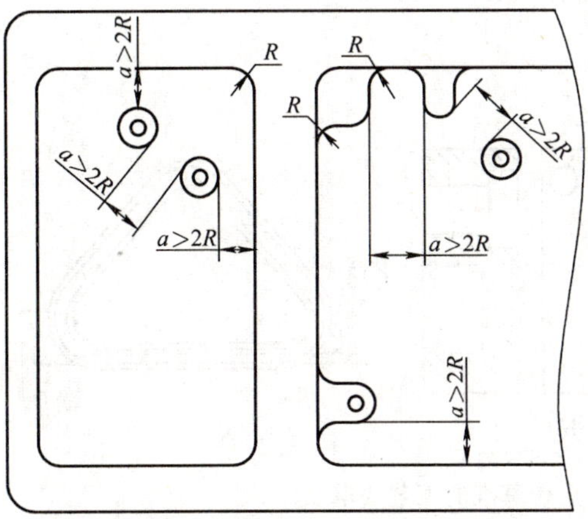

图6-8　凸台边距的工艺要求

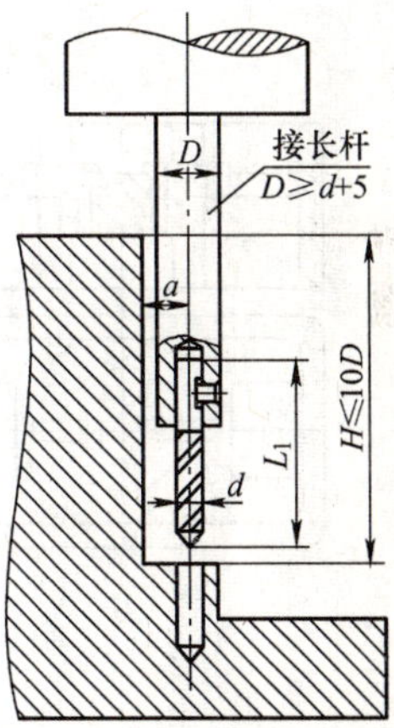

图6-9　孔与深壁间距的要求

5）有背铣加工要求的部位应设计有足够的进刀空间，以防刀具干涉。

如图6-10所示，对于需要使用T形刀作背铣加工或反镗加工的零件结构时，刀具需要沿轴向进刀后再作横向切入，应有足够的进刀活动空间，且刀杆应保证有一定刚性。

6）对于需要多次装夹的零件，应设计有统一的定位基准，以利于准确接刀。

有些零件需要在铣完一面后再重新装夹铣削另一面。这时，最好采用统一基准定位，以确保翻面后的相对位置精度、最大限度地减小接刀误差。如图6-11所示，若零件上有已加工过的基准孔或规则外形表面可作为定位基准，则翻面后零件应采用同一基准孔或表面进行定位。如果零件上没有基准孔，可以专门设置工艺孔作为定位基准，比如可在毛坯上增加工艺凸台做出基准孔，也可在后继工序要铣去的余量上设基准孔或铣出定位面。

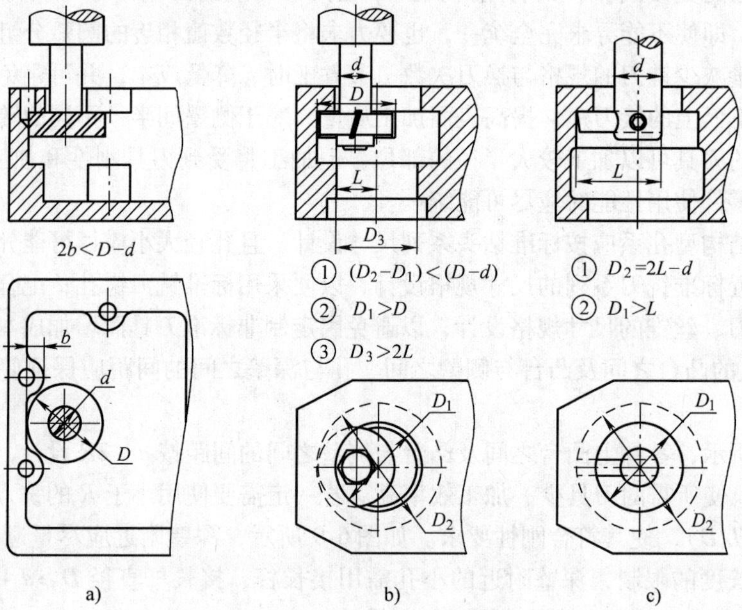

图 6-10　背铣加工的结构工艺要求

a）背铣筋台　b）插补背铣孔　c）反镗加工孔

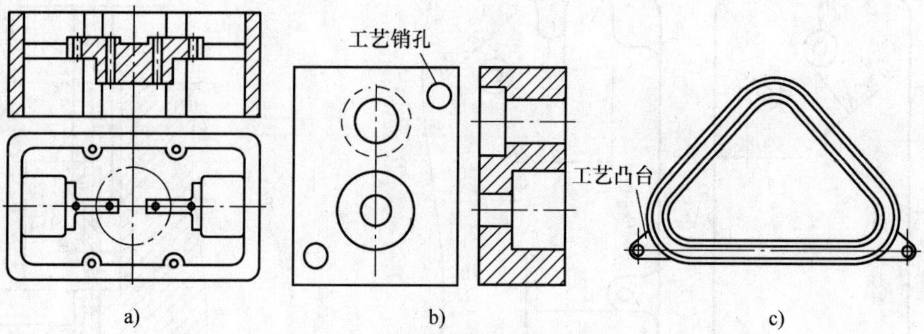

图 6-11　统一定位基准的工艺要求

a）以精铣规则外表面定位　b）增设工艺销孔定位　c）增设工艺凸台

7）零件毛坯应具有一定的铣削加工余量和合理的余量分配。

铸造毛坯在铸造的时候可能由于砂型误差、收缩量以及金属液体的流动性差等原因造成余量不足，锻件可能因模锻时的欠压量与允许的错模量造成余量不均匀，毛坯的翘曲和扭曲变形也可能产生余量不足。在数控铣削加工中，加工过程的自动化决定了在加工过程中很难处理余量不足的问题，不能像普通铣削那样采用划线借料的方法解决。因此，只要是准备采用数控铣削加工的工件，不管是锻件、铸件还是型材，其加工面必须留有一定的加工余量。由于数控加工的成本较高，零件采用数控加工时切削量越小则越有利于降低成本。

2. 数控铣削加工的尺寸精度

普通数控铣床和加工中心的加工精度可达 ±（0.005～0.01）mm，精密级加工中心的加工精度可达±(1~1.5)μm。高精度外圆柱面的尺寸精度使用圆弧插补铣削时不容易保证，可能的情况下应考虑安排车削加工。

3. 零件材料的切削加工性能

针对零件材料，从工艺性方面分析主要考虑如下两点。

1）按照零件材料牌号了解其切削加工性能，从而合理选择刀具材料和切削参数。

2）了解并考虑安排零件加工前后的热处理工序：加工前的热处理是为了改善材料的切削加工性能；工序间的热处理是为了消除应力、减少工艺变形；最终热处理是为了满足零件设计的使用性能要求。

三、切削加工通用工艺守则　铣削（JB/T 9168.3—1998）

本标准规定了铣削加工应遵守的基本规则，适用于各企业的铣削加工，并应遵守JB/T 9168.1—1998（参见附录A）的规定。

1. 铣刀的选择及装夹

（1）铣刀直径及齿数的选择

1）铣刀直径应根据铣削宽度、深度选择，一般铣削宽度和深度越大、越深，铣刀直径也应越大。

2）铣刀齿数应根据工件材料和加工要求选择，一般铣削塑性材料或粗加工时，选用粗齿铣刀；铣削脆性材料或半精加工、精加工时，选用中、细齿铣刀。

（2）铣刀的装夹

1）在卧式铣床上装夹铣刀时，在不影响加工的情况下尽量使铣刀靠近主轴，支架靠近铣刀。若需铣刀离主轴较远时，应在主轴与铣刀间装一个辅助支架。

2）在立式铣床上装夹铣刀时，在不影响铣削的情况下尽量选用短刀杆。

3）铣刀装夹好后，必要时应用百分表检查铣刀的径向圆跳动和轴向圆跳动。

4）若同时用两把圆柱形铣刀铣宽平面，应选螺旋方向相反的两把铣刀。

2. 工件的装夹

（1）在平口钳上装夹

1）要保证平口钳在工作台上的正确位置，必要时应用百分表找正固定钳口面，使其与机床工作台的运动方向平行或垂直。

2）工件下面要垫放适当厚度的平行垫铁，夹紧时应使工件紧密地靠在平行垫铁上。

3）工件高出钳口或伸出钳口两端不能太多，以防铣削时产生振动。

（2）使用分度头的要求

1）在分度头上装夹工件时，应先锁紧分度头主轴。在紧固工件时，禁止用管子套在手柄上施力。

2）调整好分度头主轴仰角后，应将基座上部的四个螺钉拧紧，以免零件移动。

3）在分度头两顶尖间装夹轴类工件时，应使前后顶尖的中心线重合。

4）用分度头分度时，分度手柄应朝一个方向摇动，如果摇过位置，需反摇多于超过的距离再摇回到正确位置，以消除间隙。

5）分度时，手柄上的定位销应慢慢插入分度盘的孔内，切勿突然撒手，以免损坏分度盘。

3. 铣削加工

1）铣削前把机床调整好后，应将不用的运动方向锁紧。

2）机动快速进给时，靠近工件前应改为正常进给速度，以防刀具与工件撞击。

3）铣螺旋槽时，应按计算选用的交换齿轮先进行试切，检查导程与螺旋方向是否正确，合格后才能进行加工。

4）用成形铣刀铣削时，为提高刀具寿命，铣削用量一般应比圆柱形铣刀小25%左右。

5）切断时，铣刀应尽量靠近夹具，以增加切断时的稳定性。

6）顺铣与逆铣的选用。

① 在下列情况下建议采用逆铣。

a. 铣床工作台丝杠与螺母的间隙较大且不便调整。

b. 工件表面有硬质层、积渣或硬度不均匀。

c. 工件表面凸凹不平较显著。

d. 工件材料过硬。

e. 阶梯铣削。

f. 背吃刀量较大。

② 在下列情况下建议采用顺铣。

a. 铣削不易夹牢或薄而长的工件。

b. 精铣。

c. 切断胶木、塑料、有机玻璃等材料。

四、切削加工通用工艺守则　钻削（JB/T 9168.5—1998）

本标准规定了钻削加工应遵守的基本规则，适用于各企业的钻削加工。钻削还应遵守JB/T 9168.1—1998（参见附录A）的规定。

1. 钻孔

1）按划线钻孔时，应先试钻，确定中心后再开始钻孔。

2）在斜面或高低不平的面上钻孔时，应先修出一个小平面后再钻孔。

3）钻不通孔时，事先要按钻孔的深度调整好定位块。

4）钻深孔时，为了防止因切屑阻塞而扭断钻头，应采用较小的进给量，并需经常排屑；用加长钻头钻深孔时，应先用标准钻头钻到一定深度后再用加长钻头。

5）螺纹底孔钻完后必须倒角。

6）通常，钻孔直径$D \leqslant 30$mm时，可一次钻出；如孔径大于30mm，则应分两次钻削，第一次钻削的钻头直径为$(0.5 \sim 0.7)D$。

7）当孔快要钻通时，应减轻进给力，以防扎刀将钻头折断。

2. 锪孔

1）用麻花钻改制锪钻时，应选短钻头，并应适当减小后角和前角。

2）锪孔时的切削速度一般应为钻孔切削速度的1/3～1/2。

3. 铰孔

1）钻孔后需铰孔时，应留合理的铰削余量。

2）在钻床上铰孔时，要适当选择切削速度和进给量。

3）铰孔时，铰刀不许倒转。

4）铰孔完成后，必须先把铰刀退出，再停车。

4. 麻花钻的刃磨

1）麻花钻主切削刃外缘处的后角一般为 8°～12°。钻硬质材料时，为保证刀具强度，后角可适当小些；钻软质材料（黄铜除外）时，后角可稍大些。

2）磨顶角时，一般磨成 118°，顶角必须与钻头轴线对称，两切削刃要长度一致。

第二节　数控铣削及加工中心的刀具及其选用

一、数控铣削及加工中心对刀具的基本要求

1. 刀具刚性要好

要求刀具刚性好的目的，一是满足为提高生产效率而采用大切削用量的需要，二是为适应数控铣床自动加工过程中难以根据加工状况及时调整切削用量的特点，所以解决数控铣刀的刚性问题是至关重要的。

2. 刀具的寿命要高

使用数控铣床单件小批生产时常常用同一把铣刀作粗、精铣加工。粗铣时刀具磨损较快，再用作精铣会影响零件的表面加工质量和加工精度，因此需增加换刀与对刀次数。这会导致零件加工表面留下因对刀误差而形成的接刀痕迹，从而降低零件的表面质量。虽然使用加工中心进行批量生产时，粗、精铣削加工通常采用不同的刀具，粗铣刀具的磨损不会直接影响到零件的加工质量，但因刀具寿命不够而频繁更换粗铣刀具也将严重影响到生产效率。

3. 刀具的更换调整要方便

随着数控铣削及加工中心逐渐由精密复杂的单件加工向批量生产加工方式的转换，刀具频繁更换的现象非常突出。为减少换刀调整所需的时间，更换调整刀具时应十分方便。因此，使用机夹快换式不重磨刀片结构代替焊接刀片结构是数控刀具发展的趋势，整个刀具系统将趋向标准化和模块化发展。

二、常用铣削刀具及孔加工刀具

1. 按刀具结构分类

（1）整体结构刀具　刀具刃部和刀柄夹持部分为一整体的结构形式，有高速工具钢和硬质合金整体式铣刀、钻头、铰刀、丝锥等孔加工刀具。整体硬质合金刀具通常用于小规格尺寸范围，高速工具钢整体式刀具的尺寸规格范围稍宽于整体硬质合金刀具。因整体硬质合金刀具的耐磨性好但韧性较差，故一般在精铣加工中使用。

（2）硬质合金焊接式刀具　在面铣刀、模具铣刀中，有在刀体上采用整体硬质合金焊接和机夹镶齿焊接的刀具结构。其刀体材料为 40Cr，刀齿材料为硬质合金或高速工具钢。高速工具钢面铣刀按国家标准规定，直径为 $\phi80\sim\phi250$mm，螺旋角 $\beta=10°$，刀齿数 $z=10\sim26$。由于焊接式刀具寿命低、重磨费时，目前已被机夹可转位刀片面铣刀所取代。

（3）套式结构刀具　直径在 $\phi40\sim\phi60$mm 以上的立铣刀或面铣刀，切削刃部分和刀柄夹持部分一般可做成套式结构，采用标准刀杆装夹。

（4）机夹可转位刀片结构的刀具　其为一个或多个硬质合金刀片通过螺钉、压块等以机夹的方式安装固定在刀体上形成刀齿的。当切削刃磨钝后可松开夹紧元件，将刀片转一个位置再夹紧后即可继续使用。整个刀片断损后可快速更换刀片而不需要重新对刀。

数控铣削加工用各类刀具如图 6-12 所示。

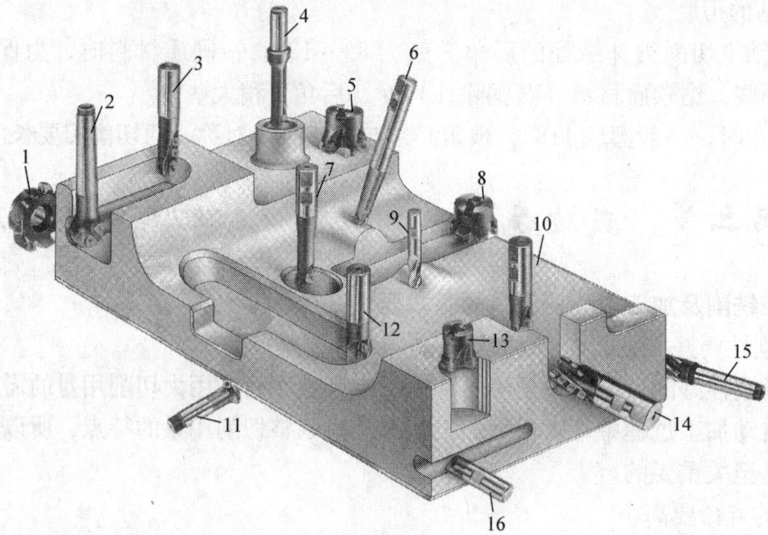

图 6-12 数控铣削加工刀具

1、5、8、13—套式结构刀具 9、15、16—整体结构刀具 2、3、4、6、7、10、11、12、14—机夹刀片结构刀具

2. 按加工表面特征分类

(1) 铣削加工刀具

1) 面铣刀。如图 6-13 所示，面铣刀圆周方向的切削刃为主切削刃，端部的切削刃为副切削刃。面铣刀多制成套式镶齿结构。刀齿材料为高速工具钢或硬质合金，机夹硬质合金刀片面铣刀的铣削速度、加工效率和工件表面质量均高于机夹高速工具钢面铣刀，并可加工带有硬皮和淬硬层的工件，因而在数控加工中得到了广泛的应用。可转位刀片面铣刀有莫氏锥柄面铣刀和套式面铣刀两种型式。面铣刀的标准直径系列为：50mm、63mm、80mm、100mm、125mm、160mm、200mm、250mm、315mm、400mm、500mm，参见 GB/T 5342—2006；使用的刀片可有 45°、75°、90°主偏角及圆形刀片等类型。面铣刀按齿数分有粗齿、中齿、细齿三类。具体可参考刀具生产商产品样本选用。

a) b) c)

图 6-13 面铣刀

a) 疏齿 b) 密齿 c) 超密齿

2) 立铣刀。立铣刀是数控机床上用得最多的一种铣刀，其结构如图 6-14 所示。立铣刀的圆柱表面和端面上都有切削刃，它们可同时进行切削，也可单独进行切削。

立铣刀圆柱表面上的切削刃为主切削刃，端面上的切削刃为副切削刃。主切削刃一般为螺旋齿，这样可以增加切削的平稳性、提高加工精度。由于普通立铣刀的端面中心处无切削刃，所以立铣刀不能作轴向进给，其端面刃主要用来加工与侧面相垂直的底平面。

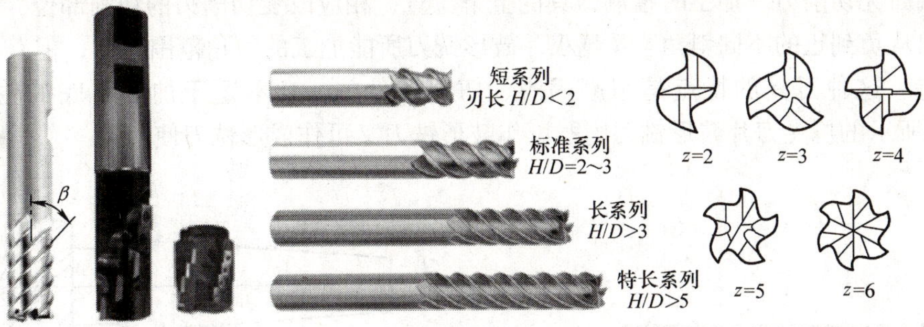

图 6-14　立铣刀

为了能加工较深的沟槽，并保证有足够的备磨量，整体式立铣刀的轴向长度一般较长。按刃长与刀具直径比值的不同，立铣刀有短($H/D<2$)、标准($H/D=2\sim3$)、长($H/D>3$)和特长($H/D>5$)几种系列。为改善切屑卷曲情况、增大容屑空间、防止切屑堵塞，其刀齿数比较少，容屑槽圆弧半径则较大。一般粗齿立铣刀齿数 $z=3\sim4$，细齿立铣刀齿数 $z=5\sim8$，套式结构 $z=10\sim20$，容屑槽圆弧半径 $r=2\sim5$mm。当立铣刀直径较大时，可制成不等齿距结构，以增强其抗振作用，使切削过程平稳。粗切削深槽时，常采用波刃整体立铣刀或多刀片长刃硬质合金立铣刀（也称玉米铣刀），以方便断屑。

标准立铣刀的螺旋角 β 为 $40°\sim45°$（粗齿）和 $30°\sim35°$（细齿），套式结构立铣刀的 β 值为 $15°\sim25°$。直径较小的立铣刀一般制成带柄形式：$\phi2\sim\phi7$mm 的立铣刀制成直柄；$\phi6\sim\phi63$mm 的立铣刀制成莫氏锥柄；$\phi25\sim\phi80$mm 的立铣刀制成 7∶24 锥柄，内有螺孔用来拉紧刀具。直径大于 $\phi40\sim\phi60$mm 的立铣刀可做成套式结构。

3）模具铣刀。模具铣刀由立铣刀发展而成，可分为圆锥形立铣刀（圆锥半角 $\alpha/2=3°、5°、7°、10°$）、圆柱形球头立铣刀和圆锥形球头立铣刀三种。其柄部有直柄、削平型直柄和莫氏锥柄三种形式。它的结构特点是球头或端面上布满了切削刃，圆周刃与球头刃圆弧连接，可以作径向和轴向进给。铣刀工作部分用高速工具钢或硬质合金制造。国家标准规定其直径 $d=4\sim63$mm。图 6-15 所示为各类球头模具铣刀，其中 $R<3$mm 的球头铣刀杆部直径通常为 $\phi6$mm；$R6$mm 以上的常采用机夹刀片式，有 $R6$mm、$R8$mm、$R10$mm、$R12.5$mm、$R15$mm、$R20$mm、$R25$mm 等规格。

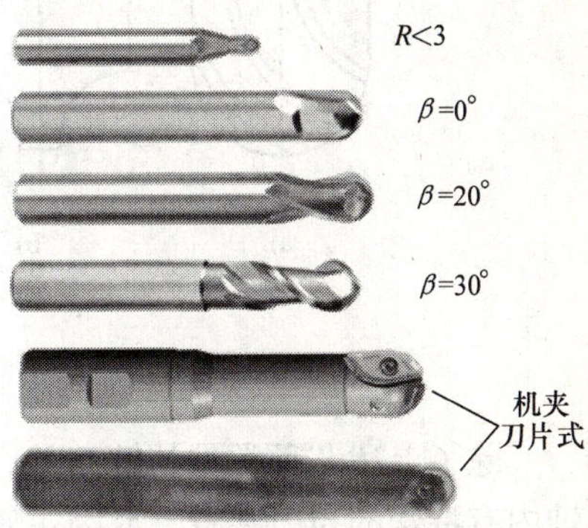

图 6-15　球头模具铣刀

4）键槽铣刀。键槽铣刀如图 6-16 所示。它有两个刀齿，圆柱面和端面都有切削刃，端面刃延至中心，既像立铣刀，又像钻头。加工时先轴向进给达到槽深，然后沿键槽方向铣出键槽全长。

国家标准规定，直柄键槽铣刀直径 $d=2\sim20$mm，锥柄键槽铣刀直径 $d=10\sim63$mm。键槽铣刀直径的极限偏差有 e8 和 d8 两种。键槽铣刀的圆周切削刃仅在靠近端面的一小段长度内发生磨损。重磨时，只需刃磨端面切削刃，因此重磨后键槽铣刀直径不变。

5）鼓形铣刀。图6-17a所示为一种典型的鼓形铣刀，其切削刃分布在半径为R的圆弧面上，端面无切削刃。加工时控制刀具的上下位置，相应改变切削刃的切削部位，可以在工件上切出从负到正的不同斜角。R越小，鼓形铣刀所能加工的斜角范围越广，但获得的表面质量越差。这种刀具的特点是刃磨困难、切削条件差，且不适于加工有底的轮廓表面。图6-17b所示的机夹刀片鼓形铣刀则既可作鼓形铣刀又可作成形铣刀使用。

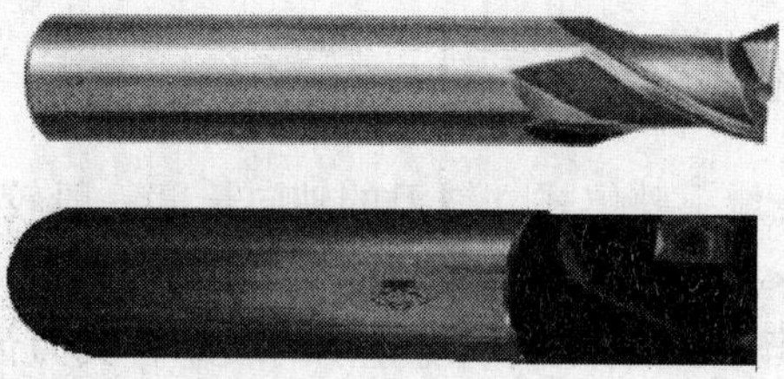

图6-16 键槽铣刀

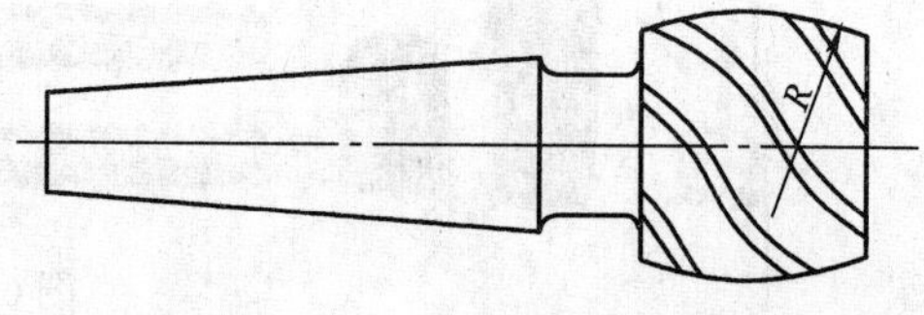

a)

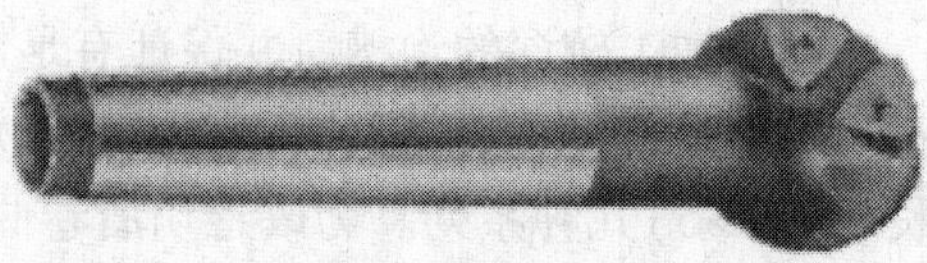

b)

图6-17 鼓形铣刀

6）成形铣刀。成形铣刀一般是为特定形状的工件或特定加工内容专门设计制造的，如加工渐开线齿面、燕尾槽和T形槽等。几种常用的成形铣刀如图6-18所示。

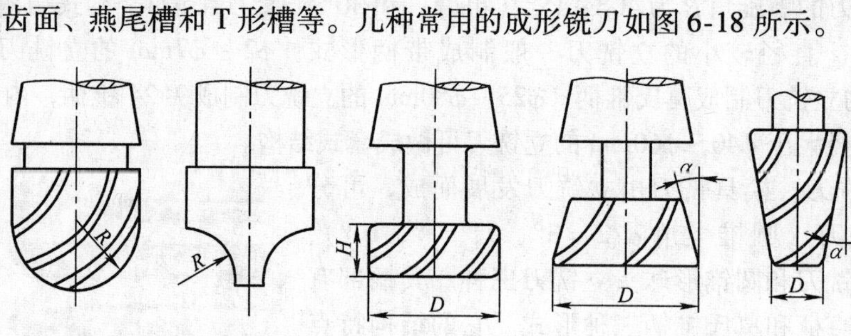

a) b) c) d) e)

图6-18 成形铣刀

a）弧面槽刀 b）外角R铣刀 c）T形槽刀 d）燕尾槽刀 e）锥面铣刀

除了上述几种类型的铣刀外，数控铣床也可使用各种通用铣刀。但因不少数控铣床的主轴内有特殊的拉刀装置，或因主轴内锥孔有别，使用通用铣刀时须配过渡套和拉钉。

（2）孔加工用刀具

1）钻头。钻头是孔加工最常用的工具之一，加工内容包括在实心材料上钻孔和在已有小孔的基础上扩孔。直径较小的孔通常用直柄麻花钻加工，孔径超过13mm的孔则多用莫氏锥柄麻花钻加工。批量加工中则越来越多地使用机夹可转位刀片钻头（U钻），其直径从ϕ11mm开始，按0.5～1mm递增形成规格系列。常用钻头如图6-19所示。

如图6-20所示，麻花钻的切削部分由两条主切削刃、两条副切削刃和一条横刃组成；导向部分由两条对称的容屑槽和刃带组成。两个容屑槽表面是切屑流经的表面，为前面；与工件过渡表面（孔底）相对的端部两曲面为主后面；与工件已加工表面（孔壁）相对的为两条刃带。前面与主后面的交线为主切削刃，前面与刃带的交线为副切削刃，两个主后面的交线为横刃。

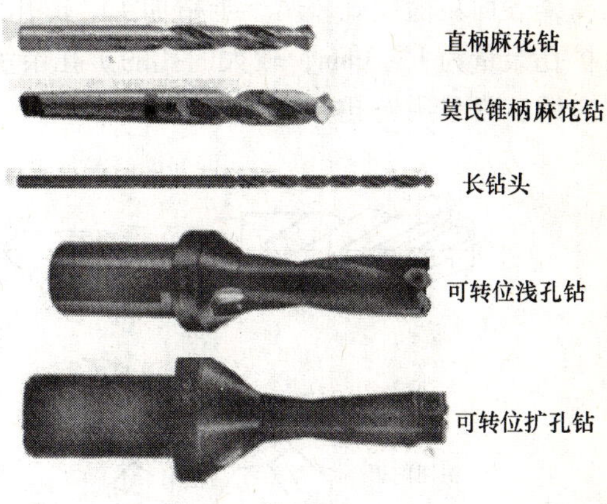

图 6-19　钻头

在通过轴线且平行于主切削刃的平面内，测量的主切削刃与轴线的夹角的两倍（或两主切削刃投影间的夹角）为顶角，其大小主要影响钻头的强度和轴向阻力。顶角越大，钻头的强度越大，但切削时的进给力也越大。减小顶角会增大主切削刃的长度，会使相同条件下主切削刃单位长度上的负荷减轻，使其容易切入工件，但过小的顶角会使钻尖的强度降低。标准麻花钻的顶角为 118° ±2°，顶角分布不对称时钻出的孔径会偏大或呈多角形。由于前面是螺旋面，因此主切削刃上各点的前角是变化的：外缘处前角最大，约为 30°；自外缘向中心逐渐减小，到钻头半径处前角为零；再往内前角为负，靠近横刃处前角为 -50° ~ -60°。主切削刃上的后角则与前角恰恰相反：在外缘处最小，约为 8° ~14°，钻芯处后角约为 20° ~26°，横刃处约为 30° ~36°。横刃与主切削刃在端面上投影所夹的锐角称为横刃斜角，约为 50° ~55°。横刃斜角越小则横刃越长，横刃过长则钻削时进给力增大，不利于钻削。

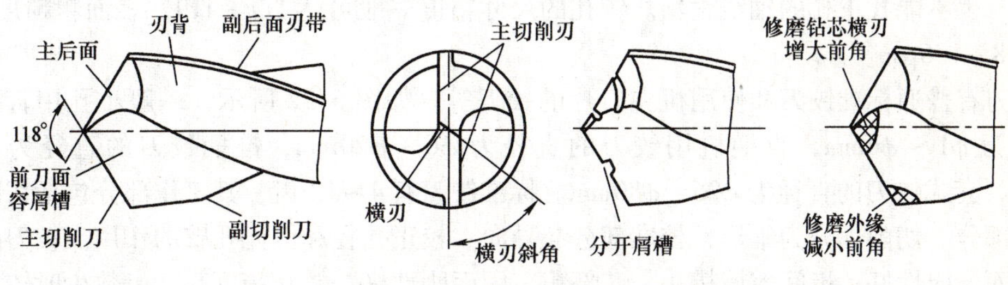

图 6-20　麻花钻及其修磨

当麻花钻出现外缘处前角大易磨损、钻芯横刃处负前角阻力大、主切削刃长不利于断排屑等缺点时，通常都需要对钻尖进行相应的刃磨处理。如修磨外缘处前面以减小前角、修磨钻芯处前面以增大前角、修短横刃及增大横刃处前角、在主切削刃上开分屑槽以分散切屑等。

机夹可转位刀片钻头在切削部分安装有刀片组，近钻芯处使用韧性材质的刀片，外缘处则使用耐磨材质的刀片。

在已有铸锻孔或预钻孔的基础上进行扩孔时可使用扩孔钻，也可采用镗刀或铣刀扩孔。扩孔通常作为铰孔或精镗前孔的预加工，或作为比一般钻孔精度稍高一些的孔的终加工。标准扩孔钻一般有 3 ~4 条主切削刃，结构形式有直柄式、锥柄式和套式等。图 6-21a、b、c 所示分别为锥柄式高速工具钢扩孔钻、套式高速工具钢扩孔钻和套式硬质合金扩孔钻。扩孔钻的刃带多，故加工中导向性好、振动小；无横刃，故进给力小；容屑槽浅、钻芯粗，因而强度、刚度好，可找正原孔轴线的歪斜。同时由于扩孔的余量小、切削热少，故扩孔精度较高，表面粗糙度好，属于半精加工。扩孔余量一般为孔径的1/8左右，小于ϕ25mm的孔的扩孔余量为1～3mm，较大的孔的扩孔余量为3～6mm。当孔径大于100mm时，扩孔就很少应用，常采用镗孔方法进行加工。

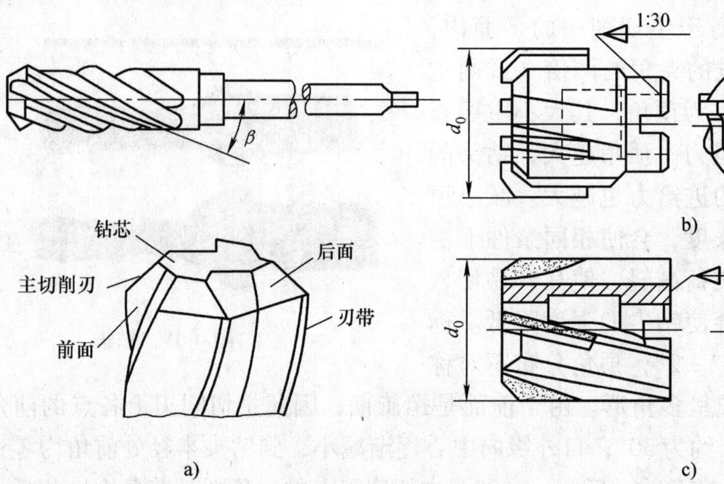

图6-21 扩孔钻

2）铰刀。中小孔钻、扩后的精加工可使用铰刀铰孔，铰孔还可用于磨孔或研孔前的预加工。铰孔只能提高孔的尺寸精度、形状精度和表面质量，而不能提高孔的位置、方向、跳动精度，也不能找正孔的轴线歪斜。铰孔的尺寸精度一般可达IT7～IT9，表面粗糙度*Ra*值可达0.8～1.6μm。

铰刀有普通标准铰刀和使用机夹刀片的铰刀等。如图6-22所示，一般小孔用直柄铰刀的直径为ϕ1～ϕ6mm，直柄机用铰刀的直径为ϕ6～ϕ20mm，锥柄铰刀的直径为ϕ10～ϕ32mm，套式铰刀的直径为ϕ25～ϕ80mm。标准铰刀有4～12齿，其工作部分包括切削部分与校准部分。切削部分为锥形，校准部分起导向、校正孔径和修光孔壁的作用。铰刀的齿数多，因而导向性好；齿间容屑槽小、芯部粗，因而刚性好、铰孔精度高。齿数少时铰刀的铰削稳定性差、刀齿负荷大，容易产生形状误差。

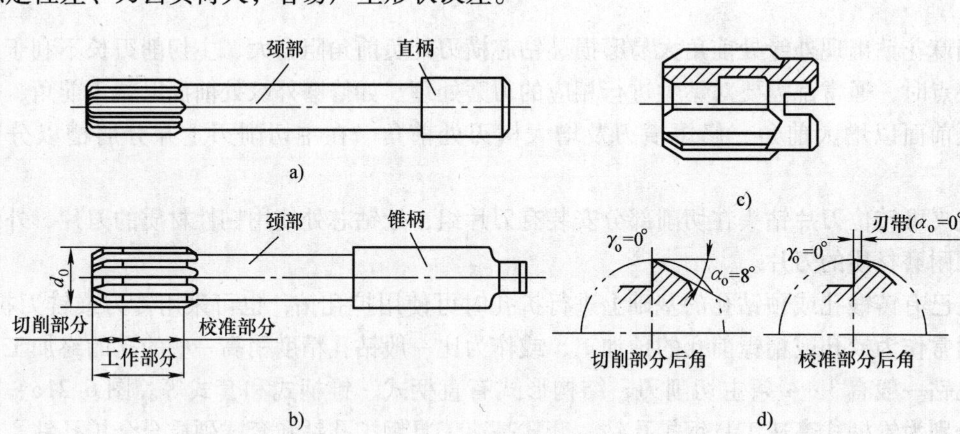

图6-22 普通标准铰刀

3）镗刀。镗孔主要用于大中型孔的半精加工和精加工，其尺寸公差等级一般可达 IT7 ~ IT10。镗孔刀具按切削刃数量可分为单刃镗刀、双刃镗刀和三刃镗刀。图 6-23a 所示为横镗杆单刃镗刀。其是在镗头上装入一单刃小镗杆制成的，结构简单、适用性广，通过调整镗杆的悬伸长度即可镗出不同直径的孔。图 6-23b 所示为双刃镗刀。其具有两个对称的切削刃且同时工作，头部可在较大范围内进行调整，刚性好。由于其两径向力抵消，故加工中不易引起振动、加工精度高。图 6-23c 所示的三刃镗刀则是用于高效率镗削的新型镗刀类别，使用时可选换滑块长度以获得各种镗削尺寸。

由于数控加工刀具对快速装调有较高的要求，故目前更多地使用机内可调镗刀。这种镗刀的径向尺寸可在一定范围内进行调整，从而不需要将刀具从主轴上卸下，调节方便且精度高。图 6-23d 所示为微调精镗刀，图 6-23e、f 所示为可更换刀杆安装位置并可调节镗孔尺寸的镗刀。

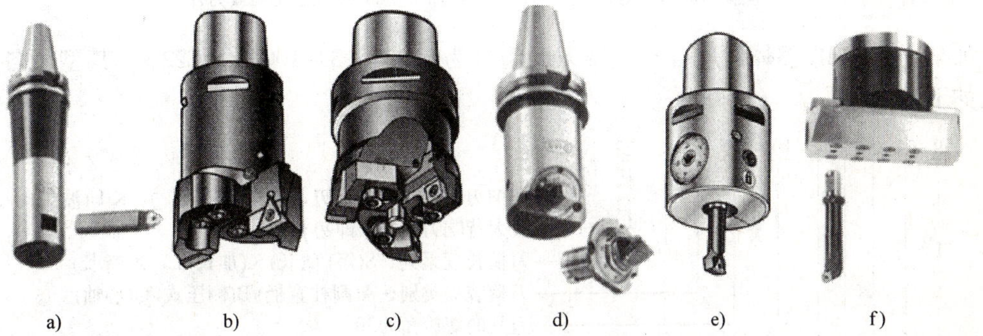

图 6-23　镗刀系列

a）横镗杆单刃镗刀　b）双刃镗刀　c）三刃镗刀　d）微调精镗刀　e）小孔径可调镗刀　f）大孔径可调镗刀

4）螺纹刀具。螺纹按照螺距的不同有粗牙和细牙之分，标准米制和美制螺纹的牙型角为 60°。米制普通螺纹的尺寸代号通常为“公称直径 × 螺距”（单线，粗牙可省略标记螺距项，如 M8）或“公称直径 × Ph 导程 P 螺距”（多线，如 M14 × Ph6P2 为三线螺纹）。

美制螺纹中 UNC 为粗牙系列，UNF 为细牙系列，UNEF 为超细牙系列。如 3/4-10UNC-2A 表示公称直径 3/4in = 18.97mm、牙数为 10 牙/in（螺距 2.53mm）、公差等级为 2A 的粗牙美制螺纹。英制螺纹中 B. S. W. 为粗牙系列，B. S. F. 为细牙系列。如 1½in. – 8 B. S. F., LH（normal）nut. 为公称直径 1½in = 37.95mm、牙数为 8 牙/in（螺距 3.16mm）、细牙左旋普通公差级英制内螺纹。

加工小尺寸规格的普通螺纹孔时一般使用丝锥，大尺寸规格的螺纹则使用专用螺纹加工刀具。图 6-24a 所示为普通丝锥，其尾部有方榫，既可在机床上使用也可采用铰手手动攻螺纹用。图 6-24b、c 所示为使用可调刀具以镗铣方式加工大规格尺寸螺纹的情况。若使用图 6-24d 所示一次成形螺纹刀片，则仅需一次走刀即可完成整个螺纹牙深的粗、精加工。

三、数控铣削及加工中心的标准刀具系统

1. 铣削刀具型号代码

数控铣削及加工中心所用刀具品种繁多，目前还没有统一的规格型号标准。但刀具生产厂家各有自己的一套编号规则，以下作简单介绍，仅供参考。

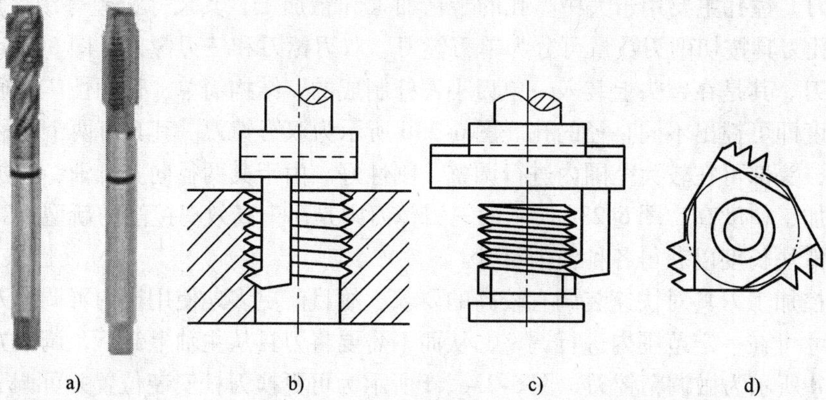

图6-24　螺纹加工刀具
a）丝锥　b）内螺纹加工　c）外螺纹加工　d）一次成形螺纹刀片

如某SANDVIK整体硬质合金立铣刀的型号为：R215.34-10030-AC22N。其型号各代码含义如下。

R 21 5 3 4-100 30-A C 22 N

- N — 切削刃槽形：P/N(直刃、前角9°~12°)，K/U(波刃)
- 22 — 最大背吃刀量a_p，即刃长22mm
- C — 刀柄长度系列：S(短)/C(长)/K(加长)/L、X(特长)
- A — 刀柄装夹类别：A(圆柱直柄)/B(侧压式)/Q(心轴)
- 30 — 刀具的螺旋角为30°
- 100 — 刀具直径的10倍，即D=10mm
- 4 — 齿数4，A-Z分别对应10~32齿
- 3 — 刀尖有无倒角(圆角)结构
- 5 — 是否具有钻削功能：5(无)/6(有，键槽铣刀类)
- 21 — 刀具类型：21(立铣刀)/33(槽铣刀)/24(面铣刀)
- R — 右旋刀具为R，左旋刀具为L

对于面铣刀、机夹立铣刀等，无以上③④⑤⑦项，且最后一项为齿距对应的疏齿L/密齿M/超密齿H标识，或轻L/中M/重H标识的切削槽形。

也有一些刀具生产厂家采用类似于车削刀具的标识方法，例如某可转位铣削刀具的型号为：HM75-16SD08（AL）（M）（L200）（-Z2）。其型号各代码含义如下。

HM 75 -16 S D 08 (AL) (M) (L200) (-Z2)

- (-Z2) — 齿数2
- (L200) — 刀柄长度：加长型200mm
- (M) — 附加压板压紧
- (AL) — 铝合金加工专用
- 08 — 切削刃长8mm
- D — 刀片后角为15°，P11°/D15°/E20°
- S — 刀片形状，S表示正方形刀片
- -16 — 刀具直径16mm
- 75 — 主偏角75°/R圆弧形铣刀/SR球刀/Z钻铣刀
- HM — HM可转位立铣刀/FM可转位面铣刀

铣削类机夹可转位刀片和车削类机夹可转位刀片的型号表示规则相同，在此不作介绍。

镗削类刀具大多按照模块式工具系统进行标识。

2. 模块式工具系统

数控铣削及加工中心上使用的刀具分刃具部分和连接刀柄部分。刃具部分包括钻头、铣刀、铰刀、丝锥等，和数控铣床所用刃具类似。由于在大多数控机床上手工或自动换刀时一般是连同刀柄一起更换的，因此其对刀柄的要求高。连接刀柄应满足其在机床主轴内的夹紧和定位要求，以准确安装各种切削刃具；对于自动换刀的数控机床，连接刀柄还应适应机械手的夹持和搬运，以适应在自动化刀库中储存和搬运识别等各种要求。

加工中心及数控镗铣床上所用的刀柄系统已规范化，常见的有 TMG 模块式和 TSG 整体式。下面主要介绍 TSG 整体式工具系统。

TSG 整体式工具系统中的刀柄代号由四部分组成，各部分的含义如下。

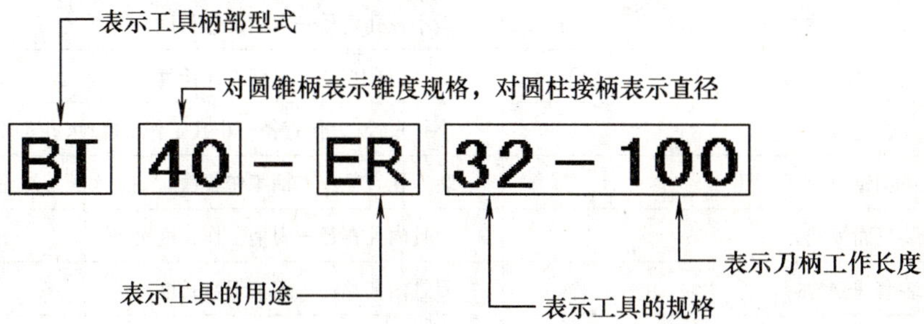

上述代号表示的工具为：自动换刀用 7:24 MAS－403BT 圆锥工具柄部，40 号柄（若为 MT 3 则代表有扁尾莫氏 3 号锥柄）；前部为弹簧夹头 ER，最大夹持直径 32mm；刀柄工作长度（锥柄大端直径处到弹簧夹头前端面的距离）为 100mm。TSG 整体式工具系统刀柄的型式代号及规格参数分类见表 6-2、表 6-3。

表 6-2　刀柄型式及其代号

代　号	刀柄型式	
JT	自动换刀用 7:24 圆锥工具柄	GB/T 10944—2006
BT	自动换刀用 7:24 圆锥 BT 型工具柄	JIS B6339
ST	7:24 手动换刀圆锥刀柄	GB/T 3837—2001
MT	带扁尾莫氏圆锥工具接柄	GB/T 1443—1996
MW	无扁尾莫氏圆锥工具接柄	GB/T 1443—1996
ZB	直柄工具接柄	GB/T 6131—2006

表 6-3　刀柄用途代号及规格参数

用途代号	用　途	规格参数表示的内容
J	装直柄接杆工具	所装接杆孔直径—刀柄工作长度
Q、ER	弹簧夹头	弹簧夹头直径—刀柄工作长度
XP	装削平型直柄工具	装刀孔直径—刀柄工作长度
Z	装莫氏短锥钻夹头	莫氏短锥号—刀柄工作长度

（续）

用途代号	用　　途	规格参数表示的内容
ZJ	装贾氏锥度钻夹头	贾氏锥柄号—刀柄工作长度
M	装带扁尾莫氏圆锥柄工具	莫氏锥柄号—刀柄工作长度
MW	装无扁尾莫氏圆锥柄工具	莫氏锥柄号—刀柄工作长度
MD	装短莫氏圆锥柄工具	莫氏锥柄号—刀柄工作长度
JF	装浮动铰刀	铰刀块宽度—刀柄工作长度
G	攻螺纹夹头	最大攻螺纹规格—刀柄工作长度
TQW	倾斜型微调镗刀	最小镗孔直径—刀柄工作长度
TS	双刃镗刀	最小镗刀直径—刀柄工作长度
TZC	直角型粗镗刀	最小镗孔直径—刀柄工作长度
TQC	倾斜型粗镗刀	最小镗孔直径—刀柄工作长度
TF	复合镗刀	小孔直径/大孔直径—小孔工作长度/大孔工作长度
TK	可调镗刀头	装刀孔直径—刀柄工作长度
XS	装三面刃铣刀	刀具内孔直径—刀柄工作长度
XL	装套式立铣刀	刀具内孔直径—刀柄工作长度
XMA	装 A 类面铣刀	刀具内孔直径—刀柄工作长度
XMB	装 B 类面铣刀	刀具内孔直径—刀柄工作长度
XMC	装 C 类面铣刀	刀具内孔直径—刀柄工作长度
KJ	装扩孔钻和铰刀	1∶30 圆锥大端直径—刀柄工作长度

图 6-25 所示为 TSG 整体式工具系统基本结构组成示意图。

数控铣床、加工中心 7∶24 锥度的通用刀柄通常有五种标准和规格，即 NT（传统型）、DIN 69871（德国标准）、ISO 7388/1（国际标准，中国标准代号为 GB/T 10944）。MAS BT（日本标准）以及 ANSI/ASME（美国标准）。

图 6-26、图 6-27、图 6-28 所示分别为数控机床常用的 JT、BT 自动换刀型标准刀柄型式，ST 手动换刀型标准刀柄型式。

JT 型锥柄上与主轴连接的两键槽与主轴轴心的距离是不等的，刀柄在主轴上应按刀柄上的缺口标记进行单向安装。对需要主轴准停后作定向让刀移动的精镗及反镗刀具来说，这种结构不会导致刀具安装出错。而 BT、ST 型锥柄上的两键槽是对称的，刀柄在主轴上可双向安装，对需作定向让刀移动的刀具来说，刀柄取下后再回装到主轴上时一定要注意安装方位的要求。

图 6-29 所示为 JT、BT 型锥柄所使用的标准拉钉结构示意图。将刀柄安装到主轴上前必须了解机床主轴适用拉钉的结构与尺寸，选用对应的拉钉才能保证刀柄与主轴的可靠联接。ST 型锥柄上没有设计机械手抓取的结构部分，需要手动装卸刀具，不适于在自动换刀的加工中心机床上使用。由于主轴与刀具系统是高速运转的，故必须确保主轴与刀具系统间具有可靠的联接。

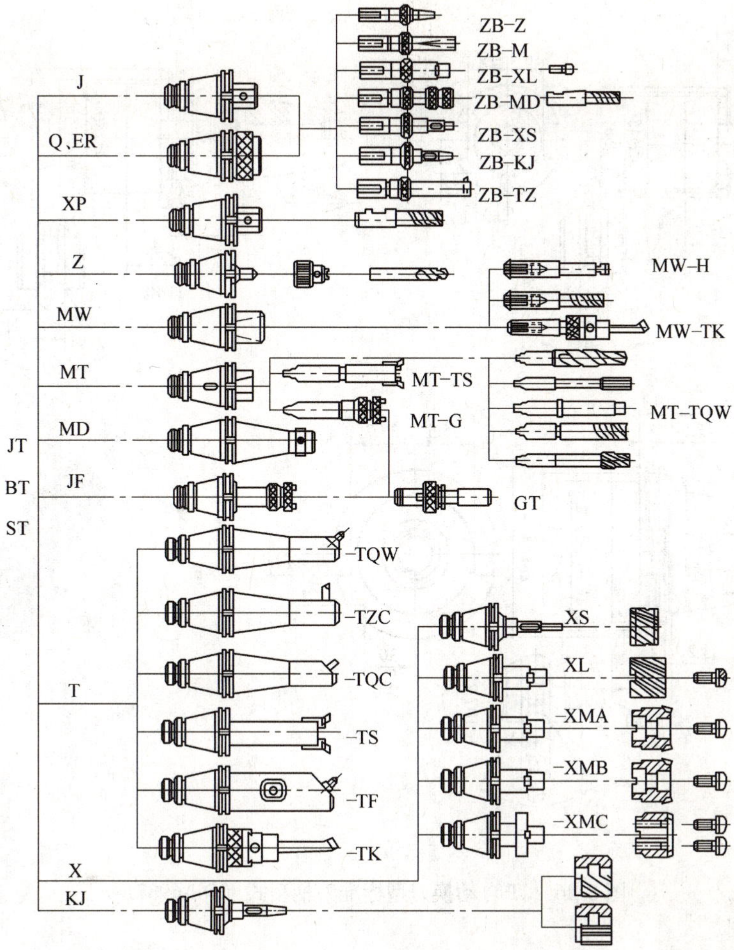

图 6-25　TSG 整体式工具系统的基本结构组成

四、铣削及孔加工刀具的选用

刀具的选用是数控铣削及加工中心加工工艺中的重要内容之一。它不仅影响加工效率，而且直接影响加工质量。另外，数控铣床及加工中心的主轴转速比普通铣床高 1 ~ 2 倍，且主轴输出功率大，因此与传统加工方法相比，数控铣削加工对刀具的要求更高。

1. 铣削刀具的选用步骤

（1）选择刀具类型　加工较大的平面、台肩面应选择面铣刀，加工轮廓槽、较小的台阶面及平面轮廓应选择立铣刀或键槽铣刀，加工窄长槽应选用三面刃铣刀，加工空间曲面、模具型腔或凸模成形表面等多选用模具铣刀和圆鼻刀，加工变斜角类零件的变斜角面应选用鼓形铣刀，加工各种直的或圆弧形的凹槽、斜角面、特殊孔等应选用成形铣刀，如图 6-12 所示。

（2）确定刀具材料　选择刀具材料时应对工件材料的物理力学性能、刀具材料与工件材料化学性能的匹配以及经济性等因素进行综合考虑。不同的工件材料对应使用不同的刀具材料，如钢件宜使用 P 类硬质合金刀具、不锈钢件应使用 M 类硬质合金刀具、铸铁件应使用 K 类硬质合金刀具等。

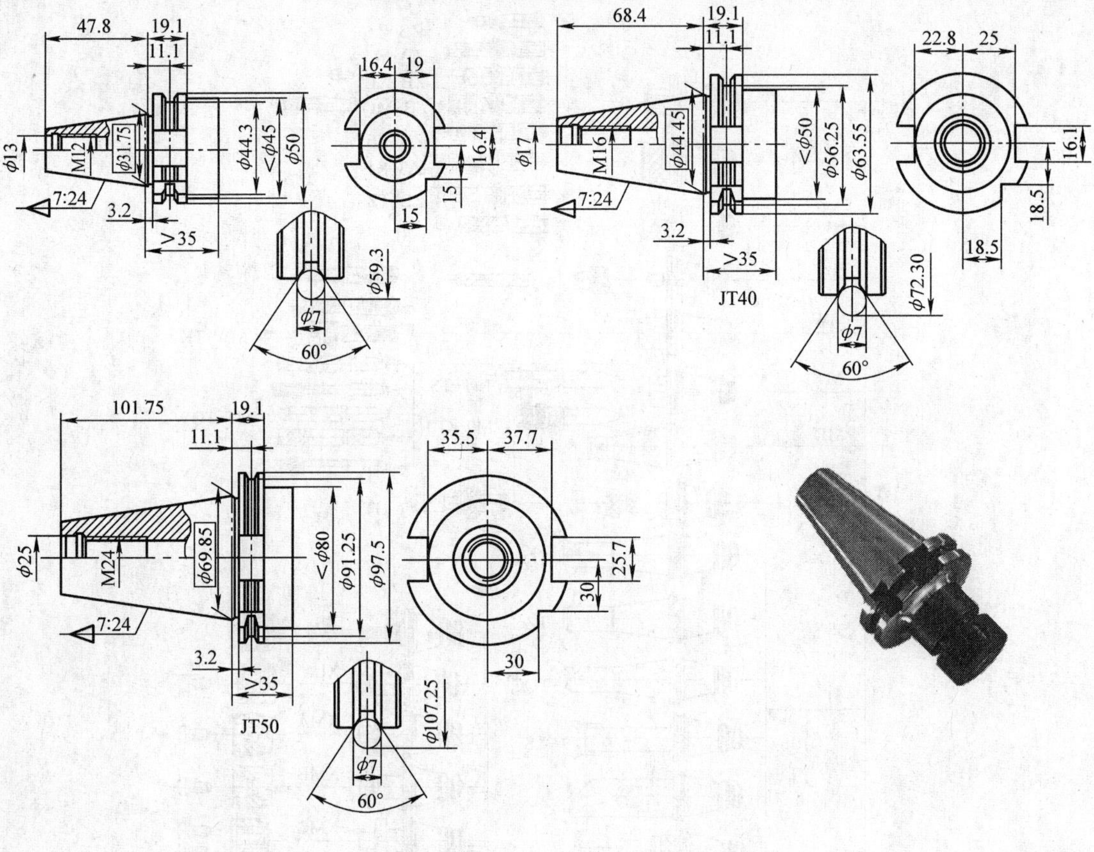

图 6-26　JT 自动换刀型标准刀柄型式（DIN69871-A）

（3）选择铣刀结构类型　结构类型指刀具齿距、安装类型等。如图 6-13 所示，一般加工首选密齿型铣刀，用其可进行稳定性较好的高效加工；大悬伸等稳定性差的工况下和使用功率有限的小型机床时可用不等距疏齿铣刀，以消除粗切时的振动，保持长时间的稳定加工；使用稳定性好的机床切削短屑材料和优质合金材料时可使用超密齿刀具，多刀片切削可获得高效率的加工。在机床功率足够时，钢件粗切时选择的疏齿刀具具有较大的容屑能力，超密齿刀具多用于小切削量的精铣加工。安装类型是指根据加工所需刀具尺寸决定用直柄、锥柄还是套式结构。大尺寸刀具通常为套式结构采用心轴安装，中型尺寸刀具为莫氏锥柄采用螺钉紧固安装，小型尺寸刀具为直柄采用强力夹头、普通弹簧夹头或削平柄侧固式安装。

（4）选择刀片　根据工况选择刀片槽形。图 6-30 所示为 SANDVIK 铣削刀片的各类槽形。一般地，轻型、低切削力、低进给率加工用大的正前角 L 形槽刀片；铝件切削选用具有锋利刃口的 AL 形槽刀片；大多数材料的普通中度切削用小前角、轻微倒棱的 M 形槽刀片；重载、大切削力、高进给率加工用小前角、负倒棱的 H 形槽刀片；加工余量较小，并且要求表面粗糙度值较低时用陶瓷、氮化硼及聚晶金刚石材质的零前角 E 槽形刀片；Wiper 刀片适用于大直径、高质量表面切削，其长刃允许的进给量可为普通刀片的 4 倍。

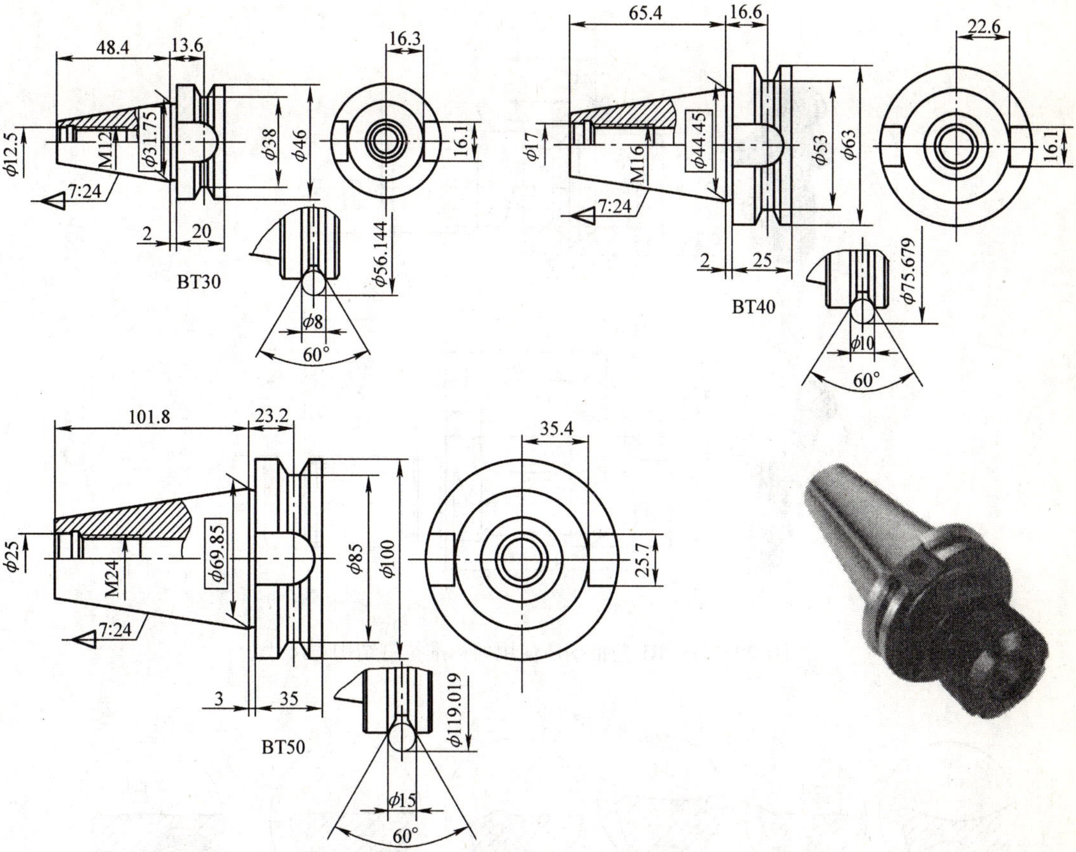

图 6-27　BT 自动换刀型标准刀柄型式（MAS403BT）

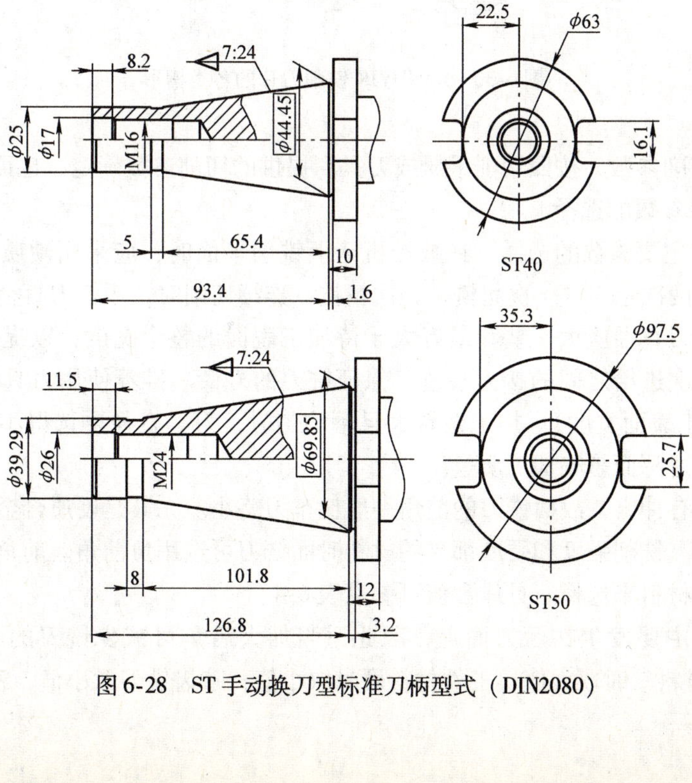

图 6-28　ST 手动换刀型标准刀柄型式（DIN2080）

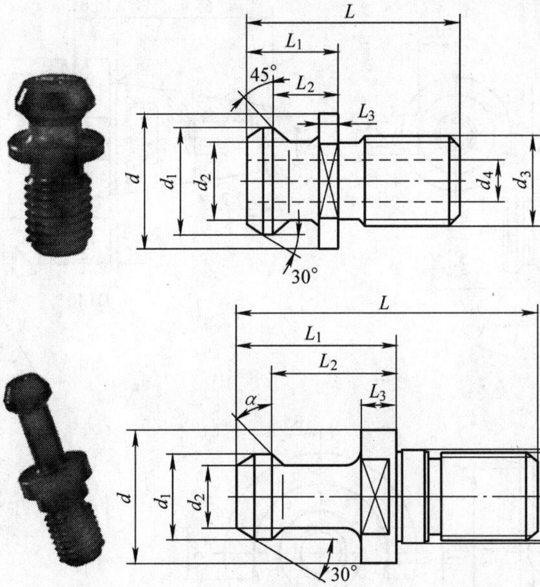

图 6-29 JT、BT 型锥柄所使用的标准拉钉结构与尺寸

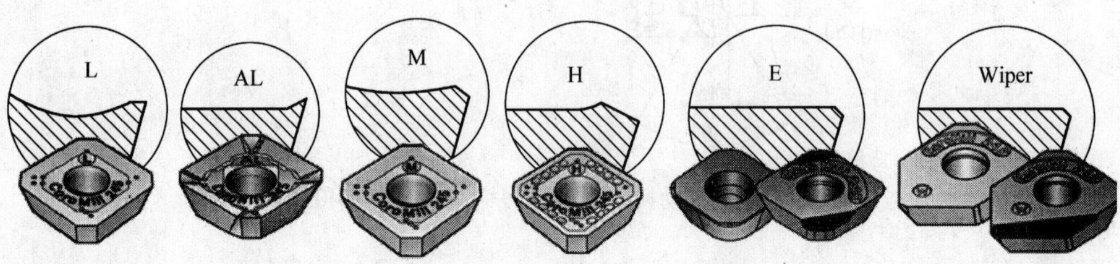

图 6-30 SANDVIK 铣削刀片的各类槽形

（5）确定切削参数 按照切削手册或刀具商提供的切削参数确定，也可参见附录 D。

2. 铣刀主要参数的选择

（1）面铣刀主要参数的选择 在数控机床上铣削平面时，应采用硬质合金可转位刀片铣刀。一般采用两次走刀：一次粗铣、一次精铣。连续切削时，粗铣刀直径要小些，以减小切削转矩；精铣刀直径应大一些，最好大于待加工表面的整个宽度，以提高加工精度和效率、减小相邻两次进给之间的接刀痕迹、保证铣刀的寿命。推荐使用刀具直径 $D=(1.2\sim1.5)B$（B 为加工表面宽度）。加工余量大且不均匀时，刀具直径要选得小一些。否则，粗加工时会因刀痕过深而影响加工质量。

由于铣削时有冲击，故面铣刀的前角一般比车刀略小。尤其是硬质合金面铣刀，前角数值减小得更多些。铣削强度和硬度都高的材料时面铣刀可选用负前角。前角的数值主要根据工件材料和刀具材料来选择，具体数值可参见表 6-4。

铣刀的磨损主要发生在后刀面上，因此适当加大后角可减少铣刀的磨损。常取 $\alpha_o=5°\sim12°$：工件材料软时取大值，工件材料硬时取小值；疏齿铣刀取小值，密齿铣刀取大值。

表 6-4　面铣刀前角的选择

刀具材料＼工件材料	钢	铸铁	黄铜、青铜	铝合金
高速工具钢	10° ~ 20°	5° ~ 15°	10°	25° ~ 30°
硬质合金	-15° ~ 15°	-5° ~ 5°	4° ~ 6°	15°

铣削时冲击力大，为了保护刀尖，硬质合金面铣刀的刃倾角常取 $\lambda_s = -5° \sim 15°$。只有在铣削低强度工件时，取 $\lambda_s = 5°$。

主偏角 κ_r 在 45° ~ 90°范围内选取：铣削铸铁常用 45°，铣削一般钢材常用 75°，铣削带凸肩的平面或薄壁零件时要用 90°。

（2）立铣刀主要参数的选择　立铣刀主切削刃的前角在法剖面内测量，后角在端剖面内测量，前、后角的标注如图 6-31b 所示。前、后角都为正值，分别根据工件材料和铣刀直径选取。其具体数值可参见表 6-5。

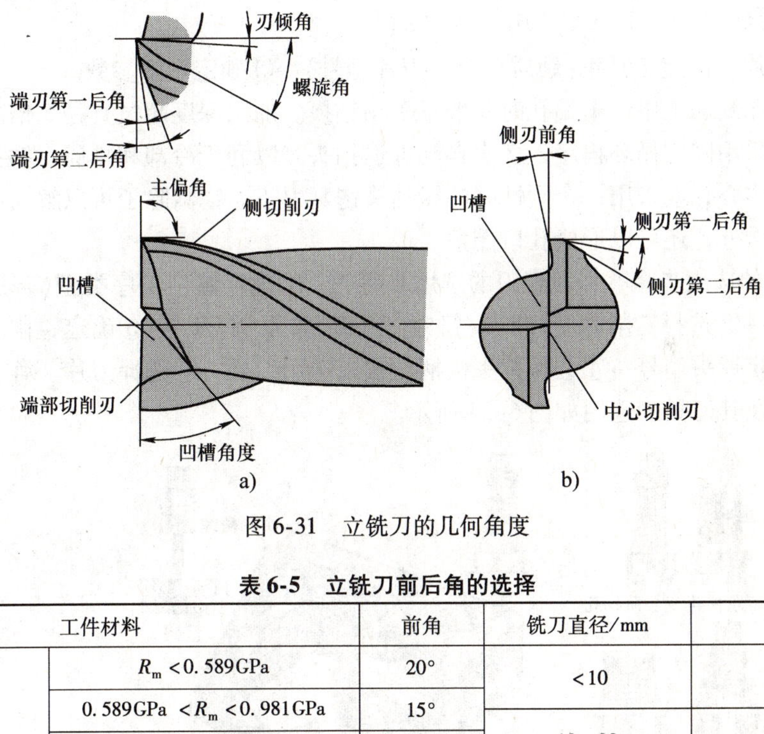

图 6-31　立铣刀的几何角度

表 6-5　立铣刀前后角的选择

工件材料		前角	铣刀直径/mm	后角
钢	R_m < 0.589GPa	20°	<10	25°
	0.589GPa < R_m < 0.981GPa	15°		
	R_m > 0.981GPa	10°	10 ~ 20	20°
铸铁	≤150HBW	15°	>20	16°
	>150HBW	10°		

立铣刀的尺寸参数如图 6-32 所示，推荐按下述经验数据选取。

1）刀具半径 r 应小于零件内轮廓面的最小曲率半径 ρ，一般取 $r = (0.8 \sim 0.9)\rho$。

2）对深槽孔，选取刀具工作刃长 $L = H + (2 \sim 5)$ mm，H 为孔、槽深度。

3）加工外形及通槽时，选取 $L = H + r_e + (2 \sim 5)$ mm，r_e 为刀尖圆角半径。

4）粗加工内轮廓面时，铣刀最大直径 $D_{粗}$ 可按下式计算：

$$D_{粗} = 2 \times \frac{\delta \sin(\varphi/2) - \delta_1}{1 - \sin(\varphi/2)} + D$$

式中 D——轮廓的最小凹圆角直径，单位为mm；

δ——圆角邻边夹角等分线上的精加工余量，单位为mm；

δ_1——精加工余量，单位为mm；

φ——圆角两邻边的最小夹角。

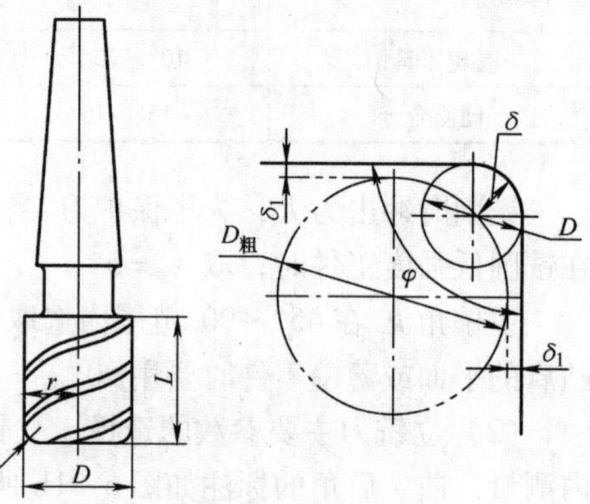

图6-32 立铣刀的尺寸参数

3. 孔加工刀具的选用

(1) 钻头的选用步骤 一般钻头的选用步骤为：①确定孔径和孔深范围→②选择钻头类型（粗/精加工、普通钻孔/扩孔/锪孔）→③选择刀柄类型（直柄/锥柄/削平柄、标准/加长/接杆、整体式/机夹可转位刀片）→④选用钻头材质与机夹可转位刀片（高速工具钢/硬质合金、刀片型号）→⑤确定钻削参数。

在数控铣床及加工中心上钻孔时一般不采用钻模。加工深度超过直径5倍的深孔时容易折断钻头，可采用固定循环程序，多次自动进退钻头，以利于冷却和排屑。钻孔前最好先用中心钻钻一个中心孔或采用一个刚性好的短钻头锪窝引正。锪窝除了可以解决在毛坯表面钻孔时的引正问题外，还可以形成孔口倒角。

(2) 镗刀的选用步骤 一般镗刀的选用步骤为：①确定镗削工序类型（普通镗/阶梯镗/深孔镗/反镗）→②选择镗削性质（粗镗/精镗、三刃/双刃/单刃）→③确定镗削直径范围，选择主偏角以确定镗头型号→④选择镗头接柄型式以选用刀柄→⑤选择刀片、确定镗削参数。

镗孔工序及其刀具的选用如图6-33所示。

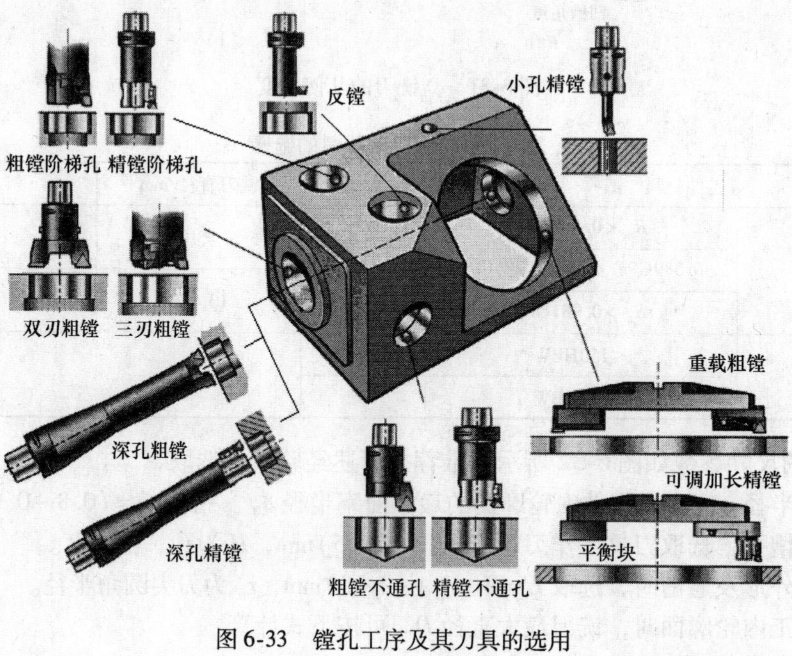

图6-33 镗孔工序及其刀具的选用

五、数控铣削刀具的对刀

数控铣削刀具的对刀器具包括机内对刀工具和机外刀具预调仪。

1. 机内对刀工具

机内对刀工具主要有探测刀具长度的 *Z* 轴设定器和探测工件坯料边廓的 *XY* 方向寻边器。电子式/光电式对刀工具是将工件、机床、刀具及对刀工具等构成一封闭回路：当对刀工具与刀具或工件接触时回路接通，发光二极管被点亮，断开则灯熄。指针表式、数字式 *Z* 轴设定器属机械式，对刀状况由指针表或液晶数字显示，达到设定的预压量读数时即实现精确对刀。偏心式 *XY* 方向寻边器是通过寻边器高速旋转时的惯性放大偏心效应，以寻边器与工件基准边接触时产生的微小位移，导致其稳定性破坏来实现位置确认的。使用这种寻边器时最好双面对称寻边，以提高准确度。

图 6-34 所示为几种常用的机内对刀工具。

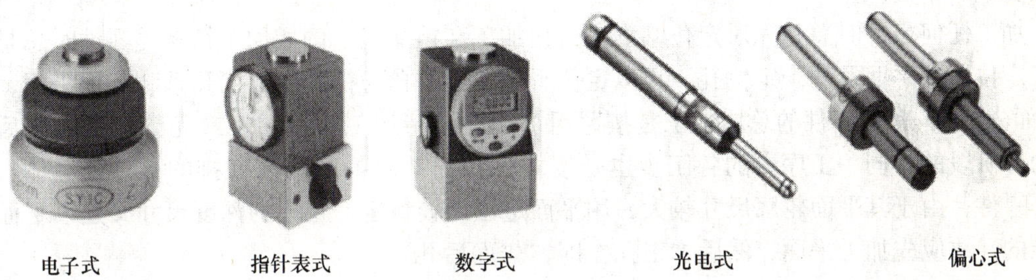

图 6-34　机内对刀工具

a) *Z* 轴设定器　b) *XY* 方向寻边器

2. 机外刀具预调仪

当不希望对刀占用机床加工时间或需要对镗削刀具的径向尺寸作预调整时，可使用机外刀具预调仪对刀，如图 6-35 所示。

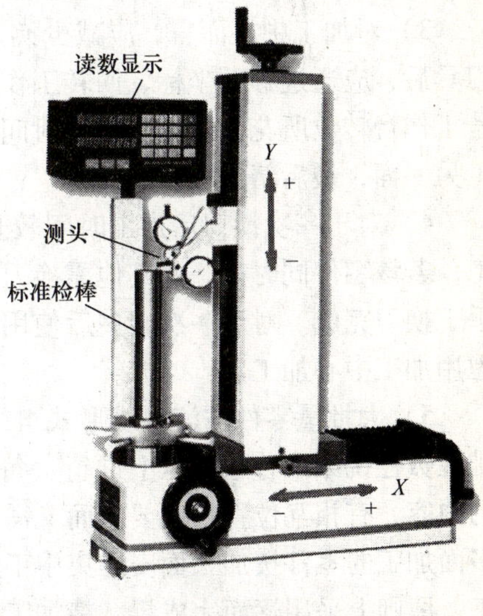

图 6-35　机外刀具预调仪

机外刀具预调仪既可实现镗削刀具径向尺寸的预调整，也可用于以某刀具为基准刀具，对整个工序内各工步使用的所有刀具的长度尺寸及径向尺寸进行刀补量的预测定。

径向对刀时可用标准检棒作为测量基准，当测头接触检棒外圆后将显示读数 *X* 设为检棒的标准直径大小。换装刀具后移动调整 *X* 至测头径向接触刃尖，则显示读数 *X* 值即为该刀具的径向尺寸。

刀具长度尺寸对刀时，将 *Y* 向测头接触基准刀具的轴向刃尖后显示的读数 *Y* 设为零值。换装其他刀具后，移动调整 *Y* 至测头接触刀具的轴向刃尖，则显示读数 *Y* 值即为该刀具相对基准刀具刀长的补偿量。

将补偿数据对应输入到机床数控系统的补偿寄存器后，整个刀具组仅需在机床上对基准刀具进行对刀即可，这样可大大节省在机床上分别对刀所费的占机时间。在某些现代制造企业，对刀数据甚至可以通过管理网络直接对数控机床赋值。

第三节 数控铣削及加工中心加工工艺设计

一、加工顺序的确定

确定加工顺序包括确定零件加工过程中各工序的顺序和各工序内工步的先后顺序等。各工序的安排包括准备工序、切削加工工序、热处理工序和辅助工序等顺序的安排及相互间的衔接，工序内工步的安排内容包括具体工步内容和工步的先后顺序。工序及工步安排得科学与否将直接影响到零件的加工质量、生产率和加工成本。在安排数控铣削及加工中心加工顺序时要遵循“基面先行”、“先粗后精”、“先面后孔”及“先主后次”等工艺设计的一般原则。

加工任何零件时总是先对定位基准进行粗加工和精加工，例如加工箱体类零件时总是先加工定位用的平面及两个定位孔，再以定位平面和定位孔为精基准加工孔系和其他平面，即“基面先行”；整个零件的总体加工是按照粗加工→半精加工→精加工或光整加工的先后顺序划分阶段的，同一工序内的各工步也是按“先粗后精”的顺序来安排的；对于箱体、支架等零件，由于其平面轮廓尺寸较大，用平面定位比较稳定，且孔的深度尺寸又是以平面为基准的，故应先加工平面，然后加工孔，即“先面后孔”。

除上述一般工艺原则外，还应考虑如下几点。

1）安排铣削加工顺序时可参照采用粗铣大平面→粗镗孔、半精镗孔→立铣刀加工→钻中心孔→钻孔→攻螺纹→平面和孔的精加工（精铣、铰、镗等）的加工顺序。

2）尽量减少每道工序中刀具的空行程，按最短路线安排加工表面的加工顺序。

3）对加工中心而言，应减少换刀次数，以节省辅助时间。一般情况下，每换一把新的刀具后，应通过移动坐标、回转工作台等方法将由该刀具切削的所有表面全部完成加工。但若工作台转位所花的时间比换刀时间长，可考虑先完成一个面的所有粗加工内容后再转位加工另一面，最后精加工所有面。

4）对于一次换刀后加工时间较长的零件（如模具曲面类零件）可考虑用数控铣床加工；若该零件同时有一些其他需换刀加工而又不允许二次装夹的结构，可在数控铣床上采用手工换刀完成。对于一次装夹后使用刀具数量较多而又需频繁换刀的批量加工的零件，可考虑用加工中心加工。

5）大批量零件按流水线形式组织生产时，可考虑将工序分散。加工费时的粗加工可安排在数控铣床或普通铣床上进行：每台机床完成一把或少数几把刀具加工工序（或工步）的内容，有相互位置精度要求而又需要多把刀具的最终精加工则安排在加工中心上进行。需多面加工的零件按加工面安排集中工序，用加工中心加工或将工序分散到多台数控铣床上加工，原则上采用逐面完成粗、精加工的工序顺序，但对于相互影响较大、位置精度要求较高的面应最终作各面的精加工。组线生产时各机床加工工序内容的多少应估算工时后统筹安排，对于容易产生瓶颈的工序应安排多台机床作同样的加工，以确保生产线通畅。

6）对于整个外轮廓都需要切削加工而又不方便采用内装夹固定、深度较大需对接加工的异型通槽等零件，采用数控铣削方式比较困难的，可考虑穿插安排线切割等其他加工方法完成加工。

二、走刀路线的确定

1. 顺铣和逆铣

在切削区域，铣刀的运动方向与工件的线速度方向和工作台（工件）的进给方向相同时称为顺铣，方向相反时称为逆铣。图6-36a所示为逆铣方式，图6-36b所示为顺铣方式。

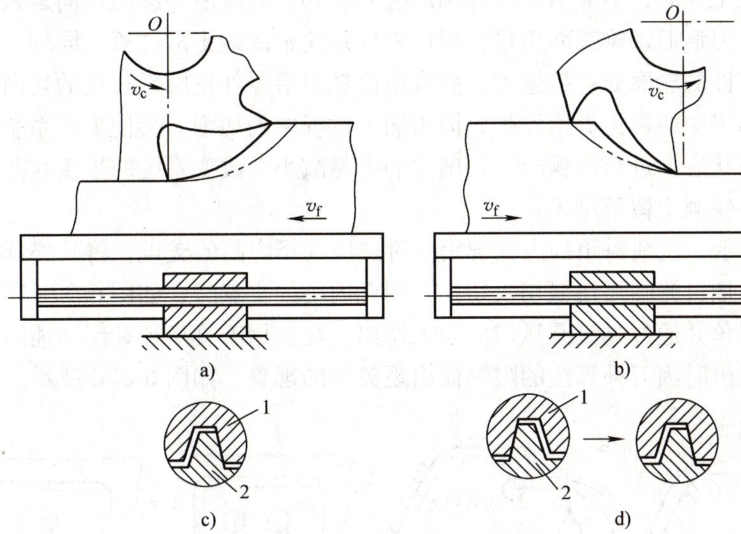

图6-36　顺铣和逆铣

a）逆铣　b）顺铣　c）抵紧传动　d）间隙传动

1—螺母　2—丝杠

逆铣时，刀具从已加工表面切入，切削厚度逐渐增大，刀齿在已加工表面上滑行、挤压，使已加工表面变为冷硬层，既磨损刀齿又会降低已加工表面的质量。但逆铣时刀齿从已加工表面切入，不会出现打刀现象：由于工件自右向左进给是靠丝杠和螺母右侧传动面的抵紧来推动的，逆铣时水平切削力也是推动丝杠向右抵紧螺母传动面（见图6-36c），因此铣削不受丝杠螺母副间隙的影响，铣削较平稳。

顺铣时，刀具从待加工表面切入，切削厚度逐渐减小，切削时冲击力大，刀齿无滑行、挤压现象，对刀具寿命有利。但由于工件自左向右的进给是靠丝杠和螺母传动面左侧抵紧来推动的，顺铣时的水平切削力则是推动丝杠抵向螺母右侧传动面，切削力大（工件表面有硬皮或硬质点）时，工作台与丝杠向右窜动使得传动副左侧出现间隙，硬皮或硬质点切削过后传动副恢复正常的左侧抵紧、右侧间隙（见图6-36d），这种现象对加工极为不利，会引起“啃刀”或“打刀”，甚至会损坏夹具或机床。

当工件表面有硬皮、机床的进给机构有间隙时，应选用逆铣走刀方式；由于逆铣时机床进给机构的间隙不会引起振动和爬行，因此粗铣时也应尽量采用逆铣。当工件表面无硬皮，机床进给机构无间隙时，应选用顺铣走刀方式；顺铣加工的表面质量好、刀齿磨损小，因此精铣时也应尽量采用顺铣。

数控机床一般采用精密滚珠丝杠，其传动间隙很小，所以在数控铣削加工时应尽可能使用顺铣。顺铣是机夹硬质合金刀片铣刀的首选走刀方式。

2. 确定走刀路线时需考虑的几个方面

在数控加工中，刀具（刀位点）相对于工件的运动轨迹和方向称为走刀路线，即刀具从对刀点开始运动起，直至结束加工所经过的路径，包括切削加工路径以及刀具引入、引出、下刀、提刀等空行程。走刀路线的确定可主要从以下几个方面考虑。

1）应尽量采用切向引入与引出。如图 6-37a 所示，平面零件外轮廓一般采用立铣刀侧刃铣削。刀具切入工件时，不应沿零件外廓的法向切入，而应沿外廓的切向延长线切入，以避免在切入处产生刀痕而影响表面质量，保证零件外轮廓曲线平滑过渡。同理，在切离工件时，也应避免在工件的轮廓处直接退刀，而应该使铣刀沿零件轮廓延长线的切向逐渐切离工件。此外，轮廓加工中应避免进给停顿，因为加工过程中的切削力会使工艺系统产生弹性变形并处于相对平衡状态。进给停顿时，切削力的突然减小会改变系统的平衡状态，刀具会在进给停顿处的零件轮廓上留下刻痕。

如图 6-37b 所示，铣削封闭的内轮廓表面时，应选择内凸的交点，将其外延后沿切线方向切入切出，或添加过渡圆弧切向切入切出。当无内凸的交点时，如图 6-37c 所示，刀具切入切出点应远离拐角并通过过渡圆弧切向切入切出。在使用刀具半径补偿功能时，更应该避免从同一点切入切出时因刀补算法的限制而出现欠切的现象，如图 6-37d 所示。

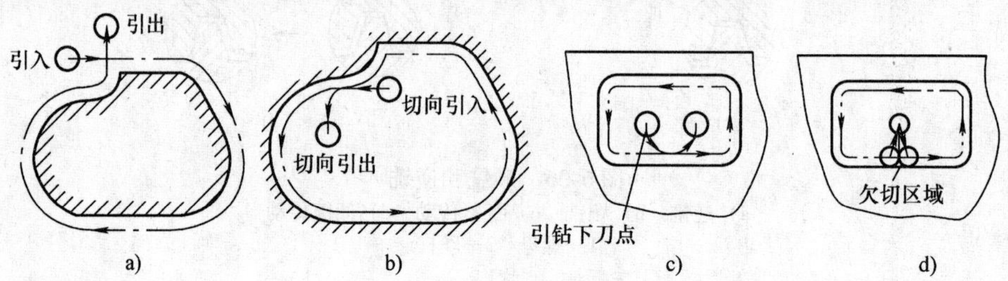

图 6-37 顺铣精修的切入与切出

2）选择合理的下刀方式和下刀位置。铣削外轮廓、凸形曲面或敞口槽时，可从坯料外部快速下刀；铣封闭内槽、内轮廓或模腔曲面时，可先钻引孔后从引孔处快速进给下刀，或使用键槽铣刀轴向进给下刀；若用立铣刀应以斜插及螺旋插补方式从槽内下刀。批量生产时建议采用快速进给下刀方式以提高生产效率。

3）对于槽形铣削，若为通槽，可采用行切法来回铣削，走刀换向在工件外部进行，如图 6-38a 所示。若为敞口槽，可采用环切法，如图 6-38b 所示。若为封闭凹槽，可采用①粗加工时行切、精加工时环切，如图 6-38c 所示；②粗精加工均采用环切的走刀路线，如图 6-38d所示，以走刀路线最短者为首选。

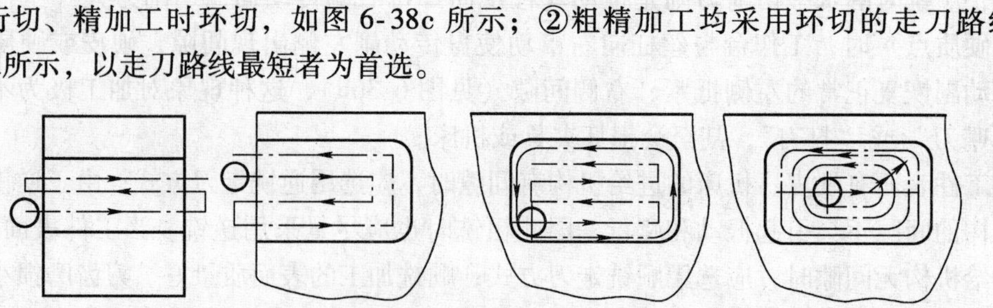

图 6-38 铣槽方案

a）通槽铣削 b）敞口槽铣削 c）封闭凹槽铣削：行切＋环切 d）封闭凹槽铣削：环切

若封闭凹槽内还有不需加工的岛屿部分，则以保证每次走刀路线与轮廓的交点数不超过两个为原则。图6-39a所示走刀方式为将岛屿两侧视为两个内槽分别进行切削，最后用环切方式对整个槽形内外轮廓精切一刀。若按图6-39b所示走刀方式，来回地从一侧顺次铣切到另一侧，必然会因频繁地抬刀和下刀而增加工时。若岛屿间形成的槽缝小于刀具直径，则加式时必然要将槽分隔成几个区域。若以最短工时角度考虑，可将各区分别视为一个独立的槽，相当于多槽加工，如图6-39c所示，可先后粗、精加工完成一个槽后再去加工另一个槽区；若以预防加工变形角度考虑，则应在粗铣所有的区域后，再统一对所有的区域先后进行精铣，最后使用小刀具完成窄缝槽区的加工。

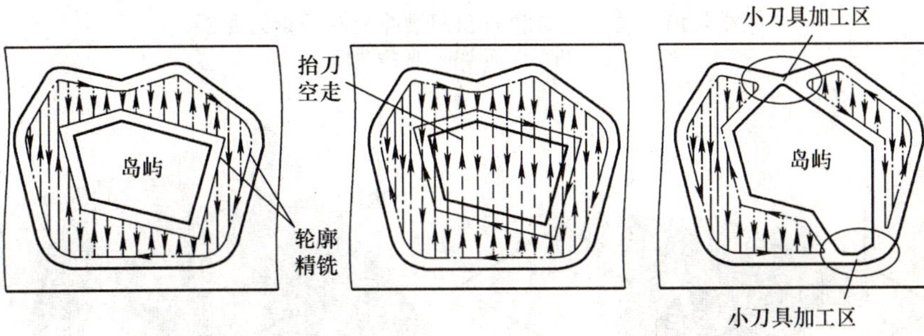

图6-39 加工带有岛屿的封闭凹槽时的走刀路线

加工精度要求较高的凹槽时，可采用直径比槽宽小一些的立铣刀，先铣削槽的中间部分，然后利用刀具的半径补偿功能精铣槽的两边，直到达到精度要求为止。精加工余量一般以0.2~0.5mm为宜。精铣时宜采用顺铣，以降低加工表面的表面粗糙度值。

4）用三坐标数控铣床或加工中心加工模具曲面零件时，其走刀路线需要用CAM软件进行设计。通常采用平底铣刀或圆角铣刀作曲面挖槽粗加工，用圆角铣刀或球刀作等高半精加工，用球刀作平行式或环绕等距式精加工，最后可能还需要采用小球刀对剩余的残料作补加工。

挖槽粗加工是指逐步改变 Z 高度层以 XOY 平面加工为主的切削走刀方式。

加工凸形曲面是指以 XOY 截面与曲面的交线为内边界、以预设的毛坯边廓为外边界，将其转化为槽形铣削的加工形式。每改变一次 Z 高度值均可得到一大小变化的内边界，由此可将复杂的三维曲面转化为一层层的二维槽形进行加工。加工时可从毛坯外部下刀切入，如图6-40所示。

凹槽曲面的加工则以 XOY 截面与曲面的交线为外边界、以 XOY 截面与曲面凸岛的交线为内边界，将其转化为一层层的二维槽形。可在槽内引钻孔后直接下刀或以斜插式及螺旋式下刀。曲面粗切以去除大量余量为主要目的，对已经铸、锻预成型的曲面零件可不需作粗加工而直接进行半精加工和精加工。

如图6-41所示，等高半精加工凸形曲面时，仅需以每一 Z 高度的 XOY 截面与曲面交线为边界作外形铣削刀具路径，半精加工凹槽曲面时仅需逐层对 XOY 截面与曲面或凸岛的内外交线边界作轮廓铣削即可。

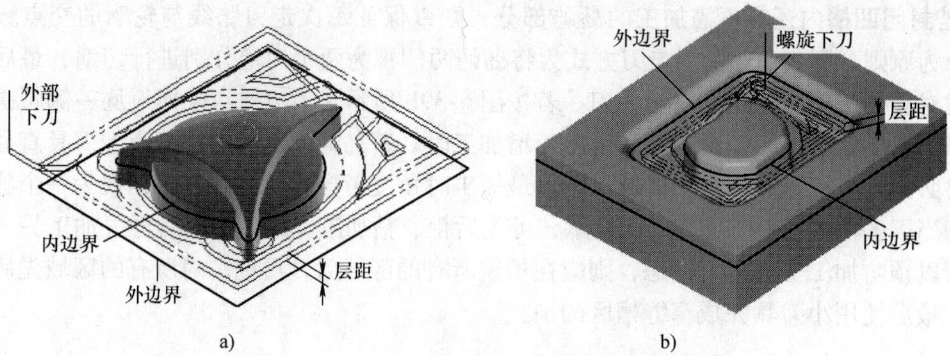

图 6-40 加工凸形曲面和凹槽曲面时的走刀路线
a）凸形曲面 b）凹槽曲面

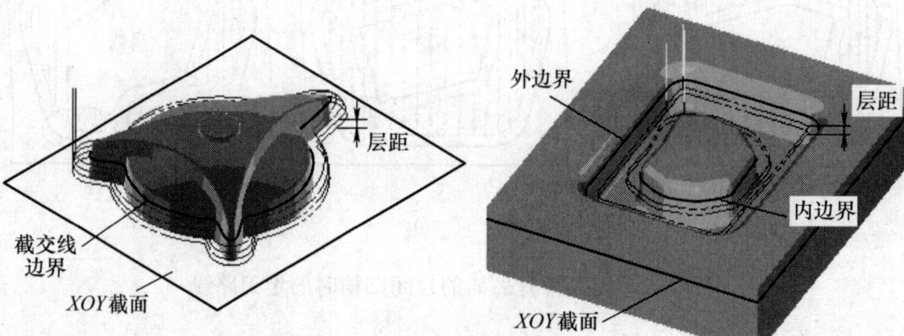

图 6-41 等高半精加工凸形曲面和凹槽曲面时的走刀路线

如图 6-42 所示，平行式曲面精加工是逐层以 *XOZ* 或 *YOZ* 直交截面或角度直交截面与曲面的交线作为边廓，进行 *XOZ*、*YOZ* 平面轮廓铣削或 3D 空间轮廓铣削。由于角度直交截面与曲面的交线为 3D 空间轮廓，因此需要使用具有三轴联动功能的机床，而 *XOZ*、*YOZ* 直交截面与曲面的交线为平面轮廓，使用具有两轴联动功能的机床采用两维半走刀方式即可实现加工。

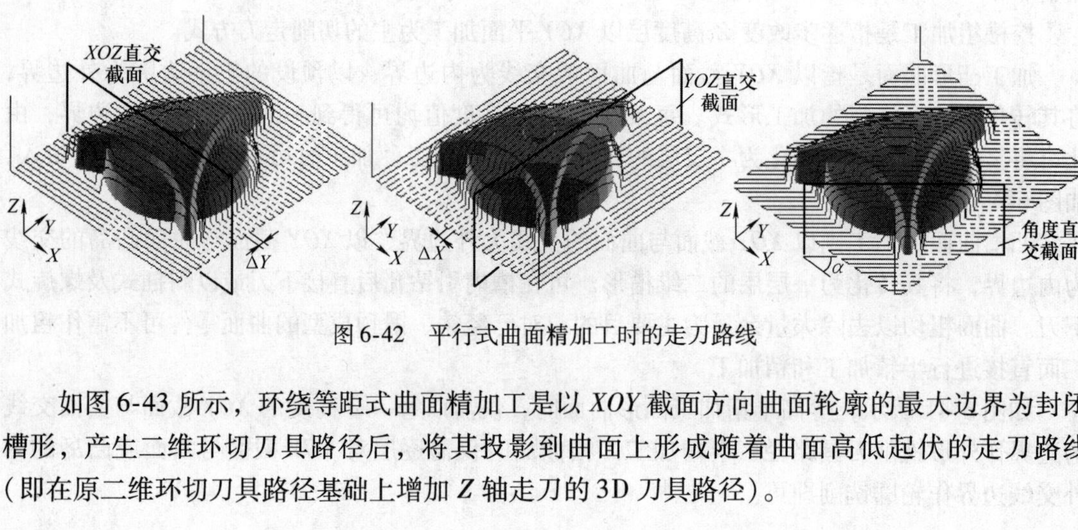

图 6-42 平行式曲面精加工时的走刀路线

如图 6-43 所示，环绕等距式曲面精加工是以 *XOY* 截面方向曲面轮廓的最大边界为封闭槽形，产生二维环切刀具路径后，将其投影到曲面上形成随着曲面高低起伏的走刀路线（即在原二维环切刀具路径基础上增加 *Z* 轴走刀的 3D 刀具路径）。

半精加工和精加工走刀的区别主要在于分层间距上。为提高效率，半精加工采用较疏的分层间距；为获得较高的加工质量，精加工采用较密的分层间距。由于粗加工后余量的不均匀，采用平行式走刀到底部时容易“啃刀”，因此建议采用等高半精加工方式用球刀或圆角铣刀切掉粗加工后出现的台阶状表面，以均化下道工序的切削余量，使得精加工时的切削余量均匀、受力均衡，以确保加工精度。若粗加工时采用圆角铣刀并进行了一定的环绕精加工，则可不需半精加工而直接进行精加工。

为提高切削效率，一般采用较大直径的刀具作粗精加工。如图6-44所示，曲面补加工主要是用小直径刀具对大直径刀具加工不到的局部残料区域进行补充加工，或对因刀具路径设计算法的限制而不能达到理想加工质量的部位进行修补加工。

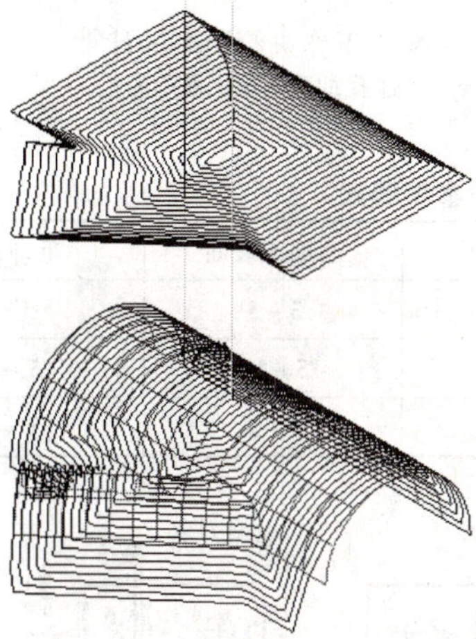

图6-43　环绕等距精加工走刀路线

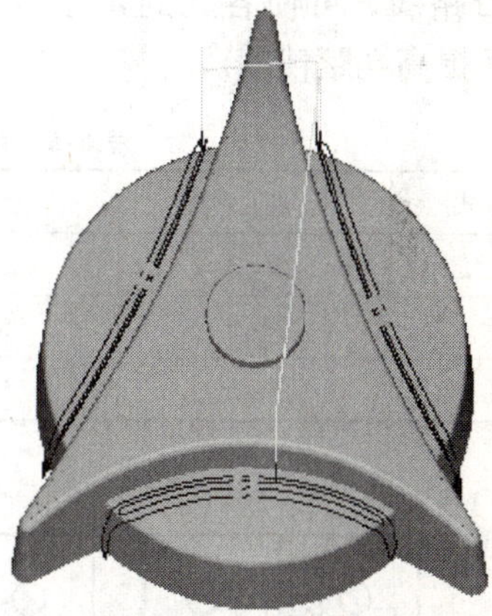

图6-44　残料补加工走刀路线

5）当使用钻镗循环加工方式时，孔加工的走刀路线已经由系统设定好，但各Z向深度位置的设置，如快速下刀的位置、每刀的切削深度、提刀的高度等将直接影响到加工效率和加工质量。图6-45a所示为单孔加工的走刀路线，图6-45b所示为多孔加工的走刀路线。加工同一侧的孔系时，只需提刀到R平面高度，跳跃加工另一侧孔系时才需要提刀到初始平面高度，这可减少刀具空行程。从快速下刀切换到工进下刀的R平面，其到加工表面的参考距离Z_R见表6-6。确定工进钻孔深度Z_F时需要考虑钻尖高度T_t，同时加工通孔时钻头的导向部分应穿越底面1~2mm，如图6-46所示。

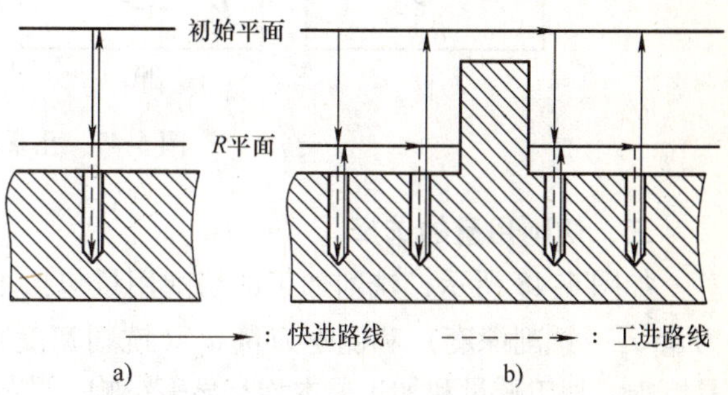

图6-45　孔加工时的走刀路线
a）单孔加工　b）多孔加工

6）孔间走刀时应使走刀路线最短，以减少刀具空行程时间、提高加工效率。图6-47a所示的孔系加工，按照通用铣床采用分度盘分度，总是先加工均布于同一圆周上的8个孔，再加工另一圆周上的孔。但是对于数控机床而言，其要求定位精度高、定位过程尽可能快，因此数控机床应按空行程时间最短的原则来安排走刀路线，如图 6-47b 所示，以节省加工时间。

对于孔位精度要求较高的零件，在精加工孔系时，确定孔间走刀路线时一定要注意使各孔的定位方向一致，即采用单向趋近定位点的方法（有些数控系统提供此功能指令），以避免传动系统的反向间隙或测量系统的误差对定位精度造成影响。如图 6-47c 所示的孔系加工路线，Y 轴的反向间隙将会影响 4、5 两孔的孔距精度；如果将其改为如图 6-47d 所示的走刀路线，可使各孔的定位方向一致，从而提高孔距精度。

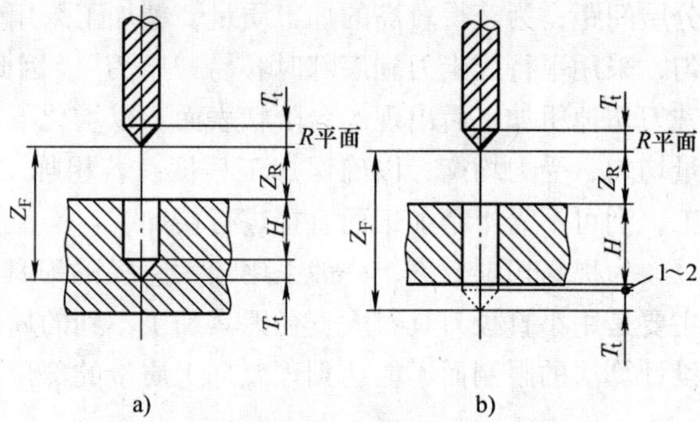

图 6-46　工作进给距离的计算
a）不通孔加工　b）通孔加工

表 6-6　*R* 平面与加工表面间的参考距离　　（单位：mm）

加工方式	已加工表面	毛坯表面	加工方式	已加工表面	毛坯表面
钻孔	2～3	5～8	铰孔	3～5	5～8
扩孔	3～5	5～8	攻螺纹	5～10	5～10
镗孔	3～5	5～8	铣削	3～5	5～10

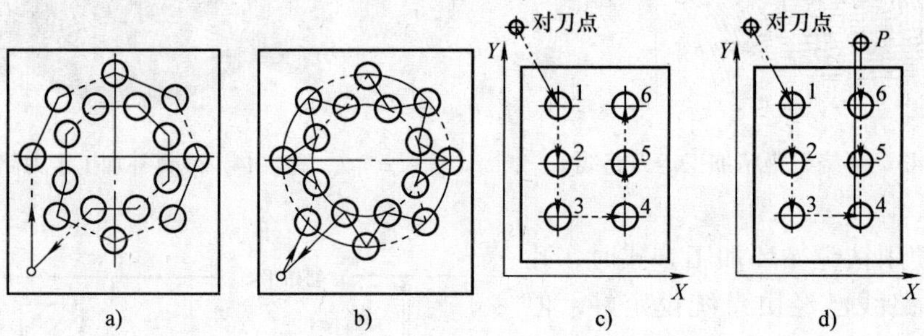

图 6-47　孔系加工路线

三、切削用量的选择

如图 6-48 所示，铣削加工的切削用量包括主轴转速（切削速度 v_c）、进给速度 v_f、背吃刀量 a_p（铣削深度）和侧吃刀量 a_e（铣削宽度）。切削用量的大小对切削力、切削功率、刀具磨损、加工质量和加工成本均有显著影响。数控加工中选择切削用量时，要在保证加工质量和刀具寿命的前提下，充分发挥机床和刀具的性能，以使切削效率最高、加工成本最低。

1. 背吃刀量或侧吃刀量的选择

背吃刀量 a_p 为在平行于铣刀轴线方向测量的切削层尺寸，单位为 mm。面铣时，a_p 为切削层深度；圆周铣削时，a_p 为被加工表面的宽度。

侧吃刀量 a_e 为在垂直于铣刀轴线方向测量的切削层尺寸，单位为 mm。面铣时，a_e 为被加工表面宽度；圆周铣削时，a_e 为切削层的深度。

背吃刀量或侧吃刀量的选取主要由加工余量和对表面质量的要求决定。

1）在工件表面粗糙度值要求为 $Ra=12.5\sim25\mu m$ 时，如果圆周铣削的加工余量小于

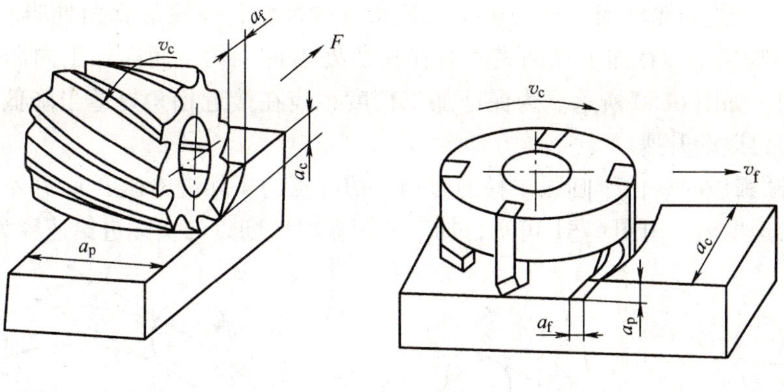

图 6-48　铣削用量
a）圆周铣　b）面铣

5mm、面铣的加工余量小于 6mm，则粗铣一次就可以达到要求。但在余量较大、工艺系统刚性较差或机床动力不足时，可分两次进给完成。

2）在工件表面粗糙度值要求为 $Ra=3.2\sim12.5\mu m$ 时，可分粗铣和半精铣两步进行。粗铣时背吃刀量或侧吃刀量选取同前。粗铣后留 0.5～1.0mm 余量，在半精铣时切除。

3）在工件表面粗糙度值要求为 $Ra=0.8\sim3.2\mu m$ 时，可分粗铣、半精铣、精铣三步进行。半精铣时背吃刀量或侧吃刀量取 1.5～2mm；精铣时圆周铣侧吃刀量取 0.3～0.5mm，面铣背吃刀量取 0.5～1mm。

采用球刀分层加工锥面或曲面时，层间距 ΔZ、球刀半径 R 及残留高度 h 之间的关系如图 6-49 所示。由 $\triangle O_1AB$ 有：

$$R^2=(R-h)^2+(S/2)^2$$

展开并略去二阶无穷小 h^2，可得到：$S=2\sqrt{2Rh}$

则：$\Delta Z=S\sin\phi=2\sqrt{2Rh}\sin\phi$

其中 ϕ 为斜面的倾角。加工曲面时，ϕ 角的大小取决于曲面在该段上切线的斜率；若用 $SR5$mm 的球刀、45°的倾角，以表面残留高度 0.01mm 控制表面质量，则 ΔZ 可取 0.45mm。

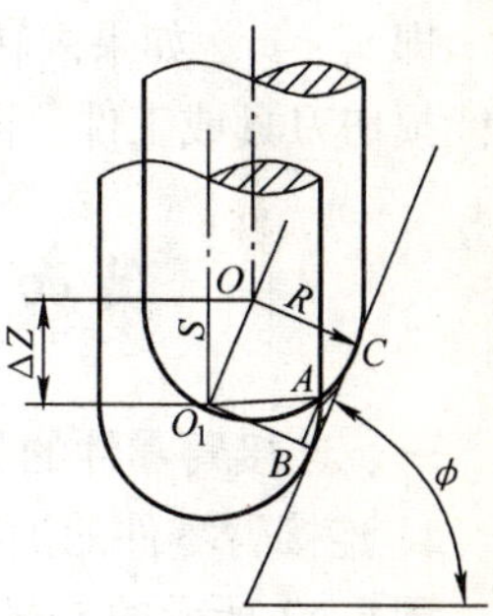

图 6-49　斜面加工的层间距

2. 切削速度 v_c(m/min)的选择与主轴转速 S(r/min)的确定

查表获得切削速度 v_c 后，综合考虑积屑瘤、振动、冲击、工件状况等因素对其进行适当修正后，可按式（1-1）计算出铣床的主轴转速 n(r/min)。

3. 进给量 f(mm/r)与进给速度 v_f(mm/min)的选择

铣削加工的进给量是指刀具转一周，刀具相对工件沿进给运动方向的位移量。由于铣刀为多齿刀具，其进给量常用每齿进给量 f_z 来表示。进给量与进给速度是数控铣削加工切削用量中的重要参数。其根据零件的表面粗糙度、加工精度要求，刀具及工件材料等因素，参考切削用量手册选取，也可参见附录 D 的有关数据。工件刚性差或刀具强度低时，应选取较小值。铣削加工时，进给速度 v_f、主轴转速 n、刀具齿数 z 及每齿进给量 f_z 的关系见式（1-3）。根据主轴转速 n、刀具齿数 z 及每齿进给量 f_z，即可计算出数控加工时的进给速度 F。

在确定进给速度时，还应注意零件加工中如下某些特殊因素。

1）在高速进给的轮廓加工中，由于工艺系统的惯性，在轮廓拐角处容易产生“超程”和“过切”的现象。即在加工外凸表面时在拐角处出现少切，而在加工内凹表面时在拐角处会出现多切，如图6-50所示。为保证加工精度，应在接近拐角处适当降低进给速度，拐角加工完成后再逐渐升速。

2）加工圆弧段时，由于圆弧半径的影响，切削点的实际进给速度 v_T 并不等于选定的刀具中心的进给速度 v_f。由图6-51可知，加工外圆弧时切削点的实际进给速度为：

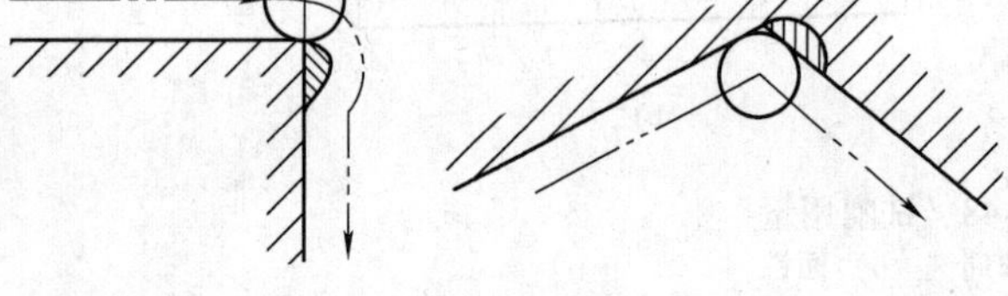

a)　　　b)

图6-50　拐角处的超程与过切

a）超程　b）过切

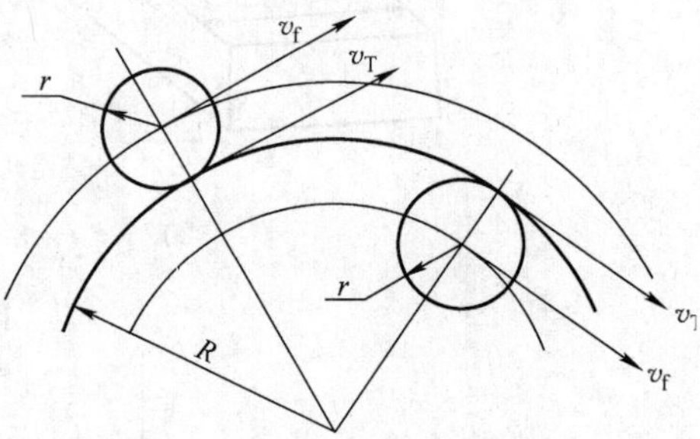

图6-51　圆弧切削时的进给速度

$$v_T=\frac{R}{R+r}v_f$$

即 $v_T<v_f$。而加工内圆弧时，由于

$$v_T=\frac{R}{R-r}v_f$$

即 $v_T<v_f$。如果内转角半径接近刀具半径，则切削点的实际进给速度将变得非常大，有可能损伤刀具或工件，因此应适当降低内圆弧铣削的进给速度。

第四节　典型零件的数控铣削加工工艺

一、连接臂零件的数控铣削加工工艺

1. 连接臂零件的加工工艺性分析

图6-52所示的连接臂零件具有较复杂的外形轮廓和一定位置精度要求的槽、孔。除上、下两面需要加工外还有侧孔及侧面槽形需要加工；零件小、不便于夹持，且有薄壁，加工有一定的难度。需要使用数控铣床或加工中心进行加工。

批量生产该零件时，尺寸 $\phi20.8^{+0.02}_{0}$mm 的公差等级要求为IT7，可以用定制铣刀进行插铣加工；$\phi13.5^{+0.03}_{+0.01}$mm 的尺寸公差等级为IT7～IT8，需要用定制的专用铰刀加工；$\phi24\pm0.02$mm 的尺寸公差等级为IT8～IT9，可用标准合金立铣刀插铣加工，其余尺寸精度要求不高。在几何公差方面，$\phi24\pm0.02$mm 的孔与 $\phi9.6^{0}_{-0.05}$mm 的孔有较高的同轴度要求，$\phi13.5^{+0.03}_{+0.01}$mm 的孔与底平面及 $\phi20.8^{+0.02}_{0}$mm 孔的底平面有垂直度要求，有相互位置关系的槽孔需要在一次装夹中先后加工出来。

侧面螺孔螺纹为美制螺纹，需预钻底孔后采用美制丝锥加工；侧面的缺口槽有一定的角度方位要求，需要用带数控转台的卧式数控铣床或制作专用夹具加工；正面宽 $1.27^{+0.1}_{0}$mm 的窄槽可在侧面加工时用三面刃锯片铣刀加工。

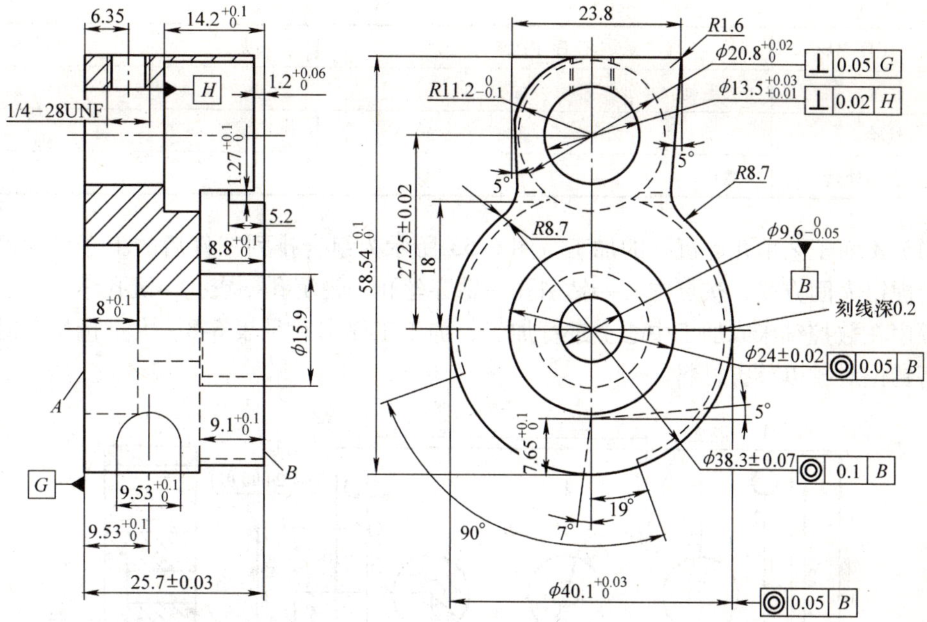

图 6-52　连接臂零件图

该零件的轮廓描述清晰、尺寸标注完整。材料为 42CrMo，切削加工性能稍差，需作调质处理以改善其加工性能，并作为氮化的预备热处理。

2. 连接臂零件的机械加工工艺

由于该零件小且有薄壁，进行内外槽形加工时夹持也极不方便，故可考虑多件组合加工后，用线切割加工方法加工外轮廓并实现多件分割的工艺安排。以较大矩形尺寸备料，在废料区增添工艺销孔作为正反面加工的定位，线切割出外形后再进行单件侧面槽孔的加工。这样既解决了夹持问题，又降低了坯料的成本，采用线切割分离也解决了薄壁加工变形的可能性。该零件总体加工工艺安排见表 6-7。

表 6-7　连接臂零件的机械加工工艺

序号	工序名称	工 序 内 容	夹具	设备
1	备料	ϕ100mm 圆棒料		锯床
2	锻	锻至 156mm × 75mm × 32mm		锻锤
3	热处理	热处理：调质 215 ~ 255HBW		
4	铣四面	铣四面：156mm × 68mm × 26. 2mm		普通铣床
5	磨上下面	磨上、下大平面，使其厚度为 25. 7 ± 0. 01mm		平面磨床
6	A 面工艺销孔、沉孔加工	点中心、钻引孔、钻穿丝孔、锪沉孔、铰孔、沉孔精修、刻线		数控铣床/加工中心
7	B 面槽孔加工	锪沉孔、铣台肩、铣缺口、钻孔、铰孔、精加工沉孔及台肩、精加工缺口及环槽	一面两销	数控铣床/加工中心
8	线切割	切割外形到尺寸	一面两销	线切割机床
9	侧面槽孔加工	转位铣侧槽、点中心、钻螺纹底孔、攻螺纹、铣窄槽	一面两销专用定位板	卧式铣床/加工中心

（续）

序号	工序名称	工序内容	夹具	设备
10	钳工	去毛刺		
11	检验			
12	表面处理	氮化		

（1）*A*面工艺销孔、沉孔的加工　图6-53所示为组合排列三件后的工序尺寸简图，可利用台虎钳夹固方式，按点中心→钻引孔→钻穿丝孔→锪沉孔→铰孔→沉孔精加工→刻线的工步顺序在数控铣床或加工中心上进行加工，加工工序卡片见表6-8。大批量生产时，还可以进行错位对排以节省材料。

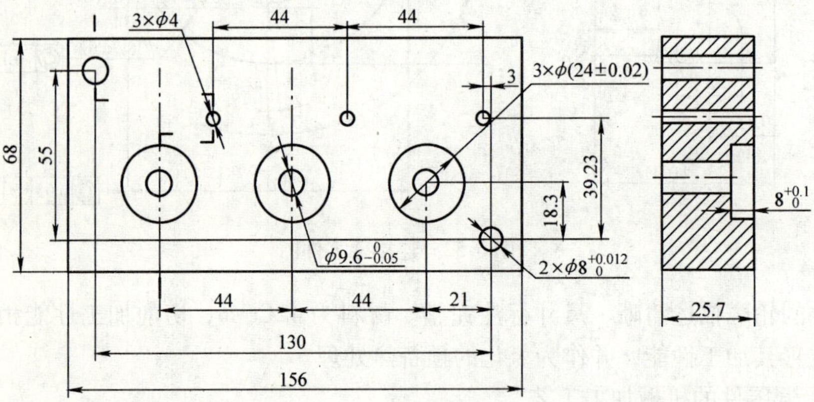

图6-53　三件组合加工*A*面

表6-8　*A*面工艺销孔、沉孔加工工序卡片

工厂名称		产品名称或代号		零件名称		零件图号	
				连接臂			
工序	程序编号	夹具名称		使用设备		车间	
6		台 钳		XH713A		数控	
工步	工 步 内 容	刀具号	刀具规格	主轴转速/(r/min)	进给速度/(mm/min)	切削深度/mm	备注
1	定心钻点中心	T1	ϕ16mm 中心钻				
2	钻工艺销孔：2×ϕ7.8mm	T2	ϕ7.8mm 钻头			30	
3	钻底孔 3×ϕ9.3mm	T3	ϕ9.3mm 钻头			30	
4	钻穿丝孔：3×ϕ4mm	T4	ϕ4mm 钻头			28	
5	锪沉孔：3×ϕ22mm	T5	ϕ22mm 键槽铣刀			7.8	
6	沉孔精加工：3×ϕ(24 ±0.02)mm	T6	ϕ12mm 合金铣刀	300	30	8	
7	铰工艺销孔：2×ϕ8$^{+0.012}_{0}$mm	T7	ϕ8$^{+0.012}_{0}$mm 铰刀			28	
8	铰孔 ϕ9.6$_{-0.05}^{0}$mm	T8	ϕ9.6$_{-0.05}^{0}$mm 铰刀			28	
9	刻线	T9	*SR*1mm 球刀			0.2	
编制	审核	批准		年 月 日		共 页	第 页

（2）*B* 面槽孔加工 图 6-54 所示为 *B* 面槽孔加工工序示意图。其利用一面两销定位，压板螺钉固定，按锪沉孔→铣台肩→点中心→钻孔→铣缺口→铰孔→台肩面、沉孔精加工→缺口、环形槽精加工的工步顺序在数控铣床或加工中心上进行加工。其加工工序卡片见表 6-9。

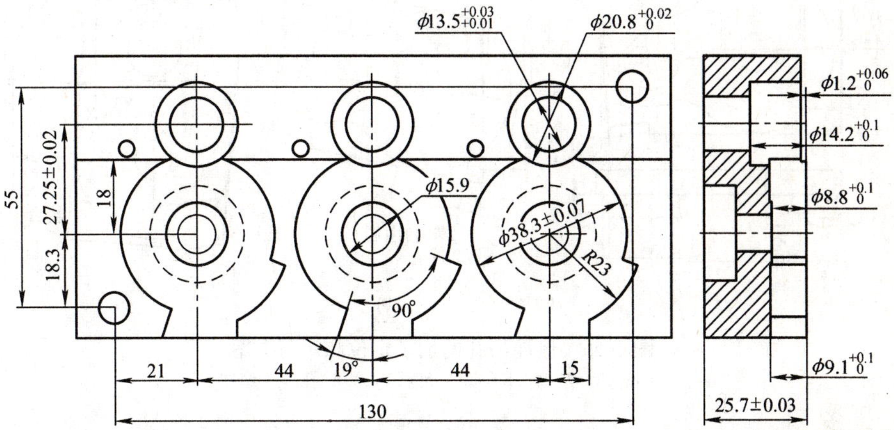

图 6-54 *B* 面槽孔加工

表 6-9 *B* 面槽孔加工工序卡片

工厂名称		产品名称或代号		零件名称		零件图号	
				连接臂			
工序	程序编号	夹具名称		使用设备		车间	
7		一面两销/压板螺钉		XH713A		数控	
工步	工 步 内 容	刀具号	刀具规格	主轴转速/(r/min)	进给速度/(mm/min)	切削深度/mm	备注
1	锪沉孔 ϕ38mm	T1	ϕ38mm 键槽铣刀			8.6	
2	粗铣台肩面	T2	ϕ40mm 立铣刀			1.0	
3	点中心	T3	ϕ16mm 中心钻				
4	钻孔 ϕ13.3mm	T4	ϕ13.3mm 钻头			30	
5	锪沉孔 ϕ20mm、铣缺口	T5	ϕ20mm 键槽铣刀			14/7.8	
6	铰孔：$\phi13.5^{+0.03}_{+0.01}$mm	T6	ϕ13.5mm 铰刀			28	
7	精加工台肩面	T7	ϕ40mm 合金铣刀			1.2	
8	精加工沉孔 $\phi20.8^{+0.02}_{0}$mm、沉孔 ϕ38.3±0.07mm、缺口	T8	ϕ12mm 合金铣刀			14.2/8.8	
9	精加工 ϕ15.9mm 外环槽及缺口	T9	ϕ10mm 合金铣刀			9.1	
编制		审核	批准	年 月 日		共 页	第 页

（3）线切割外形 从穿丝孔开始逐件割取外形，以封闭轮廓形式切割能较好地预防开口变形问题，有利于保证外形精度和薄壁的加工质量。

（4）侧面槽孔的加工 加工侧面槽孔时，需要按照零件上的孔位设计制作一面两销的专用夹具，以方便定位和对刀。夹具定位和对刀方案如图 6-55 所示，按照转位铣侧斜槽→

点中心→钻螺纹底孔→攻螺纹→铣窄槽的工步顺序在卧式转台数控铣床或加工中心上加工。侧面槽孔加工工序卡片见表6-10。

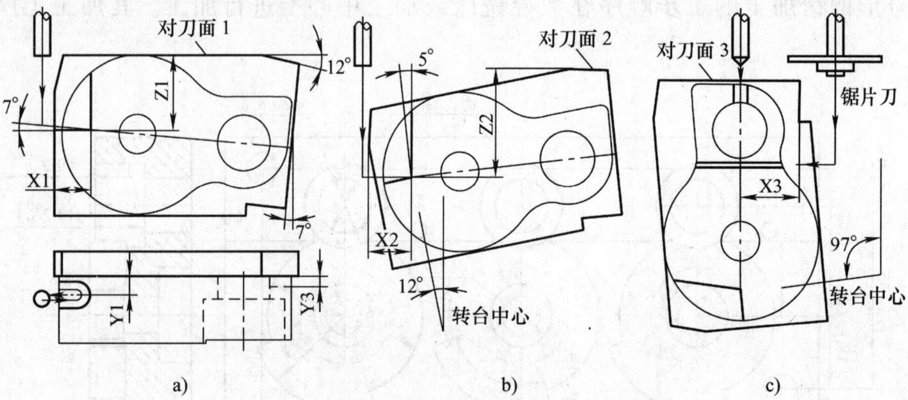

图6-55 侧面槽孔的加工定位和对刀方案
a）铣偏 -7°槽 b）铣偏5°槽 c）钻孔、铣窄槽

表6-10 侧面槽孔加工工序卡片

工厂名称		产品名称或代号		零件名称		零件图号	
				连接臂			
工序	程序编号	夹具名称		使用设备		车间	
9		专用定位板/压板螺钉		TH6350		数控	
工步	工步内容	刀具号	刀具规格	主轴转速/(r/min)	进给速度/(mm/min)	切削深度/mm	备注
1	铣偏 -7°槽、偏5°槽	T1	ϕ8mm 立铣刀			Z1/Z2	
2	精铣偏 -7°槽、偏5°槽	T2	ϕ8mm 合金铣刀			Z1/Z2	
3	转90°，点中心，孔口倒角	T3	ϕ16mm 中心钻				
4	钻底孔 ϕ5.6mm	T4	ϕ5.6mm 钻头			-7	
5	攻螺纹：美制螺纹 1/4-28UNF	T5	美制丝锥			-6	
6	锯片铣槽：槽宽 1.37mm	T6	ϕ80mm 锯片铣刀			-20.5	
编制	审核	批准		年 月 日	共 页	第 页	

3. 选择切削用量

切削用量的选用见对应的加工工序卡片。

二、基座零件的数控铣削加工工艺

1. 基座零件的加工工艺性分析

图6-56所示为搓丝机构的基座零件。该零件与前述连接臂零件通过销轴装配在一起，具有一定的装配关系要求。连接臂在一定范围内往复摆动驱动搓丝机构，摆动范围由刻线显示。其配合面间呈间隙配合，由侧面螺销限位。基座前侧为摆杆运动开设了足够的活动空间，整个基座通过后侧燕尾与机架装配。作为搓丝机构的座体，其要求有足够的刚性，基座和运动部件要求有足够的耐磨性，材料采用42CrMo。为保证部件运转灵活可靠，基座及连接臂等零件的位置精度及尺寸精度有较高的要求。

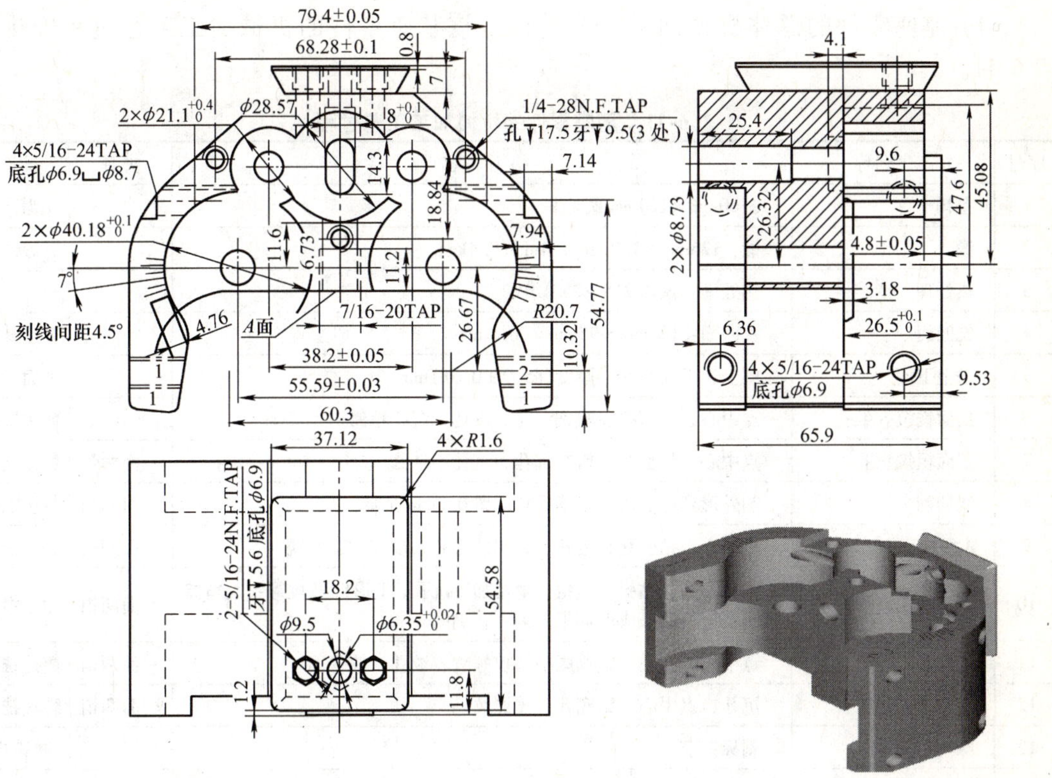

图6-56 基座零件图

由基座零件图可以看出，该零件有几处孔位尺寸、配合孔尺寸公差等级要求较高，分别是55.59 ± 0.03mm（IT8 ~ IT9）、38.2 ± 0.05mm（IT9 ~ IT10）、销轴孔 $\phi 9.6_{-0.05}^{\ 0}$mm（IT9 ~ IT10）、与连接臂间隙配合的孔 $\phi 40.18_{\ 0}^{+0.1}$mm（IT10）、后侧孔 $\phi 6.35_{\ 0}^{+0.02}$mm（IT8）。所有螺纹孔均为美制螺纹，需按图样要求选配好对应的美制丝锥。前侧 R20.7mm 厚 26.5mm 的让位槽需用T形槽刀加工，因余量较大，故加工具有一定难度；从前侧到后侧贯穿孔的底孔台肩较深，同样给加工增加了难度。后侧燕尾槽用燕尾槽刀加工，刻线分度可采用尖刀或球刀加工。从尺寸精度和加工难易程度考虑，整个零件采用数控铣削加工或用加工中心加工比较合适。

该零件的轮廓描述清晰、尺寸标注完整。材料为42CrMo，切削加工性能稍差，需作调质处理以改善加工性能，并作为氮化的预备热处理。

通过上述对图样的分析，数控铣削中需采取以下几点工艺措施。

1）工件上 $\phi 9.6_{-0.05}^{\ 0}$mm 的孔、$\phi 6.35_{\ 0}^{+0.02}$mm 的孔需作预孔后定制专用铰刀精铰。

2）前侧 R20.7mm 厚 26.5mm 的让位槽需定制 T 形槽刀加工，刀具厚度即为 26.5mm。考虑余量较大，应在径向分次逐步减少余量进行加工。

3）从前侧到后侧贯穿的深台肩底孔，应在上部槽形还未加工的情形下先行加工出，以避免挖槽后钻头经过空端时产生漂移。

4）因涉及多次换面装夹加工，故应先将 $\phi 9.6_{-0.05}^{\ 0}$mm 的销轴孔加工到位，制作一个简单的“一面两销”定位夹具在每道工序的装夹中使用。

2. 基座零件加工工艺过程分析与设计

(1) 基座零件的总体机械加工工艺过程　该基座零件的机械加工工艺过程安排见表6-11。

表6-11　基座零件的机械加工工艺过程

序号	工序名称	工序内容	夹具	设备
1	备料	ϕ100mm×120mm 圆棒料		锯床
2	锻	锻：126mm×100mm×74mm(7.4kg)		锻锤
3	热处理	热处理：调质 215～255HBW		
4	铣四面	铣四面：126mm×95mm×66.5mm		普通铣床
5	磨上下面	磨上、下大平面：厚度(65.9±0.01)mm		平面磨床
6	反面铣沉孔铰孔	点中心、钻引孔、粗铣沉孔、铰孔、沉孔精修		数控铣床
7	正面粗铣沉孔	点中心、钻引孔、粗铣沉孔、沉孔半精修	一面两销	数控铣床
8	线切割	割外形到位、割燕尾槽导轨面留 0.2mm 余量	一面两销	线切割机
9	*A* 面加工	点中心、钻引孔、锪孔、钻螺纹底孔、攻螺纹、刻线	一面两销	卧式铣床
10	正面加工	铣台肩面，钻引孔，粗、半精加工沉孔，T形凹槽攻螺纹，精修沉孔及槽，槽底成形加工，刻字，刻线	一面两销	加工中心
11	*B* 面加工	点中心、钻孔、铣燕尾槽、攻螺纹、铰孔、铣平面	一面两销	数控铣床
12	左右侧面加工	沉孔、点中心、钻底孔、攻螺纹	一面两销	卧式铣床
13	雕刻	刻标记字		雕铣机
14	钳工	去毛刺等		
15	检验			
16	热处理	表面氮化		

该零件为块状厚料，材料42CrMo的切削加工性能稍差，锻打后需要调质处理以改善材料性能，控制硬度在215～255HBW，且要求回火处理透彻，以使得零件中心部位易于切削。锻成方料后，上下平面应先粗铣再用平面磨床磨削到厚度尺寸。由于材料厚度较大，整个外形采用正反面接刀铣削既困难又不易保证外观质量，因此可考虑使用线切割加工。垂直方向的燕尾槽也可一起预切出来，但为了保证整个燕尾槽形的连续性要求，线切割燕尾槽部分应留0.2mm的单边余量，最后使用燕尾槽刀一次连续走刀得到完整的燕尾槽形。

该零件的铣削加工从反面开始，先将反面沉孔粗、精加工到位，且将定位基准用的两销轴孔 $\phi9.6_{-0.05}^{\ 0}$mm 先加工出来。待反面所有加工内容完成后，翻面以一面两销定位对正面沉孔作粗切和半精修，以减轻后续线切割加工的切削量。由于从*A*面到*B*面有一贯通孔，根据孔形要求需从*A*面作深孔钻削和锪孔。由于该孔被正面沉孔槽隔断为两部分，若先将沉孔槽做出后再从*A*面钻孔则易产生漂移，无法保证孔位和孔形尺寸，因此在工艺上安排先不加工正面的沉孔槽，待*A*面钻孔完成后再加工正面的沉孔槽。当线切割加工已将*A*面割出后，即可先开始进行*A*面加工。

整个零件的加工顺序安排为：反面沉孔粗、精加工→正面粗铣沉孔加工→线切割加工外形→*A*面孔加工→正面粗、精加工→*B*面加工→侧面加工→后续辅助工序。

(2) 反面沉孔粗、精加工　反面粗、精加工是为后续工序加工定位基准（$2\times\phi9.6_{-0.05}^{\ 0}$mm 孔）的，图6-57所示为该工序尺寸示意图。本工序毛坯是经过前后侧铣削和上下面磨削的，可用台虎钳装夹固定，按点中心→钻引孔→扩孔→锪孔→粗铣沉孔→铰孔→沉孔精修的工步顺序在数控铣床或加工中心上进行加工。由于零件刚性较大，后续工序中粗切产生的影响较小，所以本工序已将反面的粗、精加工全部内容都预先完成。定位基准孔由专用铰刀加工以保证精度，后续工序按“基准统一”的原则，全部采用一面两销的定位方式。本工序的加工工序卡片见表6-12。

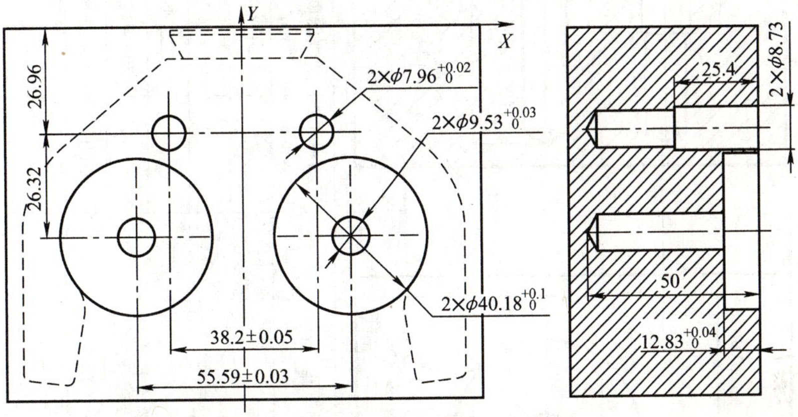

图6-57　反面沉孔粗、精加工工序尺寸

（3）正面粗沉孔加工　正面粗沉孔加工主要是为了减轻后续线切割加工的切削量、降低线切割成本，图6-58所示为该工序加工尺寸示意图。本工序利用一面两销定位、压板螺钉夹固，按点中心→钻引孔→粗沉孔→沉孔半精修的工步顺序，在数控铣床或加工中心上进行加工。其加工工步安排如下。

1）用ϕ16mm的定心钻点中心。

2）用ϕ17mm的钻头钻两个引孔，钻孔深度26.5mm。

3）用ϕ38mm的键槽铣刀插铣加工沉孔，沉孔深度25.8mm。

4）用ϕ16mm的合金立铣刀半精修沉孔到ϕ39.6mm，深度为26.2mm。

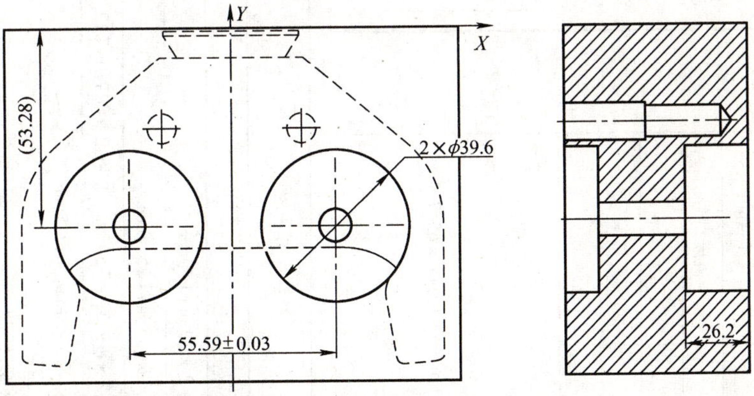

图6-58　正面粗沉孔加工工序尺寸

（4）*A*面孔加工　当外形经线切割加工获得*A*面后，即可进行*A*面的钻孔及刻线加工。如图6-59所示，*A*面仅有一穿向*B*面的深孔加工，可以一面两销定位、压板螺钉夹固，在卧式数控铣床上加工。其加工工步安排如下。

表 6-12 反面沉孔粗、精加工工序卡

产品名称	数控加工工序卡片		零（部）件图号	零（部）件代号	工序名称	工序号
头体			E-16451-M		反面沉孔铰孔	6
材料名称	材料牌号					
钢	42CrMo					
机床名称	机床型号					
加工中心						
夹具名称	夹具编号					
备注	毛坯：126mm×95mm×65.9mm					

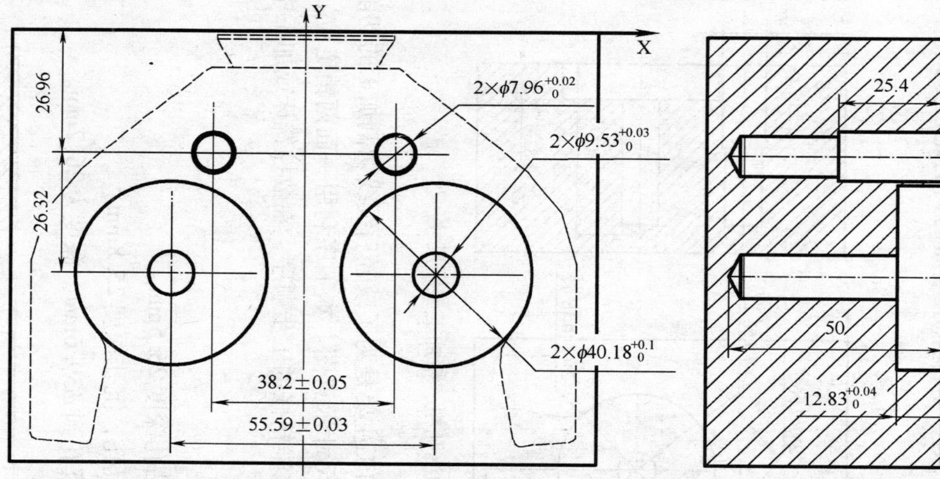

工步	工作内容	刀具	量具	主轴转速 S /(r/min)	切削深度 /mm	进给速度 v_f /(mm/min)	自检频次
1	定心钻点中心	定心钻 φ16mm			-1.5		
2	钻引孔：2×φ7mm ↧50mm	钻头 φ7mm	游标卡尺		-50		
3	锪孔：2×φ8.73mm ↧25.4mm	锪孔钻 φ8.7mm			-25.4		
4	钻引孔：2×φ9.3mm↧50mm，扩孔 2×φ17mm ↧12.9mm	钻头 φ9.3mm、φ17mm	深度游标卡尺		-50，-12.9		
5	粗铣沉孔：2×φ38mm ↧12.5mm	键槽铣刀 φ38mm		300	-12	30	
6	铰孔 2×φ9.53$^{+0.03}_{0}$mm，2×φ7.96$^{+0.02}_{0}$mm，↧46mm	铰刀 φ9.53$^{+0.03}_{0}$mm、φ7.96$^{+0.02}_{0}$mm	通止规		-46		
7	沉孔精修 2×φ40.18$^{+0.1}_{0}$mm ↧12.83$^{+0.04}_{0}$mm	合金立铣刀 φ16mm	内径千分尺，深度游标卡尺		-12.83		

更改标记	数量	文件号	签字	日期	更改标记	数量	文件号	签字	日期

1）用 ϕ16mm 的定心钻点中心。

2）用 ϕ6mm 的钻头钻引孔，钻孔深度 48mm。

3）用 ϕ8.7mm 的锪钻锪孔，锪孔深度 47.6mm。

4）用 ϕ9.5mm 的钻头扩钻螺纹底孔，扩孔深度 20～40mm。

5）用美制丝锥 7/16—20TAP 攻螺纹，攻螺纹深度 11.2mm。

6）用 SR1mm 的球刀刻线，刻线深度 0.2mm。

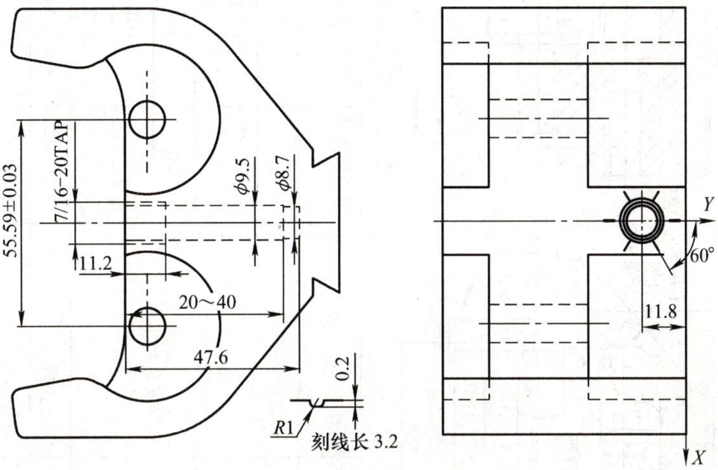

图 6-59　A 面孔加工工序尺寸

（5）正面粗、精加工　正面粗、精加工包括铣台阶面，钻引孔，粗、半精加工沉孔、T 形凹槽，攻螺纹，精修沉孔及槽，槽底成形加工，刻字，刻线等很多内容，工序图见图 6-60。其以一面两销定位、压板螺钉夹固，在立式数控铣床上加工。正面三个螺纹孔不在同一高度层，需先将台阶面铣削后才可钻引孔、攻螺纹。T 形凹槽处加工余量非常大，需采用专用 T 形槽刀由径向分次逐步减少余量进行加工，大余量 T 形凹槽加工完成后才可安排所有精加工。另外，沉孔槽底部还需要用成形刀作成形铣削，刻线和刻字均可采用 SR1mm 的球刀控制深度进行加工。本工序的加工工序卡片见表 6-13。

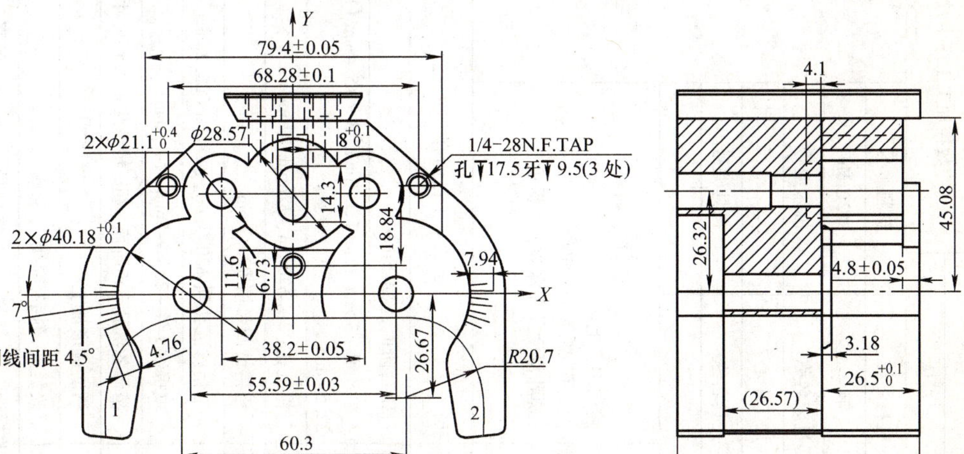

图 6-60　正面粗、精加工工序尺寸

表 6-13 正面粗、精加工工序卡

产品名称	数控加工工序卡片	零（部）件图号	零（部）件代号	工序名称	工序号
头体		E-16451-M		正面加工	12

材料名称	材料牌号
钢	42CrMo
机床名称	机床型号
加工中心	
夹具名称	夹具编号

备注 线切割后毛坯
两销孔 ϕ9. 53mm 定位
（螺孔深度及牙深为相对深度）

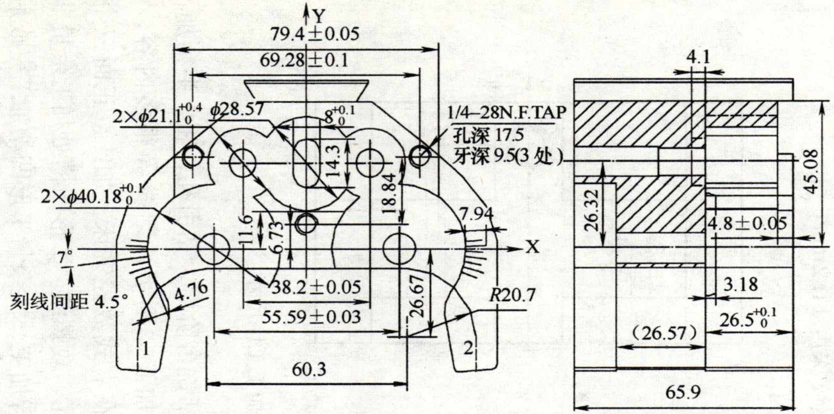

工步	工作内容	刀具	量具	主轴转速 S /(r/min)	切削深度 /mm	进给速度 v_f /(mm/min)	自检频次
1	铣台阶面，深 4. 5mm	键槽铣刀 ϕ16mm			-4. 5		
2	钻引孔：3 × ϕ17mm ↧26. 5mm，3 × ϕ5. 4mm ↧17. 5mm/22. 5mm	钻头 ϕ17mm、ϕ5. 4mm	游标卡尺		-26. 5，-17. 5/ -22. 5		
3	粗沉孔：2 × ϕ20mm、ϕ26mm ↧26mm	键槽铣刀 ϕ20mm、ϕ26mm	深度游标卡尺	300	-26	30	
4	粗精铣凹弧槽 R20. 7mm	T 形槽刀			-53. 07		
5	半精修沉孔到 ϕ20. 7mm、ϕ28mm ↧26. 2mm	键槽铣刀 ϕ20mm			-26. 2		
6	攻螺纹 1/4 - 28 ↧9. 5mm、14. 5mm	美制丝锥 1/4 - 28N. F. TAP	通止规		-9. 5，-14. 5		
7	精修各沉孔、台阶面，粗、精铣腰形槽到尺寸	合金立铣刀 ϕ16mm、ϕ8mm	游标卡尺 深度游标卡尺				
8	槽底成形加工	成形铣刀			-26. 5		
9	改装夹、刻字，刻线	球刀 SR1mm			-0. 2		

更改标记	数量	文件号	签字	日期	更改标记	数量	文件号	签字	日期

（6）*B* 面加工　如图6-61所示，后侧 *B* 面加工的内容主要为燕尾槽形导轨面及其该面上三个孔的加工。侧面的燕尾槽形已由线切割进行过预加工，余量为0.2mm，由本工序进行整个燕尾槽的连续加工，以保证燕尾槽的连续一致性；三个孔的加工按照先点中心，再钻底孔，然后分别攻螺纹和铰孔得到；由于 *B* 面在线切割加工时预留了0.2mm的余量，最后应该用面铣刀铣削整个 *B* 面，同时也可去除毛刺以保证 *B* 面光滑。本工序的加工工序卡片见表6-14。

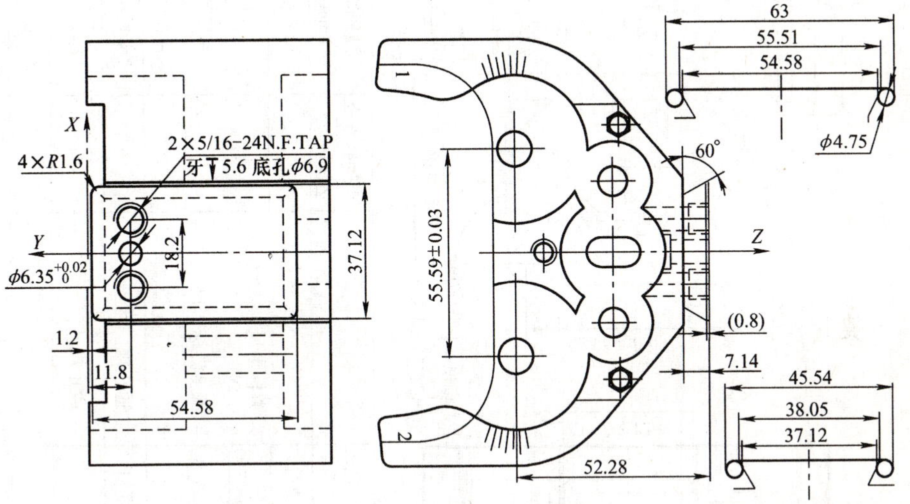

图6-61　*B* 面加工工序尺寸

（7）侧面加工　左右侧面加工工序尺寸如图6-62所示。左右侧面的几个螺钉孔中，有两个是处在曲面部位的，不能用钻头直接引钻，需要先用铣刀将沉孔加工出来后才可点中心、引孔后攻螺纹。侧面标记文字线条的间距和深度均无法采用刻字方法加工，可安排激光雕刻或用雕刻机加工。其某一侧面加工工步安排如下。

1）用 ϕ8mm 的键槽铣刀加工曲面部位 2×ϕ8.7mm 的沉孔，沉孔深7.14mm。

2）用 ϕ16mm 的定心钻点中心。

3）用 ϕ6.9mm 的钻头钻 4×ϕ6.9mm 的螺纹底孔，孔深分别为20mm、32mm。

4）用美制丝锥5/16-24TAP攻螺纹，深度分别为18mm、30mm。

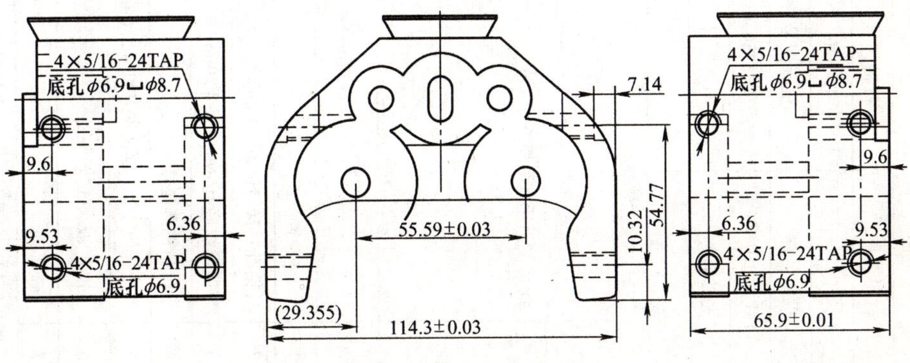

图6-62　左右侧面加工工序尺寸

表 6-14 *B* 面加工工序卡

产品名称	机械加工工序卡片	零（部）件图号	零（部）件代号	工序名称	工序号
头体		E-16451-M		*B* 面加工	13

材料名称	材料牌号
钢	42CrMo
机床名称	机床型号
卧式加工中心	TH6350
夹具名称	夹具编号
备注	线切割后毛坯，厚 65.9mm 两销孔 ϕ9.53mm 定位

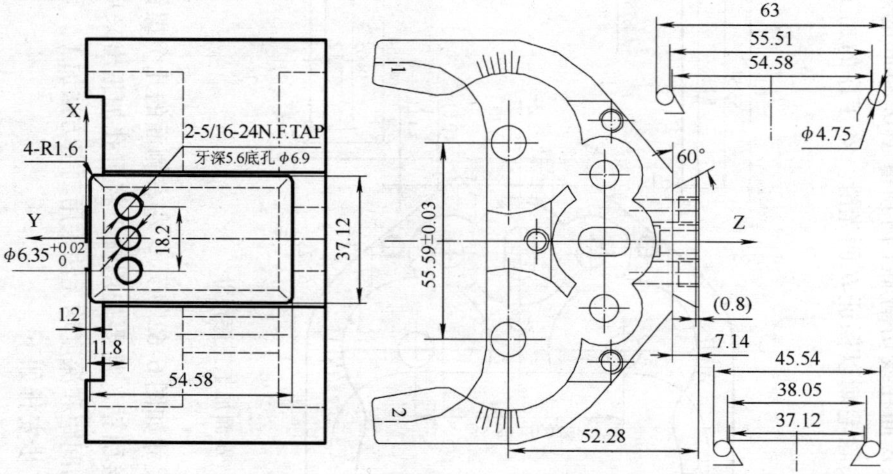

工步	工作内容	刀 具	量 具	主轴转速 *S* /(r/min)	切削深度 /mm	进给速度 v_f /(mm/min)	自检频次
1	点中心	定心钻 ϕ16mm			-1.5		
2	钻孔：ϕ6.1mm ↧14mm	钻头 ϕ6.1mm	游标卡尺		-14		
3	钻螺纹底孔 ϕ6.9mm ↧20mm	钻头 ϕ6.9mm	深度游标卡尺		-47.6		
4	粗精铣燕尾槽	燕尾槽刀			-7.14		
5	攻螺纹 5/16-24N. F. TAP ↧5.6mm	美制丝锥 5/16-24N. F. TAP	通止规		-5.6		
6	铰孔 $\phi6.35^{+0.02}_{0}$ mm	铰刀 $\phi6.35^{+0.02}_{0}$ mm	通止规		-12		
7	铣平面	面铣刀 ϕ80mm			0		

更改标记	数量	文件号	签字	日期	更改标记	数量	文件号	签字	日期

3. 装夹定位方案

粗、精加工基座零件的反面沉孔时使用毛坯面作为粗基准定位，采用通用台虎钳或用压板螺钉装夹即可，批量加工时应设置定位挡块进行定位。

当精基准销轴孔加工完成后，可按图 6-63a 所示制作一面两销的简单定位夹具。销孔在定位底板上具有确定的距离，*X* 方向利用定位底板的左右对中找正，*Y* 方向以前侧面对刀找正，*Z* 方向以底板上表面对刀或装夹工件后以工件上表面对刀。考虑到后侧燕尾槽加工的让刀需要，*Y* 向销孔至底板定位面边缘的距离应小于 45.08mm 的设计尺寸，取 40 ~ 43mm 的整数值。

夹具底板上的销孔亦采用反面销轴孔加工用定制铰刀精铰获得，然后根据销孔配制两定位销，其中一销可做成削边销结构。整个装夹定位系统是先将定位底板打表找正后用螺钉锁紧在工作台上，对刀在定位底板上进行。插入定位销轴后以销轴对工件定位，再用压板螺钉将工件夹紧在夹具底板上。为方便装夹，定位底板上开设有多个螺钉孔。

后续工序均采用此结构的一面两销定位方式，符合基准统一原则；此一面两销定位方式与图样设计基准重合，符合基准重合原则。

立、卧式数控铣床的零件装夹定位结构如图 6-63b、图 6-63c 所示。正面粗、精加工的前期应采用图 6-63b 的方案，刻线、刻字时应该改为图 6-63c 的装夹方案。

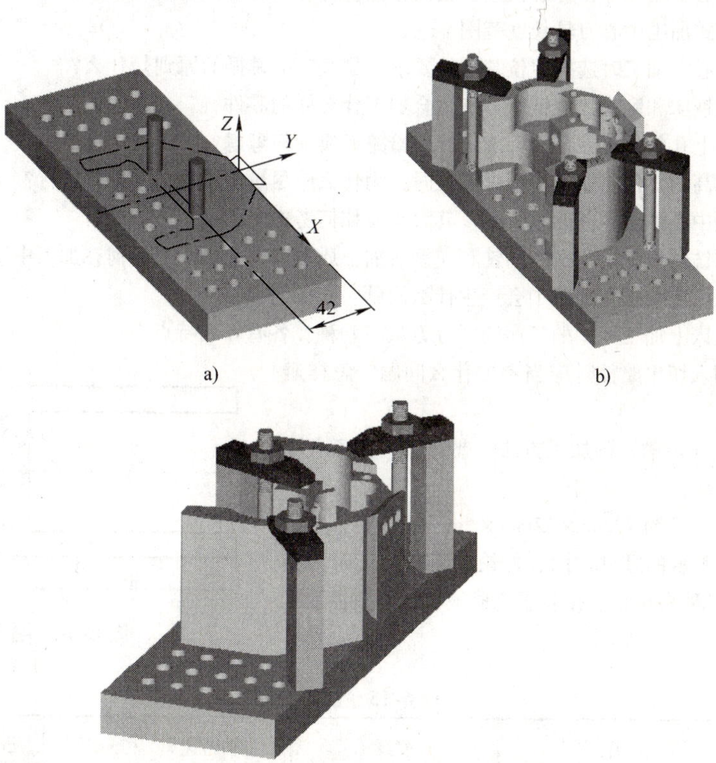

a)　　b)

c)

图 6-63　装夹简图

a）一面两销定位结构　b）正面立铣加工装夹方案

c）后侧 *B* 面卧铣装夹方案

4. 切削用量的选用

反面沉孔粗/精加工、正面粗/精加工、*B* 面加工切削用量的选用见对应的工序卡片，其他工序加工时可参照选用对应的切削用量。

思考与练习题

1. 数控铣削及加工中心的主要加工对象有哪些？其特点是什么？
2. 如何对数控铣削及加工中心加工零件的图样进行工艺分析？
3. 数控铣削加工零件的加工工序是如何划分的？
4. 试述数控铣削加工工序的安排原则。
5. 数控铣削加工时装夹的定位基准是如何选择的？夹具的选择必须注意哪些问题？其选用原则是什么？
6. 钻孔加工的进给路线如何确定？铣削外轮廓零件的路线又是如何确定的？
7. 典型零件工艺分析的步骤有哪些？
8. 加工中心的刀具主要有哪几种形式？
9. 卧式加工和立式加工的主要区别是什么？
10. 五轴加工的含义是什么？五轴可以是哪几个坐标轴？
11. 在加工中心上钻孔时，为什么通常要安排锪平面（对毛坯面）和钻中心孔工步？
12. 在加工中心上钻孔与在普通机床上钻孔相比，对刀具有哪些更高的要求？
13. 试确定立式加工中心刀具长度范围。
14. 在加工中心上加工时选择定位基准的要求有哪些？应遵循的原则是什么？
15. 立式数控铣床和卧式数控铣床分别适合加工什么样的零件？
16. 加工中心上孔的加工方案如何确定？进给路线应如何考虑？
17. 质量要求高的零件在加工中心上加工时，为什么应尽量将粗精加工分开进行？
18. 确定加工中心加工零件的余量时，其大小应如何考虑？
19. 顺铣和逆铣的概念是什么？顺铣和逆铣对加工质量有什么影响？如何在加工中实现顺铣或逆铣？
20. 过薄的底板或肋板在加工中会产生什么问题？应如何预防？
21. 在数控机床上加工零件的工序的划分方法有几种？各有什么特点？
22. 在确定切入切出路径时应当考虑什么问题？怎样避免发生过切？
23. 二维型腔（内槽）的加工方法主要有哪些？各有哪些特点？
24. 用一毛坯尺寸为72mm×42mm×5mm的板料，加工成尺寸如图6-64所示的零件。内、外轮廓粗精加工时刀具及切削用量的选择见表6-15。按要求完成该零件的数控加工工艺卡片。

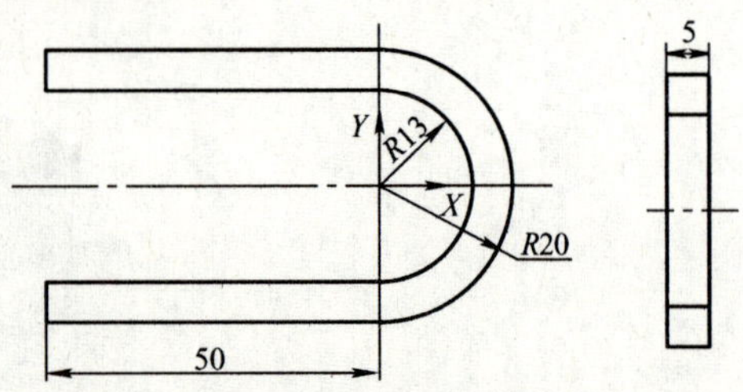

图6-64 题24图

表6-15 加工参数

序号	工 序	刀具	主轴转速 n/r·min^{-1}	进给速度 v_f/mm·r^{-1}
1	内外轮廓的粗加工，留出0.4mm的精加工余量	ϕ10mm立铣刀	1800	0.12
2	内外轮廓的精加工	ϕ8mm立铣刀	2200	0.08

25. 零件如图 6-65 所示，分别按“定位迅速”和“定位准确”的原则确定 *XOY* 平面内的孔加工进给路线。

26. 图 6-66 所示零件的 *A*、*B* 面已加工好，在加工中心上加工其余表面，试确定定位、夹紧方案。

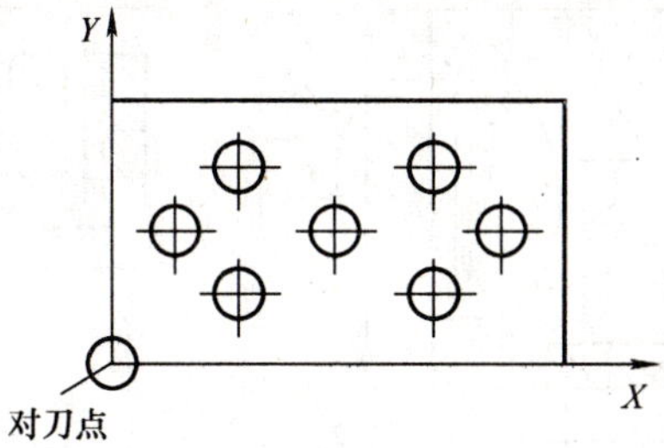

图 6-65 题 25 图

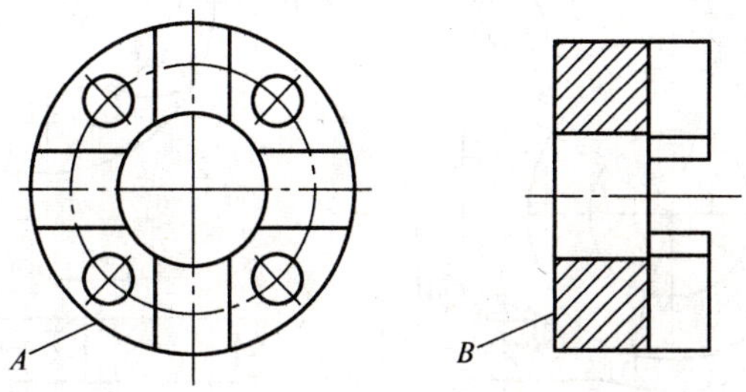

图 6-66 题 26 图

27. 拟订图 6-67 所示零件数控加工工艺过程，并填写数控加工工序卡、刀具卡。

28. 试制订图 6-68 所示零件的加工中心加工工艺，并填写数控加工工序卡、刀具卡。

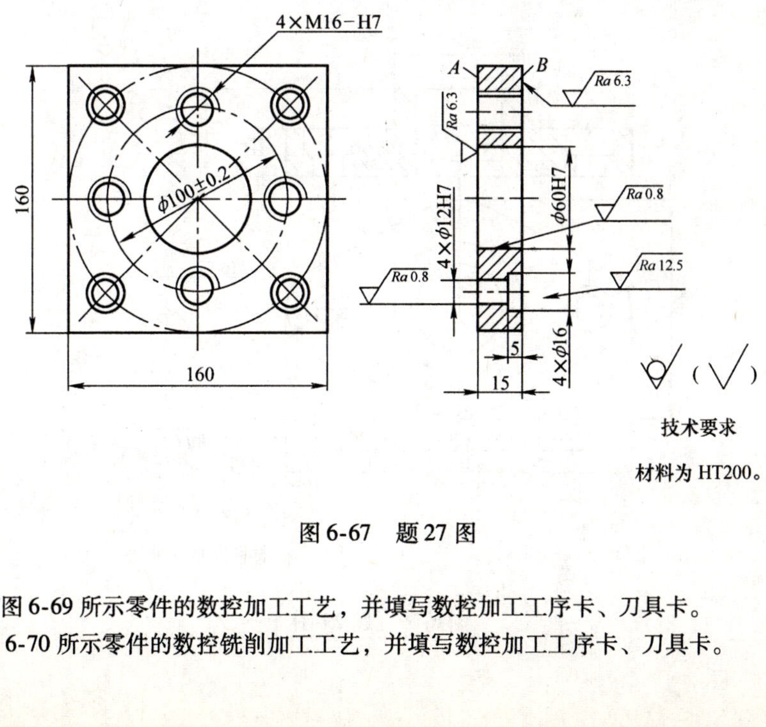

图 6-67 题 27 图

29. 试制订图 6-69 所示零件的数控加工工艺，并填写数控加工工序卡、刀具卡。

30. 拟订图 6-70 所示零件的数控铣削加工工艺，并填写数控加工工序卡、刀具卡。

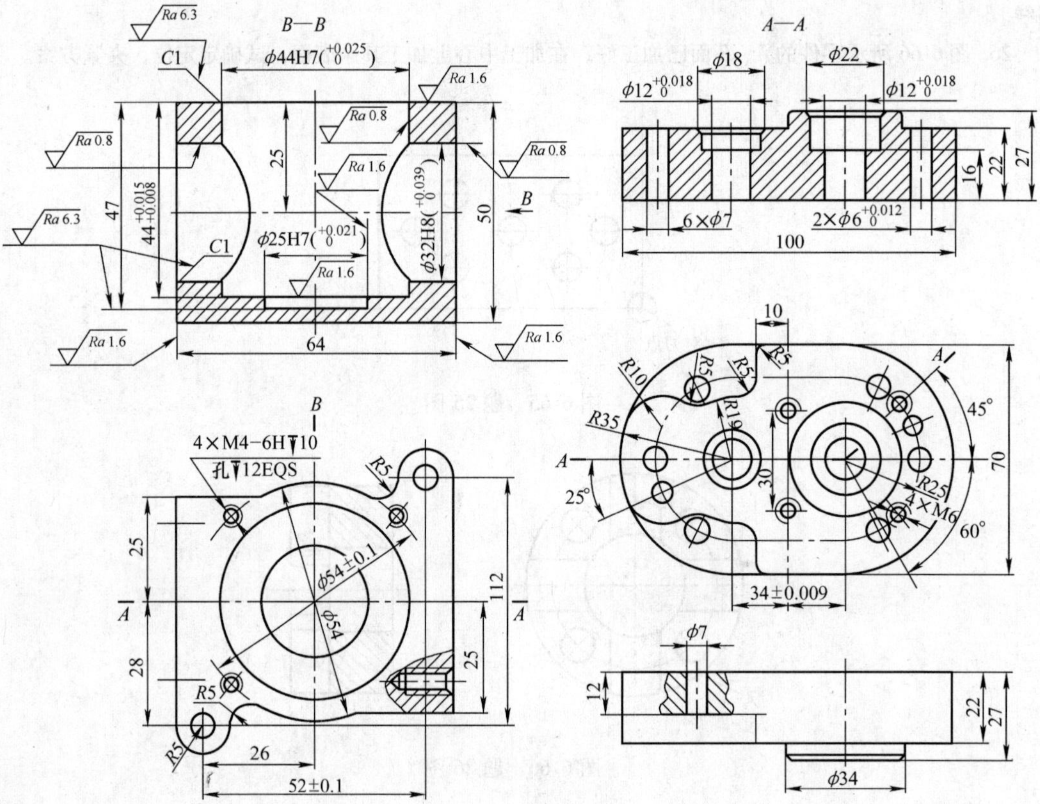

图 6-68　题 28 图

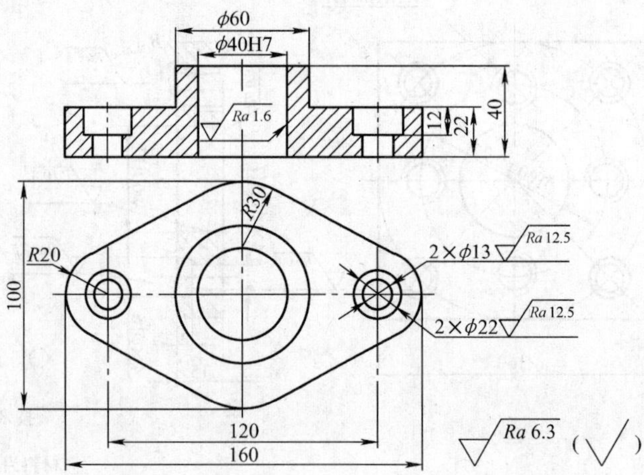

技术要求

材料为 HT200。

图 6-69　题 29 图

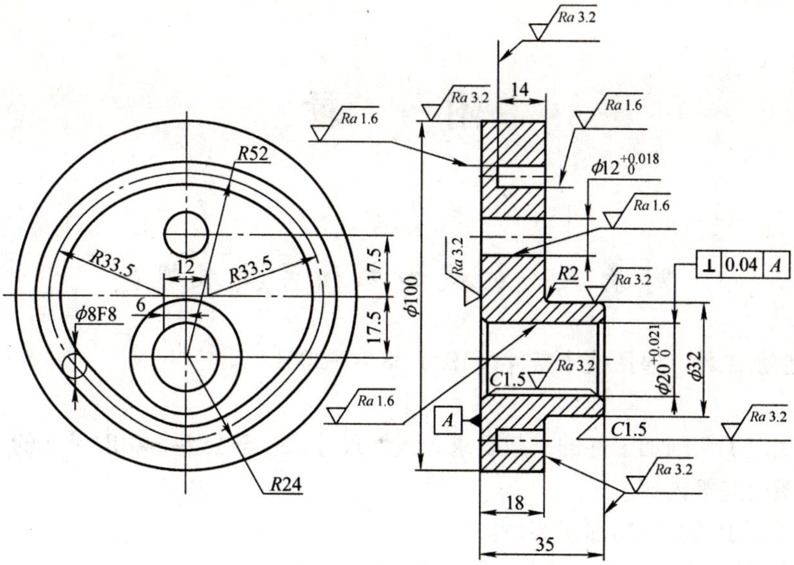
Ra 3.2
14
Ra 3.2
Ra 1.6
Ra 1.6
R52
ϕ12 +0.018 0
Ra 1.6
R33.5
12
R33.5
17.5
Ra 3.2
ϕ100
R2
Ra 3.2
⊥ 0.04 A
6
ϕ8F8
17.5
ϕ20 +0.021 0
ϕ32
C1.5
Ra 3.2
Ra 1.6
A
C1.5
Ra 3.2
Ra 3.2
R24
18
35

图6-70　题30图

附　录

附录 A　机械加工相关技术规范

一、切削加工件　通用技术条件（JB/T 8828—2001）

1. 范围

本标准规定了切削加工件的一般要求、线性尺寸的一般公差、角度尺寸的一般公差、几何公差的一般公差等内容。

本标准适用于各类切削加工零件。

2. 引用标准（略）

3. 一般要求

1）所有经过切削加工的零件应符合产品图样和本标准的要求。

2）零件的加工面不允许有锈蚀和影响性能、寿命或外观的磕、碰、划伤等缺陷。

3）除有特殊要求外，加工后的零件不允许有尖棱、尖角和毛刺。

① 零件图样中未标明倒角高度时，应按图 A-1 和表 A-1 的规定倒角。

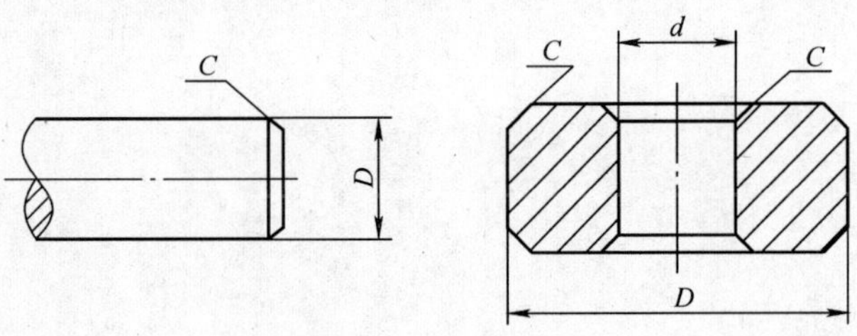

图 A-1

表 A-1　倒角高度　（单位：mm）

$D(d)$	≤5	>5～30	>30～100	>100～250	>250～500	>500～1000	>1000
C	0.2	0.5	1	2	3	4	5

② 零件图样中未注明倒圆半径，又无清根要求时，应按图 A-2 和表 A-2 的规定倒圆。

4）滚压精加工件，滚压加工后的表面不得有脱皮现象。

5）热处理件，精加工后的零件表面不得有影响性能和寿命的烧伤和裂纹等缺陷。

6）精加工后的配合面（摩擦面和定位面等）上，不允许打印标记。

7）采用一般公差的要素在图样上可不单独注出其公差，而是在图样上、技术要求或技术文件（如企业标准）中作出总的说明，表示方法按 GB/T 1804 和 GB/T 1184 的规定。

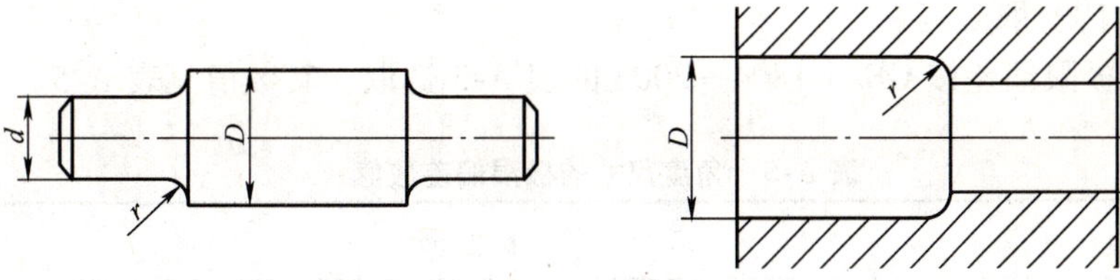

图 A-2

表 A-2　倒圆半径　（单位：mm）

D(d)	≤4	>4~12	>12~30	>30~80	>80~140	>140~200	>200
D(不通孔)	3~10	>10~30	>30~80	>80~260	>260~630	>630~1000	>1000
r	0.4	1	2	4	8	12	20

注：非圆柱面的倒圆可参照此表。

4. 线性尺寸的一般公差

1）线性尺寸（不包括倒圆半径和倒角高度）的极限偏差按 GB/T 1804—2000 表 1 中 f 级和 m 级选取，其数值见表 A-3。

表 A-3　线性尺寸的极限偏差数值　（单位：mm）

等级	尺寸分段							
	0.5~3	>3~6	>6~30	>30~120	>120~400	>400~1000	>1000~2000	>2000~4000
f（精密级）	±0.05	±0.05	±0.1	±0.15	±0.2	±0.3	±0.5	—
m（中等级）	±0.1	±0.1	±0.2	±0.3	±0.5	±0.8	±1.2	±2

2）倒角高度和倒圆半径按 GB/T 6403.4 的规定选取，其尺寸的极限偏差数值按 GB/T 1804—2000 表 2 中 f 级和 m 级选取，见图 A-3 和表 A-4。

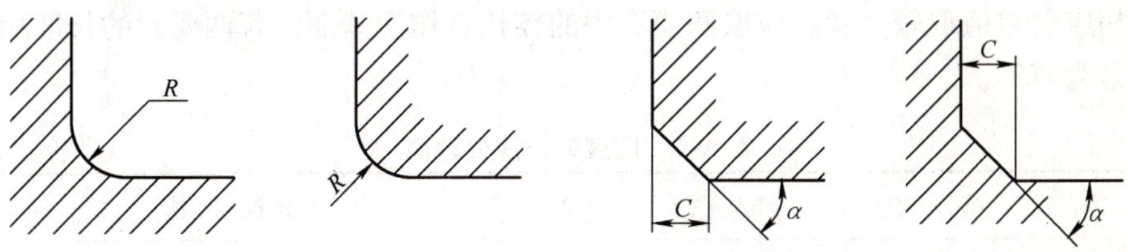

图 A-3

表 A-4　倒圆半径与倒角高度尺寸的极限偏差数值　（单位：mm）

等级	尺寸分段			
	0.5~3	>3~6	>6~30	>30
f（精密级）	±0.2	±0.5	±1	±2
m（中等级）	±0.4	±1	±2	±4

5. 角度尺寸的一般公差

角度尺寸的极限偏差按 GB/T 1804—2000 的表 A-3 选取，其数值见表 A-5。

表 A-5 角度尺寸的极限偏差数值

等级	长度/mm				
	≤10	>10~50	>50~120	>120~400	>400
m（中等级）	±1°	±30′	±20′	±10′	±5′
c（粗糙级）	±1.5°	±1°	±30′	±15′	±10′

注：长度值按短边长度确定。若为圆锥角，当锥度为 1:3~1:500 的圆锥，按圆锥长度确定；当锥度大于 1:3 的圆锥，按其素线长度确定。

6. 几何公差的一般公差

（1）直线度与平面度　图样上直线度和平面度的未注公差值按 GB/T 1184—1996 表 1 中 H 级或 K 级选用，其数值见表 A-6。

表 A-6 直线度和平面度的未注公差值

被测要素表面粗糙度 $Ra/\mu m$	直线度与平面度的公差等级	被测要素尺寸 L/mm					
		≤10	>10~30	>30~100	>100~300	>300~1000	>1000~3000
		公差值/mm					
0.01~1.60	H	0.02	0.05	0.1	0.2	0.3	0.4
3.2~25	K	0.05	0.1	0.2	0.4	0.6	0.8

注：被测要素尺寸对直线度公差值指被测要素的长度尺寸；对平面度公差值指被测表面轮廓的较大尺寸。

（2）圆度　图样上圆度的未注公差值等于直径公差值，但不应大于 GB/T 1184—1996 表 4 中的径向圆跳动值，其值见表 A-7。

（3）平行度　平行度的未注公差值等于给出的尺寸公差值，或是直线度和平面度未注公差中的相应公差值取较大者。应取两要素中的较长者作为基准，若两要素的长度相等则可选任一要素为基准。

表 A-7 圆度的未注公差值　（单位：mm）

等　级	径向圆跳动值
H	0.1
K	0.2

（4）对称度

1）图样上对称度的未注公差值（键槽除外）按 GB/T 1184—1996 表 3 中 K 级选用，其数值见表 A-8。对称度应取两要素中较大者作为基准，较短者作为被测要素；若两要素长度相等则可任选一要素作为基准。

表 A-8　对称度的未注公差值　（单位：mm）

等级	基本长度范围			
	≤100	>100～300	>300～1000	>1000～3000
K	0.6		0.8	1.0

2）图样上键槽对称度的未注公差值按 GB/T 1184—1996 表 B4 中 9 级选用，其数值见表 A-9。

表 A-9　键槽对称度的未注公差值　（单位：mm）

键槽宽度 B	对称度公差值
2～3	0.02
>3～6	0.025
>6～10	0.03
>10～18	0.04
>18～30	0.05
>30～50	0.06
>50～100	0.08

（5）垂直度　图样上垂直度的未注公差值按 GB/T 1184－1996 表 2 的规定选取，其数值见表 A-10。取形成直角的两边中较长的一边作为基准，较短的一边作为被测要素；若两边的长度相等则可取其中的任意一边作为基准。

表 A-10　垂直度的未注公差值　（单位：mm）

等级	基本长度范围			
	≤100	>100～300	>300～1000	>1000～3000
H	0.2	0.3	0.4	0.5

（6）同轴度　在极限状况下，同轴度的未注公差值可以与表 A-7 中规定的径向圆跳动的未注公差值相等。应选两要素中的较长者为基准，若两要素长度相等则可任选一要素为基准。

（7）圆跳动　圆跳动（径向、轴向和斜向）的未注公差值见表 A-7。

对于圆跳动的未注公差值，应以设计或工艺给出的支承面作为基准，否则应取两要素中较长的一个作为基准；若两要素长度相等则可任选一要素为基准。

（8）中心距的极限偏差　当图样上未注明中心距的极限偏差时按表 A-11 的规定。螺栓和螺钉尺寸按 GB/T 5277 选取。

表 A-11 任意两螺钉、螺栓孔中心距的极限偏差 （单位：mm）

螺纹或螺栓规格	M2 ~ M6	M8 ~ M10	M12 ~ M18	M20 ~ M24	M27 ~ M30	M36 ~ M42	M48	M56 ~ M72	≥M80
任意两螺钉孔中心距极限偏差	±0.12	±0.25	±0.3	±0.5	±0.6	±0.75	±1.0	±1.25	±1.5
任意两螺栓孔中心距极限偏差	±0.25	±0.5	±0.75	±1.0	±1.25	±1.5	±2.0	±2.5	±3.0

7. 螺纹

1）加工的螺纹表面不允许有黑皮、乱扣和毛刺等缺陷。

2）普通螺纹的收尾、肩距、退刀槽和倒角尺寸应按 GB/T 3 的相应规定。

8. 中心孔

零件图样中未注明中心孔的零件，加工中又需要中心孔时，在不影响使用和外观的情况下，加工后中心孔可以保留。中心孔的型式和尺寸根据需要按 GB/T 145 的规定选取。

二、切削加工通用工艺守则 总则（JB/T 9168.1—1998）

1. 范围

本标准规定了各种切削加工应共同遵守的基本规则，适用于各企业的切削加工。

2. 引用标准（略）

3. 加工前的准备

1）操作者接到加工任务后，首先要检查加工所需的产品图样、工艺规程和有关技术资料是否齐全。

2）要看懂、看清工艺规程、产品图样及其技术要求，有疑问之处应找有关技术人员问清后再进行加工。

3）按产品图样或（和）工艺规程复核工件毛坯或半成品是否符合要求，发现问题应及时向有关人员反映，待问题解决后才能进行加工。

4）按工艺规程要求准备好加工所需的全部工艺装备，发现问题及时处理。对新夹具、模具等，要先熟悉其使用要求和操作方法。

5）加工所使用的工艺装备应放在规定的位置，不得乱放，更不能放在机床导轨上。

6）工艺装备不得随意拆卸和更改。

7）检查加工所用的机床设备，准备好所需的各种附件，加工前机床要按规定进行润滑和空运转。

4. 刀具与工件的装夹

（1）刀具的装夹

1）在装夹各种刀具前，一定要把刀柄、刀杆、导套等擦拭干净。

2）刀具装夹后，应用对刀装置或试切等检查其正确性。

（2）工件的装夹

1）在机床工作台上安装夹具时，首先要擦净其定位基面，并要找正其与刀具的相对位置。

2）工件装夹前应将其定位面、夹紧面、垫铁和夹具的定位、夹紧面擦拭干净，并不得有毛刺。

3）按工艺规程中规定的定位基准装夹，若工艺规程中未规定装夹方式，操作者可自行选择定位基准和装夹方法。选择定位基准时应按以下原则。

① 尽可能使定位基准与设计基准重合。

② 尽可能使各加工面采用同一定位基准。

③ 粗加工定位基准应尽量选择不加工或加工余量比较小的平整表面，而且只能使用一次。

④ 精加工工序基准应是已加工表面。

⑤ 选择的定位基准必须使工件定位夹紧方便，加工时稳定可靠。

4）对无专用夹具的工件，装夹时应按以下原则进行找正。

① 对划线工件应按划线进行找正。

② 对不划线工件，在本工序后尚需继续加工的表面，找正精度应保证下工序有足够的加工余量。

③ 对在本工序加工到成品尺寸的表面，其找正精度应小于尺寸公差和位置公差的1/3。

④ 对在本工序加工到成品尺寸的未注尺寸公差和位置公差的表面，其找正精度应保证JB/T 8828—2001（切削加工件通用技术条件）中对未注尺寸公差和位置公差的要求。

5）装夹组合件时，应注意检查结合面的定位情况。

6）夹紧工件时，夹紧力的作用点应通过支承点或支承面。对刚性较差的（或加工时有悬空部分的）工件，应在适当的位置增加辅助支承，以增强其刚性。

7）夹持精加工面和软材质工件时，应垫以软垫，如纯铜皮等。

8）用压板压紧工件时，压板支承点应略高于被压工件表面，并且压紧螺栓应尽量靠近工件，以保证压紧力。

5. 加工要求

1）为了保证加工质量和提高生产效率，应根据工件材料、精度要求和机床、刀具、夹具等情况，合理选择切削用量。加工铸件时，为了避免表面夹砂、硬化层等损坏刀具，在许可的条件下切削深度应大于夹砂或硬化层深度。

2）对有公差要求的尺寸，在加工时应尽量按其中间公差加工。

3）工艺规程中未规定表面粗糙度要求的粗加工工序，加工后的表面粗糙度 Ra 值应不大于 25μm。

4）铰孔前的表面其粗糙度 Ra 值应不大于 12.5μm。

5）精磨前的表面粗糙度 Ra 值应不大于 6.3μm。

6）粗加工时的倒角、倒圆、槽深等都应按精加工余量加大或加深，以保证精加工后达到设计要求。

7）图样和工艺规程中未规定的倒角、倒圆尺寸和公差要求，应按 JB/T 8828—2001（切削加工件通用技术条件）的规定。

8）凡下工序需进行表面淬火、超声波探伤或滚压加工的工件表面，本工序加工的表面粗糙度 Ra 值不得大于 6.3μm。

9）在本工序后无去毛刺工序时，本工序加工产生的毛刺应在本工序去除。

10）在大件的加工过程中，应经常检查工件是否松动，以防因松动而影响加工质量或发生意外事故。

11）当粗、精加工在同一台机床上进行时，粗加工后一般应松开工件，待其冷却后重新装夹。

12）在切削过程中，若机床—刀具—工件系统发出不正常的声音，或加工表面粗糙度突然变差，应立即退刀停车检查。

13）在批量生产中，必须进行首件检查，合格后方能继续加工。

14）在加工过程中，操作者必须对工件进行自检。

15）检查时应正确使用测量器具。使用量规、千分尺等必须轻轻用力推入或旋入，不得用力过猛；使用卡尺、千分尺、百分表、千分表等时，事先应调好零位。

6. 加工后的处理

1）工件在各工序加工后，应做到无屑、无水、无脏物，并在规定的工位器具上摆放整齐，以免磕、碰、划伤等。

2）暂不进行下道工序加工的或精加工后的表面应进行缓蚀处理。

3）用磁力夹具吸住进行加工的工件，加工后应进行退磁。

4）凡相关零件成组配加工的，加工后需作标记（或编号）。

5）各工序加工完的工件，经专职检查员检查合格后方能转往下道工序。

7. 其他要求

1）工艺装备用完后要擦拭干净（涂好防锈油），放到规定的位置或交还工具库。

2）产品图样、工艺规程和所使用的其他技术文件，要注意保持清洁，严禁涂改。

附录B 标准公差值

表 B-1 标准公差数值（GB/T 1800.2—2009）

公称尺寸/mm		标准公差等级																	
		IT1	IT2	IT3	IT4	IT5	IT6	IT7	IT8	IT9	IT10	IT11	IT12	IT13	IT14	IT15	IT16	IT17	IT18
大于	至	μm											mm						
–	3	0.8	1.2	2	3	4	6	10	14	25	40	60	0.1	0.14	0.25	0.4	0.6	1	1.4
3	6	1	1.5	2.5	4	5	8	12	18	30	48	75	0.12	0.18	0.3	0.48	0.75	1.2	1.8
6	10	1	1.5	2.5	4	6	9	15	22	36	58	90	0.15	0.22	0.36	0.58	0.9	1.5	2.2
10	18	1.2	2	3	5	8	11	18	27	43	70	110	0.18	0.27	0.43	0.7	1.1	1.8	2.7
18	30	1.5	2.5	4	6	9	13	21	33	52	84	130	0.21	0.33	0.52	0.84	1.3	2.1	3.3
30	50	1.5	2.5	4	7	11	16	25	39	62	100	160	0.25	0.39	0.62	1	1.6	2.5	3.9
50	80	2	3	5	8	13	19	30	46	74	120	190	0.3	0.46	0.74	1.2	1.9	3	4.6
80	120	2.5	4	6	10	15	22	35	54	87	140	220	0.35	0.54	0.87	1.4	2.2	3.5	5.4
120	180	3.5	5	8	12	18	25	40	63	100	160	250	0.4	0.63	1	1.6	2.5	4	6.3

（续）

公称尺寸/mm		标准公差等级																	
		IT1	IT2	IT3	IT4	IT5	IT6	IT7	IT8	IT9	IT10	IT11	IT12	IT13	IT14	IT15	IT16	IT17	IT18
大于	至	μm											mm						
180	250	4.5	7	10	14	20	29	46	72	115	185	290	0.46	0.72	1.15	1.85	2.9	4.6	7.2
250	315	6	8	12	16	23	32	52	81	130	210	320	0.52	0.81	1.3	2.1	3.2	5.2	8.1
315	400	7	9	13	18	25	36	57	89	140	230	360	0.57	0.89	1.4	2.3	3.6	5.7	8.9
400	500	8	10	15	20	27	40	63	97	155	250	400	0.63	0.97	1.55	2.5	4	6.3	9.7
500	630	9	11	16	22	32	44	70	110	175	280	440	0.7	1.1	1.75	2.8	4.4	7	11
630	800	10	13	18	25	36	50	80	125	200	320	500	0.8	1.25	2	3.2	5	8	12.5
800	1000	11	15	21	28	40	56	90	140	230	360	560	0.9	1.4	2.3	3.6	5.6	9	14
1000	1250	13	18	24	33	47	66	105	165	260	420	660	1.05	1.65	2.6	4.2	6.6	10.5	16.5
1250	1600	15	21	29	39	55	78	125	195	310	500	780	1.25	1.95	3.1	5	7.8	12.5	19.5
1600	2000	18	25	35	46	65	92	150	230	370	600	920	1.5	2.3	3.7	6	9.2	15	23
2000	2500	22	30	41	55	78	110	175	280	440	700	1100	1.75	2.8	4.4	7	11	17.5	28
2500	3150	26	36	50	68	96	135	210	330	540	860	1350	2.1	3.3	5.4	8.6	13.5	21	33

注：1. 公称尺寸大于500mm 的 IT1 ~ IT5 的标准公差数值为试行。

2. 公称尺寸小于或等于 1mm 时，无 IT14 ~ IT18。

附录 C　常用机械加工余量

表 C-1　车削外圆时的加工余量　　（单位：mm）

直径尺寸	直径余量				直径公差等级	
	粗车		精车			
	长度				荒车	粗车
	≤200	>200 ~ 400	≤200	>200 ~ 400		
≤10	1.5	1.7	0.8	1.0	IT14	IT12 ~ IT13
>10 ~ 18	1.5	1.7	1.0	1.3		
>18 ~ 30	2.0	2.2	1.3	1.3		
>30 ~ 50	2.0	2.2	1.4	1.5		
>50 ~ 80	2.3	2.5	1.5	1.8		
>80 ~ 120	2.5	2.8	1.5	1.8		
>120 ~ 180	2.5	2.8	1.8	2.0		
>180 ~ 260	2.8	3.0	2.0	2.3		
>260 ~ 360	3.0	3.3	2.0	2.3		

表 C-2 精车端面时的加工余量 （单位：mm）

<table>
<tr><th rowspan="2">工件长度</th><th colspan="3">端面的精车余量</th><th rowspan="2">粗车端面后的尺寸公差等级</th></tr>
<tr><th>端面最大尺寸≤30</th><th>端面最大尺寸为30～120</th><th>端面最大尺寸为120～260</th></tr>
<tr><td>≤10</td><td>0.5</td><td>0.6</td><td>1.0</td><td rowspan="8">IT12～IT13</td></tr>
<tr><td>>10～18</td><td>0.5</td><td>0.7</td><td>1.0</td></tr>
<tr><td>>18～30</td><td>0.6</td><td>1.0</td><td>1.2</td></tr>
<tr><td>>30～50</td><td>0.6</td><td>1.0</td><td>1.2</td></tr>
<tr><td>>50～80</td><td>0.7</td><td>1.0</td><td>1.3</td></tr>
<tr><td>>80～120</td><td>1.0</td><td>1.0</td><td>1.3</td></tr>
<tr><td>>120～180</td><td>1.0</td><td>1.3</td><td>1.5</td></tr>
<tr><td>>180～260</td><td>1.0</td><td>1.3</td><td>1.5</td></tr>
</table>

表 C-3 磨削外圆时的加工余量 （单位：mm）

<table>
<tr><th rowspan="2">直径尺寸</th><th colspan="2">直径余量</th><th colspan="2">直径公差等级</th></tr>
<tr><th>粗 磨</th><th>精 磨</th><th>精 车</th><th>粗 磨</th></tr>
<tr><td>≤10</td><td>0.2</td><td>0.1</td><td rowspan="9">IT11</td><td rowspan="9">IT9</td></tr>
<tr><td>>10～18</td><td>0.2</td><td>0.1</td></tr>
<tr><td>>18～30</td><td>0.2</td><td>0.1</td></tr>
<tr><td>>30～50</td><td>0.3</td><td>0.1</td></tr>
<tr><td>>50～80</td><td>0.3</td><td>0.2</td></tr>
<tr><td>>80～120</td><td>0.3</td><td>0.2</td></tr>
<tr><td>>120～180</td><td>0.5</td><td>0.3</td></tr>
<tr><td>>180～260</td><td>0.5</td><td>0.3</td></tr>
<tr><td>>260～360</td><td>0.5</td><td>0.3</td></tr>
</table>

表 C-4 加工尺寸公差等级为 IT7 的孔时的工序间尺寸 （单位：mm）

<table>
<tr><th rowspan="3">加工孔的直径</th><th colspan="5">直 径</th></tr>
<tr><th colspan="2">钻</th><th rowspan="2">扩孔钻</th><th rowspan="2">粗 铰</th><th rowspan="2">精 铰</th></tr>
<tr><th>第一次</th><th>第二次</th></tr>
<tr><td>3</td><td>2.9</td><td></td><td></td><td></td><td>3H7</td></tr>
<tr><td>4</td><td>3.9</td><td></td><td></td><td></td><td>4H7</td></tr>
<tr><td>5</td><td>4.8</td><td></td><td></td><td></td><td>5H7</td></tr>
<tr><td>6</td><td>5.8</td><td></td><td></td><td></td><td>6H7</td></tr>
<tr><td>8</td><td>7.8</td><td></td><td></td><td>7.96</td><td>8H7</td></tr>
<tr><td>10</td><td>9.8</td><td></td><td></td><td>9.96</td><td>10H7</td></tr>
<tr><td>12</td><td>11.0</td><td></td><td>11.85</td><td>11.95</td><td>12H7</td></tr>
<tr><td>14</td><td>13.0</td><td></td><td>13.85</td><td>13.95</td><td>14H7</td></tr>
<tr><td>15</td><td>14.0</td><td></td><td>14.85</td><td>14.95</td><td>15H7</td></tr>
</table>

（续）

加工孔的直径	直　径				
	钻		扩孔钻	粗　铰	精　铰
	第一次	第二次			
16	15.0		15.85	15.95	16H7
18	17.0		17.85	17.94	18H7
20	18.0		19.8	19.94	20H7
22	20.0		21.8	21.94	22H7
24	22.0		23.8	23.94	24H7
25	23.0		24.8	24.94	25H7
26	24.0		25.8	25.94	26H7
28	26.0		27.8	27.94	28H7
30	15.0	28.0	29.8	29.93	30H7
32	15.0	30.0	31.75	31.93	32H7

表 C-5　磨削端面时的加工余量　（单位：mm）

工件长度	端面的磨削余量			精车端面后的尺寸公差等级
	端面最大尺寸≤30	端面最大尺寸为30～120	端面最大尺寸为120～260	
≤10	0.2	0.2	0.3	IT10～IT11
>10～18	0.2	0.3	0.3	
>18～30	0.2	0.3	0.3	
>30～50	0.2	0.3	0.3	
>50～80	0.3	0.3	0.4	
>80～120	0.3	0.3	0.5	
>120～180	0.3	0.4	0.5	
>180～260	0.3	0.5	0.5	

表 C-6　镗削内孔时的加工余量　（单位：mm）

直径尺寸	直径余量		直径公差等级	
	粗　镗	精　镗	钻　孔	粗　镗
≤18	0.8	0.5	IT12～IT13	IT11～IT12
>18～30	1.2	0.8		
>30～50	1.5	1.0		
>50～80	2.0	1.0		
>80～120	2.0	1.3		
>120～180	2.0	1.5		

表 C-7 磨削内孔时的加工余量 (单位：mm)

直径尺寸	直径余量		直径公差等级	
	粗磨	精磨	精镗	粗磨
>10~18	0.2	0.1	IT10	IT9
>18~30	0.2	0.1		
>30~50	0.2	0.1		
>50~80	0.3	0.1		
>80~120	0.3	0.2		
>120~180	0.3	0.2		

表 C-8 攻螺纹前钻孔用钻头直径 (单位：mm)

螺纹代号	钻头直径		螺纹代号	钻头直径		螺纹代号	钻头直径	
	脆性材料	韧性材料		脆性材料	韧性材料		脆性材料	韧性材料
M3×0.5	2.5	2.5	M3×0.35	2.65	2.65	M3.5×0.35	3.15	3.15
M4×0.7	3.3	3.3	M4×0.5	3.5	3.5	M4.5×0.5	4.0	4.0
M5×0.8	4.1	4.2	M5×0.5	4.5	4.5	M6×1.0	4.9	5.0
M6×0.75	5.2	5.2	M8×1.25	6.6	6.7	M8×1.0	6.9	7.0
M8×0.75	7.1	7.2	M10×1.5	8.4	8.5	M10×1.25	8.6	8.7
M10×1.0	8.9	9.0	M10×0.75	9.2	9.3	M12×1.75	10.1	10.2
M12×1.5	10.4	10.5	M12×1.25	10.6	10.7	M12×1.0	10.9	11.0
M14×2.0	11.8	12.0	M14×1.5	12.4	12.5	M14×1.25	12.7	12.8
M14×1.0	12.9	13.0	M16×2.0	13.8	14.0	M16×1.5	14.4	14.5
M16×1.0	14.9	15.0	M18×2.5	15.3	15.5	M18×2.0	15.8	15.9
M18×1.5	16.4	16.5	M18×1.0	16.9	17.0	M20×2.5	17.3	17.5
M20×2.0	17.8	18.0	M20×1.5	18.4	18.5	M20×1.0	18.9	19.0
M22×2.5	19.3	19.5	M22×2.0	19.8	20.0	M22×1.5	20.4	20.5
M22×1.0	20.9	21.0	M24×3.0	20.8	21.0	M24×2.0	21.8	22.0
M24×1.5	22.4	22.5	M24×1.0	22.9	23.0			

附录 D 常用切削用量

表 D-1 常用切削速度 (单位：m/min)

工序 \ 刀具材料 \ 工件材料		铸铁		钢及其合金		铝及其合金		铜及其合金	
		高速工具钢	硬质合金	高速工具钢	硬质合金	高速工具钢	硬质合金	高速工具钢	硬质合金
车削		—	60~100	15~25	60~110	15~200	300~450	60~100	150~200
扩	通孔	10~15	30~40	10~20	35~60	30~40	—	30~40	—
	沉孔	8~12	25~30	8~11	30~50	20~30	—	20~30	—

（续）

工序 \ 刀具材料 \ 工件材料		铸 铁		钢及其合金		铝及其合金		铜及其合金	
		高速工具钢	硬质合金	高速工具钢	硬质合金	高速工具钢	硬质合金	高速工具钢	硬质合金
镗	粗镗	20~25	35~50	15~30	50~70	80~150	100~200	80~150	100~200
	精镗	30~40	60~80	40~50	90~120	150~300	200~400	150~200	200~300
铣	粗铣	10~20	40~60	15~25	50~80	150~200	350~500	100~150	300~400
	精铣	20~30	60~120	20~40	80~150	200~300	500~800	150~250	400~500
铰孔		6~10	30~50	6~20	20~50	50~75	200~250	20~50	60~100
攻螺纹		2~5	—	1~5	—	5~15	—	5~15	—
钻孔		15~25	—	10~20	—	50~70	—	20~50	—

表 D-2 用硬质合金车刀粗车外圆及端面时的进给量

工件材质	刀杆尺寸/mm	工件直径/mm	背吃刀量/mm				
			≤3	>3~5	>5~8	>8~12	>12
			进给量/(mm/r)				
碳素结构钢、合金结构钢及耐热钢	16×25	20	0.3~0.4	—	—	—	—
		40	0.4~0.5	0.3~0.4	—	—	—
		60	0.5~0.7	0.4~0.6	0.3~0.5	—	—
		100	0.6~0.9	0.5~0.7	0.5~0.6	0.4~0.5	—
		400	0.8~1.2	0.7~1.0	0.6~0.8	0.5~0.6	—
	20×30 25×25	20	0.3~0.4	—	—	—	—
		40	0.4~0.5	0.3~0.4	—	—	—
		60	0.6~0.7	0.5~0.7	0.6~0.8	—	—
		100	0.8~1.0	0.7~0.9	0.5~0.7	0.4~0.7	—
		400	1.2~1.4	1.0~1.2	0.8~1.0	0.6~0.9	0.4~0.6
铸铁及铜合金	16×25	40	0.4~0.5	—	—	—	—
		60	0.6~0.8	0.5~0.8	0.4~0.6	—	—
		100	0.8~1.2	0.7~1.0	0.6~0.8	0.5~0.7	—
		400	1.0~1.4	1.0~1.2	0.8~1.0	0.6~0.8	—
	20×30 25×25	40	0.4~0.5	—	—	—	—
		60	0.6~0.9	0.5~0.8	0.4~0.7	—	—
		100	0.9~1.3	0.8~1.2	0.7~1.0	0.5~0.8	—
		400	1.2~1.8	1.2~1.6	1.0~1.3	0.9~1.1	0.7~0.9

表 D-3 车削加工时切削速度参考值

工件材料		硬度（HBW）	背吃刀量 /mm	高速工具钢刀具		硬质合金刀具					
						未涂层			涂层		
				v_c /(m/min)	f /(mm/r)	v_c/(m/min) 焊接式	v_c/(m/min) 可转位式	f /(mm/r)	刀具材料	v_c /(m/min)	f /(mm/r)
易切碳钢	低碳	100～200	1	55～90	0.18～0.2	185～240	220～275	0.18	P10	320～410	0.18
			4	41～70	0.4	135～185	160～215	0.5	P20	215～275	0.4
			8	34～55	0.5	110～145	130～170	0.75	P30	170～220	0.5
	中碳	175～225	1	52	0.2	165	200	0.18	P10	305	0.18
			4	40	0.4	125	150	0.5	P20	200	0.4
			8	30	0.5	100	120	0.75	P30	160	0.5
碳钢	低碳	125～225	1	43～46	0.18	140～150	170～195	0.18	P10	260～290	0.18
			4	33～34	0.4	115～125	135～150	0.5	P20	170～190	0.4
			8	27～30	0.5	88～100	105～120	0.75	P30	135～150	0.5
	中碳	175～275	1	34～40	0.18	115～130	150～160	0.18	P10	220～240	0.18
			4	23～30	0.4	90～100	115～125	0.5	P20	145～160	0.4
			8	20～26	0.5	70～78	90～100	0.75	P30	115～125	0.5
	高碳	175～275	1	30～37	0.18	115～130	140～155	0.18	P10	215～230	0.18
			4	24～27	0.4	88～95	105～120	0.5	P20	145～150	0.4
			8	18～21	0.5	69～76	84～95	0.75	P30	115～120	0.5
合金钢	低碳	125～225	1	41～46	0.18	135～150	170～185	0.18	P10	220～235	0.18
			4	32～37	0.4	105～120	135～145	0.5	P20	175～190	0.4
			8	24～27	0.5	84～95	105～115	0.75	P30	135～145	0.5
	中碳	175～275	1	34～41	0.18	105～115	130～150	0.18	P10	175～200	0.18
			4	26～32	0.4	85～90	105～120	0.4～0.5	P20	135～160	0.4
			8	20～24	0.5	67～73	82～95	0.5～0.75	P30	105～120	0.5
	高碳	175～275	1	30～37	0.18	105～115	135～145	0.18	P10	175～190	0.18
			4	24～27	0.4	84～90	105～115	0.5	P20	135～150	0.4
			8	18～21	0.5	66～72	82～90	0.75	P30	105～120	0.5
高强度钢		225～350	1	20～26	0.18	90～105	115～135	0.18	P10	150～185	0.18
			4	15～20	0.4	69～84	90～105	0.4	P20	120～135	0.4
			8	12～15	0.5	53～66	69～84	0.5	P30	90～105	0.5

表 D-4 刀尖圆弧半径、进给量与加工表面粗糙度之间的关系（车削）

加工表面粗糙度 Ra/μm	加工表面轮廓最大高度 Rz/μm	刀尖圆弧半径/mm				
		0.4	0.8	1.2	1.6	2.4
		进给量 f/(mm/r)				
0.8	1.6	0.07	0.1	0.12	0.14	0.17
1.6	4	0.11	0.15	0.19	0.22	0.26

（续）

加工表面粗糙度 Ra/μm	加工表面轮廓最大高度 Rz/μm	刀尖圆弧半径/mm				
		0.4	0.8	1.2	1.6	2.4
		进给量 f/(mm/r)				
3.2	10	0.17	0.24	0.29	0.34	0.42
6.3	16	0.22	0.3	0.37	0.43	0.53
8	25	0.27	0.38	0.48	0.54	0.66
32	100	—	—	—	1.08	1.32

表 D-5　可转位单齿螺纹车刀的走刀次数

螺纹类型	螺距/mm	牙数	牙深 a_p/mm		走刀次数	螺距/mm	牙数	牙深 a_p/mm		走刀次数
			外螺纹	内螺纹				外螺纹	内螺纹	
ISO60°	0.5		0.34	0.34	4	2.5		1.58	1.49	10
	0.75		0.5	0.48	4	3.0		1.89	1.75	12
	1.0		0.67	0.63	5	3.5		2.2	2.04	12
	1.25		0.8	0.77	6	4.0		2.5	2.32	14
	1.5		0.94	0.9	6	4.5		2.8	2.62	14
	1.75		1.14	1.07	8	5.0		3.12	2.89	14
	2.0		1.28	1.2	8	6.0		3.72	3.46	16
UN60°		32	0.52	0.49	4		11	1.48	1.38	9
		28	0.62	0.59	5		10	1.63	1.49	10
		24	0.71	0.66	5		9	1.79	1.66	11
		20	0.83	0.78	6		8	2.01	1.86	12
		18	0.93	0.86	6		7	2.28	2.11	12
		16	1.03	0.95	7		6	2.66	2.44	14
		14	1.17	1.1	8		5	3.19	2.93	14
		12	1.36	1.26	8		4	3.96	3.65	16

注：切削刃的单次切削深度不应小于 0.05mm。

表 D-6　高速工具钢钻头钻削铸铁、铜、铝及其合金时的进给量

钻头直径/mm	进给量/(mm/r)		钻头直径/mm	进给量/(mm/r)	
	工件材料硬度(HBW)			工件材料硬度(HBW)	
	<200	>200		<200	>200
<2	0.09～0.11	0.05～0.07	10～13	0.52～0.64	0.31～0.39
2～4	0.18～0.22	0.11～0.13	13～16	0.61～0.75	0.37～0.45
4～6	0.27～0.33	0.18～0.22	16～20	0.7～0.86	0.43～0.53
6～8	0.36～0.44	0.22～0.26	20～25	0.78～0.96	0.47～0.57
8～10	0.47～0.57	0.28～0.34	25～30	0.9～1.1	0.54～0.66

表 D-7 机铰时的切削速度及进给量

铰刀材料	工件材料	切削速度/(m/min)	进给量/(mm/r)
高速工具钢	钢	4～8	0.2～2.6
	铸铁	10	0.4～5.0
	铜、铝	8～12	1.0～6.4
硬质合金	淬火钢	8～12	0.25～0.50
	不淬火钢	8～12	0.35～1.2
	铸铁	10～14	0.9～2.2

表 D-8 铣削钢件时的推荐初选进给量

铣刀直径/mm	每齿进给量/(mm/z)			
	整体硬质合金立铣刀	整体硬质合金仿形铣刀	平装可转位面铣刀	可转位仿形铣刀
<2	0.01～0.03	0.01～0.02	—	—
3	0.02～0.06	0.01～0.05	—	—
4	0.03～0.09	0.02～0.06	—	—
5	0.03～0.11	0.02～0.07	—	—
6	0.04～0.12	0.03～0.09	—	—
8	0.05～0.15	0.03～0.11	—	—
10	0.06～0.18	0.04～0.13	—	0.05～0.15
12	0.08～0.24	0.05～0.17	0.12～0.18	—
16	0.1～0.3	0.07～0.22	—	0.08～0.26
20	0.12～0.3	0.09～0.26	—	0.12～0.4
>20～40	—	—	0.15～0.3	0.15～0.6

表 D-9 铣削不锈钢时推荐切削用量

铣刀直径/mm	高速工具钢				硬质合金			
	立铣刀		面铣刀		立铣刀		面铣刀	
	切削速度/(m/min)	每齿进给量/(mm/z)	切削速度/(m/min)	每齿进给量/(mm/z)	切削速度/(m/min)	每齿进给量/(mm/z)	切削速度/(m/min)	每齿进给量/(mm/z)
<1	—	—	—	—	20～45	0.001～0.03	—	—
1～3	—	—	—	—	25～60	0.03～0.06	—	—
3～12	10～20	0.02～0.1	—	—	45～60	0.03～0.06	—	—
12～25	10～20	0.03～0.1	—	—	50～60	0.03～0.06	—	—
25～36	12～22	0.05～0.1	—	—	—	—	—	—
36～50	15～24 (16～20)	0.05～0.15 (0.06～0.25)	—	—	—	—	—	—
>63	—	—	12～25 (6～20)	0.15～0.5 (0.1～0.5)	—	—	60～130 (30～80)	0.05～0.5

注：1. 高速工具钢立铣刀的切削用量中，括号内为波形刃铣刀的切削参数。

2. 面铣刀切削用量中，括号内为常温下 R_m 大于 600MPa 时不锈钢的切削参数。

表 D-10 常见工件材料铣削速度参考值

工件材料	硬度(HBW)	铣削速度/(m/min)		工件材料	硬度(HBW)	铣削速度/(m/min)	
		硬质合金铣刀	高速工具钢铣刀			硬质合金铣刀	高速工具钢铣刀
低、中碳钢	<220	80~150	21~40	工具钢	200~250	45~83	12~23
	225~290	60~115	15~36	灰铸铁	100~140	110~115	24~36
	300~425	40~75	9~20		150~225	60~110	15~21
高碳钢	<220	60~130	18~36		230~290	45~90	9~18
	225~325	53~105	14~24		300~320	21~30	5~10
	325~375	36~48	9~12	可锻铸铁	110~160	100~200	42~50
	375~425	35~45	6~10		160~200	83~120	24~36
合金钢	<220	55~120	15~35		200~240	72~110	15~24
	225~325	40~80	10~24		240~280	40~60	9~21
	325~425	30~60	5~9	铝镁合金	95~100	360~600	180~300

表 D-11 硬质合金立铣刀的进给量

加工性质	铣刀种类	铣刀直径/mm	齿数	背吃刀量/mm		
				1~3	5	8
				每齿进给量/(mm/z)		
粗精铣削	整体刀头立铣刀	10~12	6	0.025~0.03	—	—
		16	6	0.04~0.06	0.03~0.04	—
		20	8	0.05~0.08	0.04~0.06	0.03~0.04
	装螺旋刀片立铣刀	16	3	0.05~0.08	0.04~0.07	—
		20	4	0.07~0.1	0.05~0.08	—
		25	4	0.08~0.12	0.06~0.1	0.05~0.1
		32	4	0.1~0.15	0.08~0.12	0.06~0.1
		40	6	0.1~0.18	0.08~0.12	0.06~0.1
		50	6	0.1~0.2	0.1~0.15	0.08~0.12

附录 E 常见加工问题分析及解决措施

表 E-1 钻孔加工时的常见问题及改进措施

问题分类	问题形态	改进措施
钻头损伤	工作部分破损	使进给量均匀一致，使用高精度、高刚性夹头（强力夹头），安装钻头时调好外圆跳动量（0.03mm 以内），减小钻头的每刃进给量
	柄部擦伤	减小钻头的每刃进给量，安装钻头时调好外圆跳动量（0.03mm 以内），将工件的切入面加工得平坦一些，消除切削刃之间的差值
切削刃损伤	横刃破损	减小初始钻削时的进给量，将工件的切入面加工得平坦一些，消除横刃的偏心，钻头的刃磨应对称

（续）

问题分类	问题形态	改进措施
切削刃损伤	外圆切削刃破损	使用高精度、高刚性夹头，严格控制钻头柄部和夹头之间的间隙（0.02mm）以内），减小钻头悬伸长度，控制钻头安装时的外圆跳动量（0.03mm 以内）
	崩刃	减小每刃进给量，减小钻头悬伸长度，牢固装夹好被加工工件，降低切削液黏度
	刃带鳞状剥落	改变钻头倒锥，被加工工件不能有横孔和孔洞，降低切削液的黏度，不得使用变质切削液
	产生热龟裂	改变钻头倒锥，改变刃带宽度，加大切削液流量，重磨时避免急冷
	寿命短	降低钻削速度，改变切削液黏度，从内部和外部同时供切削液，不得使用变质切削液
切屑问题	切屑堵塞	降低钻削速度，减小每刃进给量，加大切削液流量，加大切削液压力
	切屑长	加大钻尖夹角；加大刃口钝化宽度（负倒棱宽度）；增加每刃进给量，使进刀均匀一致
	切屑发生变化	使进给量均匀一致；使用大功率机床；在工件下部不应有孔洞和横孔；将切削刃刃磨对称
孔加工精度	表面粗糙度恶化	提高切削速度，减小每刃进给量，初始钻削时使用较小的进给量，改变切削液黏度
	孔径扩大、缩小	减小钻尖夹角，改变刃带宽度，减小钝化宽度（负倒棱宽度），将钻头的悬伸长度减到最小
	直线度差、斜孔	改变刃带宽度，减小初始钻削时的进给量，将钻头的悬伸长度减到最小，将工件的切入面加工得平坦一些
	孔的切入部分恶化	加大后角，将钻头的悬伸长度减到最小，安装钻头时调好外圆跳动量（0.03mm 以内），将工件的切入面加工得平坦一些
切削中的问题	钻头被卡住	加大钻尖角，改变钻头倒锥量（加大），减小刃带宽度，降低钻削进给速度
	产生振动	减小倒棱宽度，使进刀均匀一致，使用高精度、高刚性夹头（刀体），将钻头的悬伸长度减到最小
	发出异常声音	加大钻头倒锥量，改变刃带宽度，降低钻削速度，缩短钻头悬伸长度

表 E-2 扩孔钻削加工时的常见问题及改进措施

问题	可能原因	改进措施
孔表面质量差	1. 切削用量过大 2. 切削液供应不足 3. 扩孔钻过度磨损	1. 适当降低切削速度 2. 加大切削液流量，使喷嘴对正加工部位
孔位置精度超差	1. 刀具与导向套配合间隙过大 2. 主轴与导向套同轴度误差大 3. 主轴轴承松动	1. 缩小配合间隙 2. 找正机床主轴与导向套的同轴度 3. 调整主轴轴承间隙
孔径增大	1. 刀具切削刃摆差大 2. 刀具刃口崩裂 3. 刀具刃带上有积屑瘤	1. 刃磨刀具，修正摆差 2. 及时发现崩刃，换刀 3. 用油石将刃带上的积屑瘤除去

表 E-3　铰孔加工中的常见问题及改进措施

问题	可能原因	改进措施
孔径尺寸偏大	铰刀外径设计尺寸偏大或刃口有毛刺	适当减小铰刀外径、去除毛刺
	切削速度过高	降低切削速度
	进给量不当或加工余量过大	适当调整进给量或减小加工余量
	铰刀主偏角过大	适当减小主偏角
	铰刀弯曲	校直或报废铰刀
	刃口上黏附切屑瘤	用油石仔细修整铰刀
	刃磨时铰刀刃口摆差超差	控制摆差在允许范围内
	切削液选择不当	选择冷却性能较好的切削液
	安装铰刀时锥柄表面油污未擦净或锥面有磕伤	擦净油污或用油石修整磕伤处
	铰刀浮动不灵、与工件不同轴	调整浮动夹头，并调整同轴度
	手铰时用力不均使铰刀左右晃动	注意正确操作
孔径尺寸偏小	铰刀外径设计尺寸偏小	更换铰刀
	切削速度过低	适当提高切削速度
	进给量过大	适当降低进给量
	铰刀主偏角过小	适当增大主偏角
	切削液选择不当	选择润滑性能好的油性切削液
	刃磨时铰刀磨损部位未磨掉，弹性恢复使孔径缩小	定期更换铰刀，正确刃磨铰刀
	铰钢件时，余量太大或铰刀不锋利	切削试验、选取合适余量
铰出的孔不圆	铰刀悬伸过长，铰孔时产生振动	提高刀具刚性，避免铰刀振动
	铰刀主偏角过小	增大主偏角
	铰刀刃带窄	选用合格铰刀
	内孔表面有缺口、交叉孔、砂眼、气孔等	选用合格毛坯
	工件壁薄，装夹时有变形	采用适当的夹紧方法，减小夹紧力
内孔有明显的棱面	铰孔余量过大	减小铰孔余量
	铰刀切削部分后角过大	减小切削部分后角
	铰刀刃带过宽	修磨刃带宽度
	工件表面有气孔、砂眼	选用合格毛坯
	主轴摆差过大	调整机床主轴
铰孔表面粗糙	切削速度过高	降低切削速度
	切削液选择不当	根据加工材料选择切削液
	主偏角过大，铰刀刃口不在同一圆周上	适当减小主偏角，正确刃磨铰刀
	铰孔余量过大	适当减小铰孔余量
	铰刀切削部分摆差过大，刃口不锋利，表面粗糙	选用合格铰刀
	铰刀刃带过宽	修磨刃带宽度
	铰孔时排屑不畅	减少铰刀齿数，或采用带刃倾角的铰刀
	铰刀过度磨损	定期更换铰刀
	铰刀碰伤或刃口有毛刺、积屑瘤、崩刃	用特细油石修整铰刀或更换铰刀

（续）

问题	可能原因	改进措施
铰出孔的位置精度超差	导向套磨损，导向套短、精度低	定期更换导向套，加长导向套，提高导向套与铰刀的配合精度
	主轴精度低，有间隙	及时维修机床，调整主轴轴承间隙
铰刀使用寿命低	铰刀材料不合适	采用性能好的铰刀
	铰刀在刃磨时烧伤	控制刃磨的切削用量，研磨铰刀刃口
	切削液选择不当，未注入切削部位	正确选择切削液，注意机床操作
	铰刀刃磨后表面粗糙	研磨铰刀切削刃口

表 E-4　螺纹车削时的常见问题及改进措施

问题	可能原因	改进措施
螺纹表面质量普遍不良	切削速度太低，刀片位于中心高之上，切屑不受控制	适当提高切削速度，调整中心高，采用改进型侧向进刀方式
振动	工件夹紧不正确，刀具装夹不正确；切削参数不正确；中心高不正确	控制工件偏心量；最小化刀具悬伸；提高切削速度，如果无效则大幅度降低切削速度；调整进给量（从 0.1 ~ 0.16mm/r 递增）；调整中心高
非正常后刀面磨损/螺纹侧面表面质量差	刀片刃倾角与螺纹的螺纹升角不一致；侧向进刀方式不正确	更换刀垫以获得正确的刃倾角；应用改进型侧向进刀方式（进刀侧隙角）
排屑差	进刀方式不正确，刀片槽形不正确	使用 3° ~5°的改进型侧向进刀方式，使用正确的刀片槽形
牙型浅	中心高不正确，刀片破裂，刀具局部过度磨损	调整中心高，换刀
螺纹牙型不正确	螺纹刀具选用、刃磨不当，中心高不正确，刀具安装不正确	正确选用刃磨和刀具，调整中心高，找正刀具安装位置

表 E-5　用机用丝锥攻螺纹时的常见问题及改进措施

问题	可能原因	改进措施
丝锥折断	螺纹底孔尺寸偏小	尽可能加大底孔直径
	排屑不好，切屑堵塞	刃磨刃倾角或选用螺旋槽丝锥
	攻不通孔螺纹时钻孔深度不够	加大底孔深度
	切削速度太高	适当降低切削速度
	丝锥与底孔不同轴	找正夹具，选用浮动攻螺纹夹头
	丝锥几何参数选择得不合适	增大丝锥前角，缩短切削锥长度
	工件硬度不稳定	控制工件硬度，选用保险夹头
	丝锥过度磨损	及时更换丝锥
丝锥崩齿	丝锥前角选择得过大	适当减小前角
	丝锥每齿切削厚度过大	适当增加切削锥长度
	丝锥硬度过高	适当降低丝锥硬度
	丝锥磨损	及时更换丝锥

（续）

问题	可能原因	改进措施
丝锥磨损太快	切削速度太高	适当降低切削速度
	丝锥几何参数选择得不合适	适当减小丝锥前角，加长切削锥长度
	切削液选择不当	选用润滑性能好的切削液
	工件材料硬度太高	将工件进行适当热处理
	丝锥刃磨时烧伤	正确刃磨丝锥
螺纹表面不光滑、有波纹	丝锥几何参数选择不当	适当加大丝锥前角，减小切削锥后角
	工件材料太软	进行热处理，适当提高工件硬度
	丝锥刃磨不良	保证丝锥前刀面表面粗糙度要小
	切削液选择不当	选择润滑性能好的切削液
	切削速度太高	适当降低切削速度
	丝锥磨损	及时更换丝锥

表 E-6　立铣加工时的常见问题及改进措施

问题	发生状况	改进措施
刀具折断（小直径刀具）	切入工件时刀具脱离工件时	减小进给量，减小刀具悬伸长度，选择切削刃短的铣刀
	进入稳定切削过程中	减小进给量；及时更换磨损的刀具；更换刀具夹头；减小刀具悬伸长度；检查切削刃状况；减少刀齿数，如使用4刃立铣刀，更换为3刃或2刃的，以去除堵屑故障；干切改为湿切，改变切削液注入方式，以保证充分冷却
	改变进给方向时	利用NC机床进行圆弧补偿或暂停进给，变更进给方向时减小进给量，更换卡盘或夹头
崩刃	转角部分崩刃	转角部分用油石倒角，将顺铣改为逆铣
	侧刃崩刃	将顺铣改为逆铣，降低铣削速度
	刀刃中央或全范围崩刃	实施钝化处理；机床振动时，改变主轴转速；提高切削速度；切削中发出尖叫声时，加大进给量；干切时，改为湿切或空冷；更换卡盘或夹头；降低切削速度
	大崩刃	减小进给量；如果使用4刃立铣刀，改为3刃或2刃；实施钝化处理；更换卡盘或夹头；减小切削速度；如使用干切，改为湿切并注意切削液注入方向；如果是湿切改为干切，使用风冷；在铣钢件沟槽时，以标准切削条件为基础，选择合理的切削速度（当切削速度偏低时，将产生低速崩刃、粘刀脱落损伤；当切削速度偏高时，在加工深槽中容易产生堵屑、热裂纹）
刀具磨损过快	—	降低切削速度；如果采用的是顺铣，应改为逆铣；加大进给量；采用湿切或空冷；如果采用的是重磨刀具，降低后刀面表面粗糙度
已加工面不良	已加工面光洁，但凸凹度大	减小进给量；如果采用的是2刃立铣刀，应改为4刃立铣刀
	小切屑粘刀	提高切削速度，采用湿切或空冷，实施轻度钝化处理，将顺铣改为逆铣，根据具体情况选择加大进给量或加大切削用量
	加工表面有横向刀痕	实施轻度钝化处理，使用非水溶性切削液，将逆铣改为顺铣
	加工面切痕过深	减小加工余量，提高切削速度，减小进给量

（续）

问题	发生状况	改进措施
加工件形状精度不良	精加工尺寸偏下极限尺寸	将顺铣改为逆铣，减小加工余量，更换卡盘或夹头，减小刀具悬伸长度，提高切削速度
	垂直度差	减小加工余量，更换卡盘或夹头，减小刀具悬伸长度，提高切削速度，将2刃立铣刀改为4刃立铣刀，减小进给量，检查刀具磨损、换新刀
产生切削振动	—	加大进给量（当$f<0.04$mm/r时）；改变切削速度；更换卡盘或夹头；减小刀具悬伸长度；粗铣时用2刃立铣刀，精铣时用4刃立铣刀；将逆铣改为顺铣

参 考 文 献

[1] 郑修本. 机械制造工艺学 [M]. 2 版. 北京：机械工业出版社，1998.
[2] 徐嘉元，曾家驹. 机械制造工艺学 [M]. 北京：机械工业出版社，1999.
[3] 华茂发. 数控机床加工工艺 [M]. 北京：机械工业出版社，2000.
[4] 赵长明，等. 数控加工工艺及设备 [M]. 北京：高等教育出版社，2003.
[5] 赵长旭. 数控加工工艺 [M]. 西安：西安电子科技大学出版社，2006.
[6] 田萍. 数控机床加工工艺及设备 [M]. 北京：电子工业出版社，2005.
[7] 郭前建，等. 数控机床热误差的在线测量与补偿加工 [J]. 制造技术与机床，2007 (4).
[8] 蔡兰，等. 数控加工工艺学 [M]. 北京：化学工业出版社，2005.
[9] 王先魁. 机械制造工艺学 [M]. 北京：机械工业出版社，1995.
[10] 郑修本，冯冠大. 机械制造工艺学 [M]. 北京：机械工业出版社，1992.
[11] 黄天明. 机械制造工艺学 [M]. 重庆：重庆大学出版社，1988.
[12] 王启平. 机械制造工艺学 [M]. 哈尔滨：哈尔滨工业大学出版社，1990.
[13] 王信义，等. 机械制造工艺学 [M]. 北京：北京理工大学出版社，1990.
[14] 徐嘉元. 机械加工工艺基础 [M]. 北京：机械工业出版社，1990.
[15] 东北重型机械学院. 机床夹具设计手册 [M]. 2 版. 上海：上海科学技术出版社，1988.
[16] 徐宏海，等. 数控机床刀具及其应用 [M]. 北京：化学工业出版社，2005.
[17] 张绪祥，王军. 机械制造工艺 [M]. 北京：高等教育出版社，2007.
[18] 聂秋根. 数控加工实用技术 [M]. 北京：电子工业出版社，2007.
[19] 聂蕾. 数控实用技术与实例 [M]. 北京：机械工业出版社，2006.
[20] 李华志. 数控加工技术 [M]. 成都：电子科技大学出版社，2007.
[21] 蔡汉明，等. 实用数控加工手册 [M]. 北京：人民邮电出版社，2008.
[22] 潘庆民. 模具制造工艺教程 [M]. 北京：电子工业出版社，2007.
[23] 潘玉松. 数控设备与编程 [M]. 成都：电子科技大学出版社，2007.
[24] 娄锐. 数控机床 [M]. 北京：机械工业出版社，2006.
[25] 黄继昌. 简明机械工人手册 [M]. 北京：人民邮电出版社，2008.
[26] 陈云，等. 现代金属切削刀具实用技术 [M]. 北京：化学工业出版社，2008.
[27] 朱淑萍. 机械加工工艺及装备 [M]. 2 版. 北京：机械工业出版社，2008.
[28] 陈吉红，等. 数控机床现代加工工艺 [M]. 武汉. 华中科技大学出版社，2009.